LEÇONS

DE

STATIQUE GRAPHIQUE.

ΔΕΙΟ ΘΕΟΣ ΓΕΩΜΕΤΡΕΙ

LEÇONS

DE

STATIQUE GRAPHIQUE,

Par ANTONIO FAVARO,

PROFESSEUR A L'UNIVERSITÉ ROYALE DE PADOUE;

TRADUITES DE L'ITALIEN,

Par PAUL TERRIER,

INGÉNIEUR DES ARTS ET MANUFACTURES.

PREMIÈRE PARTIE.

GÉOMÉTRIE DE POSITION.

PARIS,

GAUTHIER-VILLARS, IMPRIMEUR-LIBRAIRE

DU BUREAU DES LONGITUDES, DE L'ÉCOLE POLYTECHNIQUE,

SUCCESSEUR DE MALLET-BACHELIER,

Quai des Augustins, 55.

1879

PRÉFACE.

Nam qui constructiones problematum per rectam et circulum a primis Geometris adinventas considerabit, facile sentiet Geometriam excogitatam esse ut expedito linearum ductu effugerimus computandi tædium.

NEWTON, *Arithmetica universalis, sive de compositione et resolutione arithmetica. Appendix : Æquationum constructio linearis* (t. II ; Amsterdam, 1761).

I.

L'*Analyse* et la *Géométrie* se partagent le champ des Mathématiques, et de tout temps la question des mérites respectifs de ces deux sciences a donné lieu à de sérieuses controverses. Le débat s'est naturellement élargi et ravivé le jour où l'invention de Viète, fécondée par le génie de Descartes, a fait éclore l'idée sublime de représenter les courbes et les surfaces par des équations algébriques.

Nous ne prétendons pas trancher ici une question qui ne comporte pas de solution absolue et sur laquelle, d'ailleurs, chacun décide suivant la nature de son esprit; mais on s'accordera sans doute à reconnaître avec nous que, de nos jours, la Géométrie a tout particulièrement attiré l'attention et gagné la préférence des hommes voués à la culture des Mathématiques.

L'Analyse excelle, il est vrai, à mettre les problèmes en équation, à dégager, par une série de transformations, les combinaisons de symboles qui donnent la clef des questions posées; mais sa perfection même comme moyen de recherche nuit à son efficacité comme instrument de culture intellectuelle. Conduit au résultat par des procédés en quelque sorte mécaniques, l'esprit ne tarde pas à perdre de vue les grandeurs sur lesquelles il opère; il s'avance à travers un labyrinthe de formules, préoccupé de ne jamais abandonner le fil conducteur, forcé d'être plus confiant à mesure que les ténèbres se font plus profondes, et presque toujours inconscient du chemin qu'il vient de parcourir. D'autre part, suivant l'observation très-juste de Poinsot ([1]), il n'est pas rare que les résultats auxquels l'Analyse conduit restent cachés sous la généralité des symboles algébriques, au point d'apparaître avec moins de clarté dans la solution que dans l'énoncé même.

La Géométrie procède tout autrement. Elle présente les propositions sous une forme sensible; elle écarte le cortége des auxiliaires qui les déroberaient à notre vue; elle met en évidence la suite des transformations de chaque problème; et, quand apparaît la solution, nos regards surpris admirent la vérité cherchée sous sa forme la plus attrayante et la plus simple ([2]).

Le goût de la Géométrie a surtout prévalu dans la première moitié de notre siècle, à la suite de la profonde transformation opérée par les méthodes modernes. Cette transformation est due, en grande partie, aux mémorables travaux de Poncelet.

« Jamais, a dit très-justement un auteur ([3]), influence ne fut plus profonde ni plus rapide, jamais autorité ne fut moins contestée; les théoriciens et les praticiens voyaient en Poncelet un réformateur convaincu, un guide sûr et hardi; les résultats ont pleinement justifié cette confiance. »

Poncelet préludait, en effet, au grand mouvement scientifique de son siècle, quand il écrivait :

« Peu à peu, les connaissances algébriques deviendront moins indispensables, et la Science, réduite à ce qu'elle doit être, à ce qu'elle devrait être déjà, sera ainsi mise à la portée de cette classe d'hommes qui n'a que des moments fort rares à y consacrer. »

([1]) *Théorie nouvelle de la rotation des corps*, dans les *Éléments de Statique*, suivis de quatre Mémoires, par L. POINSOT. 10ᵉ édition. Paris, Mallet-Bachelier, 1861, p. 304.

([2]) *De l'esprit géométrique*. Discours de réception de M. l'abbé AOUST à l'Académie des Sciences, Belles-Lettres et Arts de Marseille. Balartier, 1864, p. 12.

([3]) *Revue scientifique de la France et de l'étranger*, nᵒ 11, du 9 septembre 1876. Paris, Germer-Baillière, p. 256.

Poncelet entrevoyait le lien qui allait se former entre les plus pures théories géométriques et la pratique, quand il donnait ce sous-titre à son *Traité des propriétés projectives des figures* : « Ouvrage utile à ceux qui s'occupent des applications de la Géométrie descriptive et d'opérations géométriques sur le terrain. »

Enfin, c'est Poncelet qui, se trouvant en face de l'un des plus intéressants problèmes de la construction, écrivait, après en avoir donné la solution analytique ([1]) :

« La longueur des calculs et la complication des équations permettraient difficilement d'étendre les simplifications à d'autres hypothèses.... Les formules... n'embrassent elles-mêmes qu'une partie des questions pour lesquelles la science des constructions réclame une solution à la fois exacte et facile : or la complication disparaît, en majeure partie, quand on essaye de traiter ces mêmes questions par les considérations directes de la Géométrie. »

L'histoire de la Science, depuis cinquante années, est remplie de faits qui établissent l'action réciproquement exercée, au grand profit de la Géométrie, par la théorie sur les applications pratiques et par celles-ci sur la théorie elle-même. Nous trouvons la dernière expression de cette mutuelle influence dans une doctrine nouvelle, dont l'apparition récente a été immédiatement suivie d'un prodigieux développement : nous voulons parler de la Statique graphique.

Il ne faudrait pas croire, toutefois, qu'un aussi brillant résultat ait été obtenu sans lutte. La nouvelle doctrine a vu s'élever contre elle des adversaires qui paraissaient lui reprocher surtout d'entraîner l'instruction technique dans la voie des procédés trop exclusivement manuels et d'aller ainsi contre le but assigné à cette branche de l'enseignement. Nous n'aurons pas de peine à démontrer le mal fondé de cette critique, qui ne saurait d'ailleurs nous surprendre, instruits que nous sommes de l'aversion du plus grand nombre pour tous les genres d'innovations. Quand une méthode nouvelle apparaît, on met aussitôt en doute sa supériorité sur les anciennes; on conteste qu'elle réalise un progrès; on va jusqu'à

([1]) *Mémoire sur la stabilité des revêtements et de leurs fondations*, par M. PONCELET, dans le *Mémorial de l'officier du génie*, n° 13. Paris, Bachelier, 1840, p. 101.

a.

lui refuser ce nom de « méthode », qui implique un corps de doctrine coordonné d'après un point de vue initial et pourvu de ses moyens propres. C'est tout au plus si quelques esprits accommodants daignent lui concéder le titre de « procédé ». Les autres la mettent aux rang des rêves.

Mais les rêveurs de la veille ne sont-ils pas souvent les chefs d'école du lendemain? Poncelet lui-même n'a-t-il pas vu qualifier de romanesque par ses contemporains cette Géométrie moderne dont il est maintenant proclamé le fondateur? Et lorsque Sylvester, de sa voix autorisée, déclarait, il y a peu d'années, que l'imaginaire et l'inconcevable entreraient bientôt dans le domaine des Mathématiques, combien de gens ne s'est-il pas trouvé pour accueillir ironiquement cette prophétie, qui devait pourtant se trouver vérifiée du vivant même de son auteur?

Il en a été ainsi de la Statique graphique. Peu d'années ont suffi pour qu'elle s'imposât dans presque tous les pays, en dépit des plus vives oppositions. Elle est maintenant enseignée en Angleterre, en Suisse, en Allemagne, en Russie et dans toutes les écoles d'application italiennes (¹); elle se propage rapidement dans les Universités des États-Unis d'Amérique, et nous avons lieu de penser qu'elle fera bientôt l'objet de cours spéciaux dans le pays où elle a trouvé ses principales origines : nous voulons parler de la France (²).

(¹) Des cours obligatoires de Statique graphique ont été successivement fondés : à l'Institut technique supérieur de Milan, à l'École d'Application annexée à l'Université de Padoue, aux Écoles d'Application de Rome, de Naples, de Turin, de Bologne et de Palerme, enfin aux Universités de Pavie et de Pise.

(²) Dans un compte rendu bibliographique qu'il a bien voulu consacrer à l'édition italienne de nos *Leçons* (*Annales des Ponts et Chaussées*, cahier de juin 1877, p. 557 et suiv.), M. l'ingénieur en chef Édouard Collignon emprunte à M. Ernest Pontzen les renseignements suivants, très-propres à donner une idée de l'importance qu'a prise l'enseignement de la Statique graphique dans divers pays :

Suisse. La Statique graphique est professée à Zürich par M. Culmann ; cours spécial obligatoire.

Autriche. Elle est professée dans quatre établissements : à Vienne, à Prague, à Gratz et à Brunn. A Vienne, outre l'introduction de la Statique graphique dans les cours obligatoires de Mécanique et de construction, on a créé un cours facultatif spécial de Statique graphique. A Brunn, on exige la Statique graphique des élèves seulement qui prétendent au diplôme. A Prague et à Gratz, cours spéciaux obligatoires pour tous les élèves.

Allemagne. Il y a deux cours de Statique graphique à Berlin, l'un à la Gewerbe-

Bien qu'il soit facile, comme nous le verrons, de découvrir les germes de la nouvelle méthode dans divers écrits du siècle passé et de la première moitié du siècle présent, on ne doit pas moins attribuer à Culmann le mérite d'en avoir réuni les principes en un corps de doctrine systématique.

La Statique graphique, telle que Culmann l'a conçue, telle qu'il l'a professée pour la première fois, en 1860, à l'École polytechnique de Zürich, emprunte ses fondements à la Géométrie pure et constitue une très-heureuse application de ces méthodes modernes, qui sont maintenant l'objet d'une faveur si marquée.

Supposant ses lecteurs initiés à la *Géométrie de position* (¹), l'illustre professeur de Zürich expose immédiatement les principes du *Calcul graphique* et passe ensuite à l'étude de la *Statique graphique* proprement dite et de ses principales applications. La méthode de Culmann est adoptée dans presque tous les instituts où l'enseignement de la science nouvelle a été introduit; son développement rationnel comporte, comme on le voit, l'étude de trois parties distinctes, dont nous allons successivement parler.

Akademie (cours de Mécanique, obligatoire), l'autre à la Bau-Akademie (cours spécial, facultatif). En dehors de ces deux établissements, on trouve en Allemagne des cours spéciaux à Aix-la-Chapelle, à Carlsruhe, à Darmstadt et à Munich; enfin, la Statique graphique est enseignée à Dresde, dans le cours de Ponts et Chemins de fer, à Hanovre et à Stuttgart, dans le cours de Mécanique. L'enseignement est généralement obligatoire, sauf à Munich, où tous les cours sont libres.

Russie. La Statique graphique est professée depuis plusieurs années déjà à l'École polytechnique de Riga; cours obligatoire.

A cette nomenclature nous devons ajouter le *Danemark* et les *États-Unis*. M. Zeuthen a professé à l'Université de Copenhague, pendant l'année scolaire 1876-1877, un cours de Statique graphique qui a été suivi par les élèves de l'École polytechnique; et M. H.-T. Eddy, professeur à l'Université de Cincinnati et auteur de plusieurs brochures très-recommandables sur la Statique graphique, nous écrivait tout récemment : « *Graphical Statics is taught at Michigan University, by* Ch. E. Greene, *professor of Civil Engineering, who has published several papers on this subject. Almost all the Engineering Schools say that they teach this subject, but it is difficult to just what extent.* »

(¹) *Die graphische Statik*, von K. Culmann. Zürich, Meyer et Zeller, 1866, p. vii. — *Die graphische Statik*, von C. Culmann, zweite neu bearbeitete Auflage. Erster Band. Zürich, Meyer et Zeller, 1875, p. xiv.

II.

Poncelet ([1]) trouve « un peu hasardée et peut-être ambitieuse »
l'épithète de « Géométrie moderne » appliquée aux théories et aux
méthodes dont l'ensemble constitue la Géométrie de position ou
Géométrie projective. Son observation est fondée, au point de vue
de l'histoire, car elle tend à reconnaître le tribut que les anciens ([2])
ont apporté à cette branche des Mathématiques. On ne saurait, cependant, contester aux modernes le mérite d'avoir imprimé aux
recherches géométriques un profond caractère de généralité et de
fécondité.

A la vérité, les géomètres anciens ont fait preuve d'une très-
grande pénétration, et leurs découvertes sont revêtues de cette
forme parfaite que nous admirons dans toutes les œuvres de leur
temps. Mais ils n'avaient pas dans l'invention scientifique cette
large manière qui caractérise si éminemment le génie des modernes.
Leurs recherches témoignent, au contraire, d'une préférence marquée pour les solutions particulières et pour les conceptions étroitement définies. Les plus grands géomètres de l'antiquité ont, en
effet, jugé nécessaire de traiter minutieusement dans leurs écrits,
comme autant de problèmes distincts, les innombrables cas d'une
même question, qui ne diffèrent que par la position des lignes.
Comme ils n'étaient point parvenus à dégager les principes supé-
rieurs qui auraient permis de résoudre tous ces cas par l'application d'une seule et même méthode, il ne leur fut pas donné d'em-

---

([1]) *Traité des propriétés projectives des figures*, etc., par J.-V. Poncelet, t. 1er
p. vii, 2e édition. Paris, Gauthier-Villars, 1865.

([2]) Pappus a indiqué, dans le Livre VII de ses *Collectiones mathematicæ* (Pisauri,
1558; Bononiæ, 1660), la nomenclature des traités qui font suite aux *Éléments* et qui
constituent, en dehors de ceux-ci, une sorte de *Géométrie supérieure*. Il écrit, en
effet : « Euclidis *datorum* liber unus. Apollonii λόγου ἀποτομῆς, hoc est *de propor-
tionis sectione* libri duo; χωρίου ἀποτομῆς, hoc est *de spatii sectione* duo ; ἐπαφῶν,
hoc est *tactionum* duo. Euclidis *porismatum* tres. Apollonii νεύσεων, hoc est *inclina-
tionum* duo. Ejusdem τόπων ἐπιπέδων, hoc est *planorum locorum* duo; *conicorum*
octo. Aristæi τόπων στερεῶν, hoc est *locorum solidorum* quinque. Euclidis τόπων πρὸς
ἐπιφάνιαν, hoc est *locorum ad superficiem* duo. Eratosthenis *de medietatibus* duo. »
Voir, à propos de ces divers travaux : *Euclid und sein Jahrhundert. Mathematisch-
historische Skizze*, von Moritz Cantor. Leipzig, 1867.

brasser les grandes vues d'ensemble et de s'élever des résultats particuliers aux propriétés les plus générales.

Les anciens sacrifièrent ainsi à une simplicité et à une évidence factices la véritable simplicité, qui consiste dans la généralité des principes, et la véritable évidence, qui met complétement en lumière les relations existant entre les formes géométriques, considérées dans tous les cas possibles de transformation et de position (¹).

Digne de servir à jamais de modèle pour l'exactitude des raisonnements, pour la clarté des conclusions, pour la netteté de son style lapidaire, proclamée indispensable par les philosophes anciens, non comme source d'applications pratiques, mais comme type de logique rigoureuse, la Géométrie élémentaire, dite *synthétique,* ne pouvait être mieux continuée que par les théories de la Science moderne (²). Les anciens, dans leurs recherches sur les sections coniques, avaient seulement entrevu le principe de la dérivation des figures. La nouvelle Géométrie, s'appuyant sur ce principe, s'est élevée de la notion des rapports simples à la considération des rapports multiples projectifs. Elle a concilié les avantages de l'antique synthèse avec ceux de la méthode analytique. Elle a conservé de la première la perception sensible des rapports de quantités, tout en écartant les figures sans élégance et la stricte limitation des vues; elle a emprunté à la seconde l'uniformité et la généralité des principes, à l'exclusion des formules algébriques qui n'auraient pas été compatibles avec la représentation figurée des relations.

Plutarque raconte que Ptolémée, fils de Lagus, voulut être disciple d'Euclide, mais que, rebuté par les difficultés de l'étude, le monarque demanda s'il n'y avait pas quelque moyen plus facile pour apprendre la Géométrie. « *Non,* répondit Euclide, *la Géomé-*

(¹) *Die Entwickelung der Mathematik in den letzten Jahrhunderten,* von H. HANKEL. Tübingen, Fues, 1869, p. 10. — *Die Elemente der projectivischen Geometrie in synthetischer Behandlung.* Vorlesungen von Dr HERMANN HANKEL. Leipzig, Teubner, 1875, p. 1.

(²) Il est superflu de faire observer que nous n'entendons pas faire ici l'histoire des récents progrès de la Géométrie. Nous avons voulu simplement indiquer quelques-uns des travaux sur lesquels repose la Géométrie de position, prise par CULMANN comme base de sa Statique graphique.

trie n'a pas de route particulière à l'usage des rois ($\mu\grave{\eta}$ $\varepsilon\tilde{\iota}\nu\alpha\iota$ $\beta\alpha\sigma\iota\lambda\iota\kappa\grave{\eta}\nu$ $\check{\alpha}\tau\rho\alpha\pi\sigma\nu$ $\pi\rho\grave{\sigma}\varsigma$ $\Gamma\varepsilon\omega\mu\varepsilon\tau\rho\acute{\iota}\alpha\nu$). » Nous pouvons dire, avec Hankel, que *la nouvelle Géométrie est précisément cette route royale.* Elle a révélé le lien organique qui rattache les unes aux autres les formes les plus variées de l'étendue; elle a presque atteint dans ce sens l'idéal de la Science.

Après la renaissance du xvie siècle, la spéculation géométrique resta d'abord stationnaire dans le cadre des méthodes anciennes, et il ne fallut pas moins que l'impulsion décisive de Desargues et de Pascal pour préparer l'avènement de la synthèse moderne.

D'autres sujets, tels que l'Algorithme cartésien, le Calcul infinitésimal et la Mécanique, absorbèrent les dernières années du xviie siècle et la plus grande partie du xviiie.

Carnot, le premier, vers 1800, reprit courageusement l'œuvre interrompue de ses devanciers et enseigna l'application des méthodes nouvelles à l'étude de l'ancienne Géométrie. Ses travaux sur la *Corrélation des figures de Géométrie*, sur la *Géométrie de position* ([1]) et sur la *Théorie des transversales* marquent, au commencement de notre siècle, le point de départ des découvertes modernes.

L'œuvre de Carnot, qui peut, à certains égards, être considérée comme la suite des travaux de Simson et de Stewart, est d'ailleurs

---

([1]) M. L.-Am. Sédillot assure (*Notice du Traité des connues géométriques de Hassan ben Haithem*, insérée dans le *Nouveau Journal asiatique*, t. XII, p. 436, Paris, mdcccxxxiv), que les Arabes ont connu la *Géométrie de position*. Mais des recherches postérieures ont démontré l'inexactitude de cette assertion. L'Ouvrage de Hassan ben Haithem (ou pour mieux dire de Abou-Ali-al-Hassan-ben-al-Hassan-ben-al-Haithem) sur les connues géométriques (*Catalogus codicum manuscriptorum bibliothecæ regiæ*; Paris, 1739; t. I, p. 218-219; mss. arab., n° 1104), cité comme exemple des recherches faites par les Arabes dans cette branche des Mathématiques, ne contient pas, d'après Libri (*Histoire des sciences mathématiques en Italie*, t. I, 2e édition; p. 248, Halle, 1865), un seul mot sur ce que les géomètres appellent, depuis un siècle environ, *Géométrie de position*. En effet, déterminer d'après certaines conditions, comme le fait l'auteur en question, les propriétés et la position d'une courbe, c'est chercher un lieu géométrique, et non pas faire de la Géométrie de position, telle que d'Alembert et Carnot l'ont entendue. Les Grecs, aussi bien que les Arabes, se sont servis du mot *position* en Géométrie; l'expression *donné en grandeur et en position*, ou simplement *donné de position*, se trouve très-fréquemment dans Pappus; mais ces mots ne servaient, chez les Grecs, qu'à éviter les circonlocutions et à abréger les démonstrations.

empreinte de cet esprit généralisateur et facile, puissant et concis, qui caractérise les œuvres de Pascal et de Desargues.

Au temps de Carnot florissait déjà l'école de Monge, dont un des derniers disciples, Poncelet, est à juste titre proclamé créateur de la Géométrie projective proprement dite. Voici dans quels termes Poncelet a formulé le nouveau programme des recherches géométriques ([1]) :

« Agrandir les ressources de la simple Géométrie, en généraliser les conceptions et le langage ordinairement assez restreints, les rapprocher de ceux de la Géométrie analytique, et surtout offrir des moyens généraux propres à démontrer et à faire découvrir, d'une manière facile, cette classe de propriétés dont jouissent les figures quand on les considère d'une manière purement abstraite et indépendamment d'aucune valeur absolue et déterminée. »

Quarante ans se sont écoulés entre la première apparition du *Traité des propriétés projectives des figures* et la publication d'une seconde édition, enrichie de nouveaux Mémoires sur les centres des moyennes harmoniques, sur la réciprocité polaire, sur l'analyse des transversales et sur les principales applications de ces théories générales aux propriétés projectives des courbes et des surfaces géométriques. Durant cette période, d'autres géomètres éminents, mettant à profit les recherches antérieures de Poncelet, sans rien perdre de leur originalité propre, ont travaillé avec ardeur à faire progresser la Science dans la voie nouvelle où elle était engagée.

Dans son *Rapport sur les progrès de la Géométrie,* qui est une sorte de continuation du célèbre *Aperçu historique,* l'illustre Chasles établit deux principales divisions des travaux géométriques : les uns étant d'Analyse appliquée, les autres de Géométrie pure. Il subdivise ensuite les recherches de Géométrie pure en deux branches : « Les unes, dit-il, se rattachent à la *Géométrie ancienne,* en y comprenant les considérations infinitésimales directes qui suppléent au calcul analytique et qui ont si puissamment contribué aux progrès de la théorie des lignes et des surfaces

---

([1]) *Traité des propriétés projectives des figures,* etc., par J.-V. PONCELET. T. Ier, 2e édition, p. xxii. Paris, 1865.

depuis une trentaine d'années; les autres appartiennent aux méthodes qu'on désigne sous le nom de *Géométrie moderne* (¹).

Les travaux de Géométrie pure moderne, qui ont vu le jour entre la première et la seconde édition de Poncelet, se rattachent eux-mêmes à trois écoles distinctes, à la tête desquelles figurent trois hommes éminents : Steiner, Chasles et v. Staudt.

Quelques efforts qu'il fasse pour le dissimuler, Steiner apparaît comme un des plus fidèles continuateurs de Poncelet. Des cinq Parties qui devaient composer son Œuvre (²), une seule a été publiée et elle suffit pour justifier la haute renommée du fondateur de la Géométrie moderne en Allemagne. Ses propositions sont si rigoureusement démontrées, si étroitement enchaînées, qu'on éprouve, à la lecture de son livre, la même satisfaction qu'à l'étude des στοιχεῖα de la Géométrie ancienne.

Steiner ne s'est pas borné à exposer les propriétés *graphiques* ou *descriptives* des figures. L'un des caractères distinctifs de son Œuvre consiste dans le développement qu'il a donné aux propriétés de grandeur ou de mesure, appelées *métriques* par Pon-

---

(¹) *Recueil de Rapports sur l'état des Lettres et les progrès des Sciences en France.* — *Rapport sur les progrès de la Géométrie*, par M. Chasles, etc.; Paris, MDCCCLXX, p. 5.

(²) *Systematische Entwickelung der Abhängigkeit geometrischer Gestalten von einander mit Berücksichtigung der Arbeiten alter und neuer Geometer über Porismen Projections-Methoden, Geometrie der Lage, Transversalen, Dualität und Reciprocität*, von Jacob Steiner. Erster Theil. Berlin, Fincke, 1832. La préface de cet Ouvrage contient le plan complet que l'illustre auteur s'était tracé pour l'exposition, en cinq Parties, de l'ensemble de ses recherches. La première Partie contient les principes sur lesquels repose la Géométrie synthétique moderne. La cinquième devait renfermer : *eine ausführliche und umfassende Behandlung der Kurven und Flächen zweiten Grades durch Konstruction und gestützt auf projectivische Eigenschaften.* On en trouve les principaux matériaux dans le *Journal für die reine und angewandte Mathematik* de A.-L. Crelle, dans les *Annales de Mathématiques* de Gergonne, et surtout dans les leçons que professait Steiner à l'Université de Berlin.

Le Dr C.-F. Geiser, neveu et héritier de Steiner, professeur à l'Institut polytechnique de Zürich, n'a pas voulu que ces leçons orales fussent perdues. Les manuscrits recueillis et complétés par lui et par le Dr E. Schröter, professeur à l'Université de Breslau, ancien disciple du grand géomètre, ont été publiés sous les titres suivants : *Jacob Steiner's Vorlesungen über synthetische Geometrie.* Erster Theil. *Die Theorie der Kegelschnitte in elementarer Darstellung.* Zweiter Theil. *Die Theorie der Kegelschnitte, gestützt auf projectivische Eigenschaften.* Leipzig. Druck und Verlag von B.-G. Teubner, 1867. Une seconde édition a été publiée récemment (1876).

celet. Chasles, comme nous le verrons plus loin, avait aussi reconnu la nécessité de diriger ses recherches dans cette voie, et nous trouvons, dans son remarquable *Rapport* ([1]), l'exposé des raisons qui l'ont déterminé :

« La théorie des figures homologiques et celle des polaires réciproques, qui sont la base des beaux travaux de l'illustre général Poncelet, donnèrent une grande impulsion aux recherches de pure Géométrie. Mais ces deux méthodes de transformation étaient susceptibles d'une généralisation que les progrès de la Science rendaient nécessaire. Si la transformation des propriétés descriptives ne présentait aucune difficulté, il n'en était pas de même des propriétés métriques, dont la transformation ne se faisait que dans des limites assez restreintes. En outre, les deux figures, dans l'une et dans l'autre méthode, avaient entre elles des relations de position qui restreignaient les conditions auxquelles on aurait voulu satisfaire dans la construction d'une nouvelle figure.

» Il y avait donc à désirer, d'une part, un type plus étendu des relations métriques transformables, et, d'autre part, un procédé de construction des figures transformées, satisfaisant à des données et à des conditions plus générales que celles auxquelles étaient assujetties les figures homologiques et les polaires réciproques. »

Telles sont aussi, sans aucun doute, les considérations qui ont guidé Steiner. Sa Géométrie repose d'ailleurs essentiellement sur le principe de la projection centrale. Le titre de *projective* serait donc très-propre à en caractériser la méthode; nous voudrions que ce titre lui fût réservé.

On distinguerait alors sous le nom de *Géométrie supérieure* l'ensemble des recherches sur les propriétés métriques des figures, qui empruntent leur principal fondement aux travaux de Chasles.

Le *Traité de Géométrie supérieure*, véritable monument élevé à la science de l'étendue, est empreint de cette forte unité qui distingue les œuvres capitales. Il est basé sur les trois théories du *rapport anharmonique* de quatre points, des *divisions homographiques* et de l'*involution*. Ces théories, déjà exposées dans les Notes de l'*Aperçu historique*, sont enseignées à la Sorbonne

---

([1]) *Rapport sur les progrès de la Géométrie*, Paris, MDCCCLXX, p. 82.

depuis 1846. Leur influence a été telle, qu'on en reconnaît la trace dans presque toutes les productions des jeunes géomètres français.

L'autorité du nom de Chasles suffirait au besoin pour justifier le titre de *Géométrie supérieure* que l'histoire de la Science a déjà consacré à la doctrine du grand géomètre, et l'on objecterait en vain que, si cette doctrine a pu paraître tout d'abord très-élevée et véritablement supérieure, elle a été vulgarisée depuis, au point de trouver place dans les Traités élémentaires de M. Amiot, de MM. Rouché et de Comberousse, de M. Schrader et de divers autres auteurs (¹).

Les travaux de Staudt diffèrent essentiellement des recherches de Steiner et de Chasles. Ils ne traitent que des rapports de position des formes géométriques; les propriétés métriques des figures en sont exclues.

Staudt semble avoir lui-même indiqué le titre propre à caractériser sa méthode, quand il a écrit, dans la Préface de son OEuvre magistrale (²) : « J'ai tenté de faire de la *Géométrie de position* une science indépendante de toute considération de grandeur. » Cet esprit créateur ne s'est pas borné à étendre, par ses propres recherches, les limites de la science géométrique ainsi définie; il a aussi coordonné les travaux de ses devanciers en un ensemble harmonieux et homogène. Sa méthode présente d'ailleurs de précieux avantages au point de vue de l'enseignement. L'exclusion systématique du calcul et l'invention d'une nouvelle voie pour la démonstration des propriétés métriques ont conduit Staudt à dégager, dans toute sa pureté et dans toute sa généralité, cette loi de dualité si importante et si féconde, si propre à développer chez les élèves l'habitude des efforts personnels et le goût des recherches originales. Le mérite d'un tel progrès ne peut être revendiqué par aucune des méthodes appliquées à l'étude des relations de

---

(¹) L'OEuvre de Chasles comprend, outre les Ouvrages déjà cités, le *Traité des sections coniques, les trois livres de porismes d'Euclide, rétablis d'après la Notice et les lemmes de Pappus*, et de nombreux Mémoires, très-riches en précieux matériaux pour l'étude géométrique des courbes et des surfaces.

(²) *Geometrie der Lage*, von Dr G.-K.-C. von Staudt. Nürnberg, 1847. — *Beiträge zur Geometrie der Lage*, von Dr K.-G.-C. von Staudt. Nürnberg, 1856-1860.

grandeur; cela tient surtout à ce que la loi de dualité, qui domine toute la Géométrie de position, n'intervient pas, en général, dans la Géométrie de la mesure.

On doit reconnaître, toutefois, que la vérité géométrique est présentée par Staudt sous une forme particulièrement abstraite et philosophique. Son OEuvre se distingue par une grande recherche d'expressions, par un laconisme excessif et par la suppression voulue des figures ([1]). Il se borne à exposer les propositions les plus générales, laissant au lecteur le soin de les développer et de les appliquer. Il est trop aride pour les commençants. Aussi, quelque admirateur que nous soyons de l'OEuvre de Staudt, devons-nous nous associer, dans une certaine mesure, au jugement suivant qu'un géomètre allemand en a porté :

« Cette OEuvre, écrit Hankel ([2]), classique dans sa singularité, est une grande tentative faite en vue de soumettre la nature, dont l'essence est de se manifester sous mille formes variées, à l'uniformité d'un schématisme abstrait et systématique. Une telle tentative n'était possible qu'en Allemagne, pays des méthodes scolastiques et, nous pouvons ajouter, de la pédanterie scientifique. Certes, les Français n'ont pas moins fait que les Allemands pour les sciences exactes; mais ils prennent leurs moyens d'investigation partout où ils les trouvent; ils ne sacrifient pas l'évidence au système, la facilité des recherches à la pureté des méthodes.

» Replié en lui-même, dans sa paisible retraite d'Erlangen, Staudt a bien pu développer un système scientifique, pour sa propre satisfaction et pour celle d'un ou deux auditeurs qui venaient s'asseoir, par aventure, à côté de sa table de travail; mais la création d'un tel système n'aurait pas été possible à Paris, au contact des autres savants et des auditoires nombreux. »

([1]) L'exposition de la Géométrie sans le secours des figures était familière aux Hindous. BRAHMEGUPTA, dans son Ouvrage célèbre (*Algebra, with Arithmetic and Mensuration, from the sanscrit of Brahmegupta and Bhascara*, translated by HENRY-THOMAS COLEBROOKE; London, 1817), a fait connaître quelques expressions de leur nomenclature mathématique, dont ils faisaient un très-heureux usage pour énoncer les théorèmes sous une forme concise et sans recourir aux figures. Ces expressions, au jugement de CHASLES, donnent à la Géométrie des Hindous un caractère de généralité qui manquait souvent à celle des Grecs (*Aperçu historique*; Bruxelles, 1837, et Paris, 1875, p. 421).

([2]) *Die Elemente der projectivischen Geometrie in synthetischer Behandlung.* Vorlesungen von D⟨r⟩ HERMANN HANKEL. Leipzig, 1875, p. 30-31.

La Géométrie de Staudt est précisément celle que Culmann suppose connue de ses lecteurs ([1]).

III.

Un très-grand nombre de propriétés géométriques peuvent être démontrées, soit à l'aide de tracés purement théoriques, grossièrement effectués, soit même sans le secours d'aucune représentation matérielle. Dans l'un et l'autre cas, la pensée supplée à l'absence des figures ou à leur imperfection. Mais cette imperfection ne peut plus être tolérée quand on demande à la Géométrie des résultats d'utilité pratique. Il faut apporter alors autant de netteté que de rigueur dans le tracé des lignes, dans la détermination des intersections, dans le relevé et l'application des mesures; il faut, en un mot, s'approcher autant que possible de cette perfection absolue qui est l'essence des conceptions et des démonstrations géométriques ([2]).

L'art du dessin conduit à ce résultat.

Le dessin est le langage de l'ingénieur. Il traduit sa pensée avec une clarté que le langage ordinaire ne comporterait pas. L'ingénieur dessine d'abord tout ce qu'il se propose de faire exécuter. Il fixe et conserve ainsi la forme sensible de ses idées, le résultat de ses calculs et jusqu'à la trace utile de ses tâtonnements. Il n'attend pas d'ailleurs que ses calculs soient achevés pour en commencer la traduction graphique. Les deux opérations marchent ordinairement de front, et c'est souvent au cours même de l'exécution du dessin qu'apparaît la nécessité de déterminer par le calcul les dimensions de certains organes. Il s'en faut, d'ailleurs, que l'utilité du dessin se borne à l'enregistrement passif des résultats calculés, et il n'est pas rare que l'épure fournisse directement des données pour le calcul, ou même des résultats susceptibles d'une application immédiate.

L'idée de soumettre à des règles uniformes ces opérations com-

---

([1]) Nous indiquerons plus loin les règles que nous avons suivies dans la rédaction de la partie purement géométrique du présent Ouvrage.

([2]) *Voir* COUSINERY, *Le calcul par le trait*, etc. Paris, 1840. Avertissement

binées de calculs et de tracés devait nécessairement se faire jour;
elle a été accueillie avec une faveur très-marquée, grâce surtout au
récent développement des études géométriques ([1]).

Les premières origines du calcul graphique se confondent avec
celles des représentations graphiques, considérées dans le sens
spécial que les modernes attribuent à cette expression. Il faut
chercher ces origines dans l'Arithmétique des Pythagoriciens ; dans
le cinquième Livre des *Éléments* d'Euclide, où la théorie des
proportions est amplement exposée et où il est fait usage des
droites comme de symboles ; dans les propositions 27 et 28 du
Livre VI des mêmes *Éléments ;* dans les propositions 58, 59, 84,
85, 86 et 87 des *Données* d'Euclide ; enfin, dans les nombreuses
solutions mécanicographiques que les mathématiciens grecs nous
ont transmises des fameux problèmes de la duplication du cube et
de la trisection de l'angle. On peut suivre le développement continu des méthodes graphiques, après les Grecs, chez les Hindous
dans Brahmegupta et dans Bhascara, chez les Arabes dans les écrits
de Mohammed-ben-Mousa, d'Aboul Wefa, d'Aboul Djoud, d'Al-
mahani, d'Alqouhi, d'Alhazen et d'Omar Alkhàyyâmi, le grand
constructeur des équations cubiques. Cultivées en Italie, après la
décadence des Arabes, les méthodes graphiques y devinrent flo-
rissantes avec Leonardo Pisano et Luca Pacioli ; elles empruntèrent
de nouvelles forces à l'analyse géométrique de Tartaglia et de
Cardano, et ce ne fut pas sans ajouter à sa gloire que Viète les
appliqua à la représentation figurée des formules. Ces méthodes,
qu'un certain nombre de contemporains n'ont pas jugées dignes
de l'attention des savants, furent tenues en grand honneur par
Descartes, et Newton, dans le temps même où il dotait le monde
du plus puissant moyen de recherche analytique, ne dédaignait

---

([1]) *Ueber das Verhältniss der Arithmetik zur Geometrie,* von H. SCHEFFLER.
Braunschweig, 1846. — *Die Anwendung der Geometrie auf Arithmetik und Algebra,
enthaltend die wichtigsten Lehrsätze der Arithmetik durch geometrische Constructionen
dargestellt,* von Dr W. BERKHAN. Halle, 1861. — *Beiträge zur Lehre der universellen
Summirung von Strecken d. i. ihrer Aneinanderfügung mittels Parallelverschiebung,*
von Dr WILHELM MATZKA (Aus den *Abhandlungen der K. böhm. Gesellschaft der Wissenschaften.* VIe série, 2 Band). Prag, 1868. — *Geometrisk Kalkyl eller geometriska
qvantiteters räknelagar* af GÖRAN DILLNER (*Upsala Vetenskaps Societets Arsskrift,*
1861 ; *Tidsskrift for Matematik och Fysik,* 1868-1870). — *Traité de calcul géométrique
supérieur,* par GÖRAN DILLNER. Ire Partie. Upsal, 1873. Etc.

pas d'y recourir et de mettre à profit des procédés qui étaient déjà depuis dix-neuf siècles dans le domaine de la Science (¹).

Nous pourrions encore citer, depuis le *Traité de gnomonique* de la Hire (1682) jusqu'à la *Géométrie descriptive* de Monge (1788), d'innombrables exemples de déterminations et de représentations graphiques appliquées, par des savants en renom, aux opérations du calcul numérique.

Quelque ancienne, toutefois, que soit l'origine des méthodes graphiques, il ne faut pas moins reconnaître tous les caractères de la nouveauté aux applications pratiques qui en ont été faites depuis un siècle.

Nous devons, dans cet ordre d'idées, signaler comme particulièrement digne d'attention une disposition contenue dans l'article 19 de la loi du 18 germinal an III de la République française. Cette disposition prescrivait la construction d'*échelles métriques* propres à établir sans calcul les rapports entre les nouveaux poids et mesures et les anciens. Pouchet rédigea, à cette occasion, son *Arithmétique linéaire* (²), ouvrage très-peu connu, bien qu'il soit de la plus haute importance au point de vue historique. L'expression de *calcul graphique* y est employée pour la première fois, et les germes essentiels de ce calcul s'y trouvent contenus, ainsi qu'on en pourra juger par quelques extraits :

« L'Arithmétique linéaire consiste à résoudre, sur des lignes, les problèmes pour la solution desquels on se sert ordinairement des chiffres. Les lignes, tirées suivant différentes directions, forment, à cet effet, un tableau graphique pour l'usage duquel il n'est pas de rigueur de savoir ni lire ni écrire.... L'avantage du calcul graphique est la faculté d'opérer avec promptitude et sans nécessité de plume, papier ni encre, puisqu'il présente, en quelque sorte, une Table universelle de comptes faits, pour l'intelligence

----

(¹) Pour l'étude complète et la bibliographie des méthodes graphiques depuis leurs plus anciennes origines, consulter les *Notizie storico-critiche sulla costruzione delle equazioni*, par ANTONIO FAVARO. Modena, 1878.

(²) *Échelles graphiques des nouveaux poids, mesures et monnaies de la République française,* par LOUIS-E. POUCHET. Seconde édition. A Rouen, de l'imprimerie de P. Seyer et Behourt, an IV de la République. — *Métrologie terrestre, ou Table des nouveaux poids, mesures et monnaies de France*, etc., par LOUIS-E. POUCHET. Nouvelle édition. A Rouen, de l'imprimerie de V. Guilbert et Herment, an V de la République française (MDCCXCVII, v. st). Nous relevons, à la page vij de la préface, que la présente édition est la troisième.

de laquelle il suffit de savoir compter les lignes.... La critique ne manquera pas de reprocher à mon système un défaut de précision : il n'en est susceptible qu'autant que le comportent les opérations du compas.... Mais cette méthode pourra servir en mille occasions où l'on se contente d'avoir, à très-peu près, la solution de ce que l'on demande.... Cette Arithmétique linéaire peut devenir universelle comme le calcul ordinaire, ainsi que cela sera démontré par les applications que j'en ferai dans la suite de cet Ouvrage (¹). »

Le second Ouvrage de Pouchet (*Métrologie terrestre*, etc.) marque les progrès réalisés par ce savant dans le développement de sa conception. Les Tables qu'il contient s'appliquent, en effet, non-seulement aux quatre premières opérations de l'Arithmétique, mais encore à l'élévation à la seconde puissance et à l'extraction de la racine carrée. Pouchet mérite donc d'être cité parmi les précurseurs des modernes applications de la méthode graphique. Nous devons toutefois regretter, avec M. Lalanne (²), qu'il n'ait pas saisi dans toute sa généralité le principe sur lequel son heureuse idée repose implicitement. Les hyperboles de ses Tables sont pour lui le résultat de la variation d'un produit de deux facteurs, et rien n'indique qu'il les ait considérées comme projections des lignes de niveau d'un hyperboloïde à une nappe. Pouchet n'eut pas à un degré suffisant cette forte éducation géométrique qui, seule, aurait pu donner à ses idées toute l'étendue dont elles étaient susceptibles.

(¹) Il est certain que, en dehors des travaux précités, POUCHET s'est livré à d'autres études graphiques. Nous lisons, en effet, ce qui suit dans la *Notice sur Louis-Ézéchias Pouchet*, etc., par FÉLIX-ARCHIMÈDE POUCHET (Rouen, 1866; p. 34) : « Vers 1788, entraîné par ses tendances spéciales, il produisit un Tableau astronomique de la durée de l'année, sur lequel d'ingénieuses et multiples combinaisons de lignes indiquaient la durée des saisons, des mois et des journées; de grandes ombres y exprimaient même l'intensité du crépuscule. Ce Tableau, d'un remarquable fini, fut présenté à l'Académie des Sciences et valut à son auteur les plus flatteurs éloges de la part de ses Membres et, en particulier, de l'astronome Lalande. » Le biographe, fils de l'auteur, ajoute à ce sujet dans une note : « J'ai vu ce Tableau astronomique dans ma jeunesse; c'était une belle et grande gravure, exécutée au burin, et dont la complication des lignes annonçait un ouvrage de longue haleine. »

(²) *Mémoire sur les Tables graphiques et sur la Géométrie anamorphique appliquée à diverses questions qui se rattachent à l'art de l'ingénieur*, par M. LÉON LALANNE, dans les *Annales des Ponts et Chaussées*, 2ᵉ série, 1846, 1ᵉʳ semestre, p. 63. M. LALANNE est le premier, croyons-nous, qui ait appelé l'attention des savants sur les travaux de POUCHET.

b

C'est, en effet, sur les théories géométriques les plus générales
et les plus rigoureuses que les principes du calcul graphique ont
été ultérieurement établis. La convention des signes appliquée aux
lignes par Kästner, aux aires par Meister, l'addition des points
enseignée par Möbius, les imaginaires judicieusement introduites,
telles sont les principales notions théoriques sur lesquelles ont pu
se fonder les méthodes géométriques de calcul qui constituent les
préliminaires de la Statique graphique proprement dite.

Notre cadre restreint ne nous permet pas d'exposer la longue
suite des recherches qui ont déterminé le développement et la
propagation de ces méthodes. Il nous est cependant impossible de
passer sous silence le remarquable ouvrage publié en France par
Cousinery (1839). Si l'auteur s'était trouvé par ses connaissances
théoriques au niveau de cette merveilleuse époque, qui vit briller,
dans son propre pays, Poinsot, Cauchy, Brianchon, Dupin, Poncelet et Chasles, les applications géométriques auraient, grâce à
lui, conquis vingt ans plus tôt l'universelle faveur qui leur est ac-
quise aujourd'hui. Mais le calcul par le trait, qui fait tant honneur à Cousinery, se ressent trop d'une insuffisance générale de
haute culture géométrique et montre combien l'auteur est loin
d'avoir tiré tout le parti possible des découvertes de ses contemporains.

Culmann reproche surtout à Cousinery d'avoir cherché pénible-
ment la base géométrique de son Traité dans la perspective, quand
il était si naturel d'invoquer simplement les principes déjà établis
de la Géométrie moderne. Cousinery paraît avoir succombé, en
cela, au désir de développer et d'appliquer les méthodes (très-
diversement appréciées) ([1]) de sa *Géométrie perspective*.

Les notions exposées par Cousinery, à un point de vue essentiellement pratique, n'en sont pas moins dignes d'un très-vif in-

---

([1]) *Aperçu historique*, etc., par M. CHASLES. Bruxelles, 1837, p. 196-197. — *Traité
des propriétés projectives des figures*, etc., par J.-V. PONCELET. T. I, 2ᵉ édition. Paris,
1865, p. 412. D'après FIEDLER (*Die darstellende Geometrie. Ein Grundriss für Vorlesungen an technischen Hochschulen und zum Selbststudium*. Leipzig, 1871, p, 581), les
principes fondamentaux de la *Géométrie perspective*, de COUSINERY, se trouveraient
exposés dans un ouvrage publié par LAMBERT sous le titre : *Die freie Perspective oder
Anweisung jeden perspectivischen Aufriss von freien Stücken und ohne Grundriss zu
verfertigen*. Zürich, 1759.

térêt, et Culmann lui-même, malgré ses justes critiques, a pris le *Calcul par le trait* comme base de sa première Section.

De Cousinery à Culmann, aucun auteur ne s'est consacré à l'étude du Calcul graphique proprement dit. Culmann cite cependant quelques exemples tirés de la pratique des ingénieurs, notamment le procédé de Bruckner pour la détermination des mouvements de terre ([1]).

Les principes du Calcul graphique ne sont pas seulement d'une très-grande utilité dans les applications pratiques auxquelles ils se prêtent si bien. On en peut tirer aussi de grands avantages dans l'étude d'un grand nombre de questions théoriques, et, à ce titre, ils méritent toute l'attention des hommes voués aux recherches de pure science. Nous avons déjà cité le remarquable travail de M. Lalanne sur la *Géométrie anamorphique*. La représentation graphique des fonctions, la résolution graphique des équations ([2]), l'étude géométrique des polynômes entiers et rationnels, la résolution des problèmes de Trigonométrie plane et sphérique, la différentiation et l'intégration graphiques, constituent autant de sujets d'application, autant de moyens d'investigation, dont la Science a été enrichie par l'introduction des nouvelles méthodes.

IV.

La *Statique graphique* ne doit pas être confondue avec la doctrine scientifique connue depuis longtemps sous le nom de *Sta-*

([1]) Il convient de citer aussi l'Ouvrage, trop peu connu, de BERKHAN (*Die Anwendung der Geometrie auf Arithmetik und Algebra, enthaltend die wichtigsten Lehrsätze der Arithmetik und Algebra durch geometrische Constructionen dargestellt, mit Anweisung, auf Dr Wiegand's Lehrbuch der Arithmetik von Dr* WILH. BERKHAN. (Halle, 1861. Voir en particulier p. 1-48).

([2]) Nous devons nous borner à faire ici mention d'une Notice très-intéressante, tout récemment publiée par M. LALANNE sous le titre suivant : *Méthodes graphiques pour l'expression des lois empiriques ou mathématiques à trois variables, avec des applications à l'art de l'ingénieur et à la résolution des équations numériques d'un degré quelconque. Résumé historique extrait des notices relatives aux travaux des Ponts et Chaussées, publiées par le Ministère des Travaux publics à l'occasion de l'Exposition universelle de* 1878. Paris, Imprimerie nationale, 1878.

Nous aurons, au cours de nos Leçons, plus d'un emprunt à faire aux travaux de M. LALANNE, et nous en donnerons, à la même occasion, une bibliographie plus complète.

tique géométrique. Il n'existe cependant pas entre les deux méthodes une ligne de démarcation tellement tranchée qu'on les puisse distinguer nettement, en opposant deux définitions précises l'une à l'autre. On pourrait même dire, d'une manière très-générale, que la Statique géométrique comprend l'ensemble des applications de la Géométrie à la résolution des problèmes de Statique, et une définition ainsi étendue embrasserait évidemment les applications qui font l'objet spécial de la Statique graphique.

Mais on est convenu de réserver le nom de *Statique graphique* à toute une catégorie de recherches récentes, qui constituent un corps de doctrine désormais bien coordonné et qui, prises dans leur ensemble, sont caractérisées par la double condition de mettre en œuvre les procédés constructifs du Calcul linéaire ou graphique, et de reposer sur la relation fondamentale qui existe entre le polygone des forces et le polygone funiculaire.

Le domaine de la Statique graphique étant ainsi, non pas rigoureusement défini, mais indiqué, on convient de désigner sous le nom de *Statique géométrique* l'ensemble des autres applications de la Géométrie, et plus particulièrement de la Géométrie ancienne, à la Statique.

On peut dire encore, à certains égards, que la Statique graphique est à la Statique géométrique ce que la Géométrie descriptive est à la Géométrie ordinaire, et que, si la Statique géométrique a été jugée plus propre à la déduction géométrique des *lois* qui régissent l'équilibre des corps, la Statique graphique convient plus spécialement à l'invention et à la mise en pratique des *méthodes* qui permettent de résoudre, par la construction d'épures, les problèmes de Statique se rapportant à l'art de l'ingénieur.

Il est à remarquer d'ailleurs que si, par une sorte d'action réflexe, la Géométrie descriptive a contribué souvent aux progrès de la Géométrie pure, la Statique graphique n'a pas été sans exercer une influence très-favorable sur les plus récents développements de la Statique géométrique.

Simon Stevin (*De Beghinselen der Wagkonst*, 1586) a été l'un des principaux initiateurs de la Statique géométrique. C'est à lui qu'on doit l'idée de représenter les forces, en grandeur et en direction, par des droites. Cette innovation lui a permis d'établir son théorème fondamental sur l'équilibre de trois forces concourantes respectivement parallèles et proportionnelles aux trois côtés d'un triangle.

Le parallélogramme des forces, introduit par Newton, marque un nouveau progrès. Galilée, Descartes, Roberval, Mersenne et Wallis avaient, à la vérité, déjà indiqué, dans certains cas particuliers, la composition de deux vitesses; mais le principe général n'a été bien établi que par Newton, dans ses *Philosophiæ naturalis principia mathematica*.

Varignon a donné, vers le même temps, dans son *Projet d'une nouvelle Méchanique*, l'énoncé géométrique d'une propriété qui est, en substance, le théorème fondamental de la théorie des moments ([1]). Il a repris et développé plus tard ce théorème sous une autre forme, dans les *Mémoires de l'Académie des Sciences* de l'année 1719 et dans sa *Nouvelle Mécanique* posthume ([2]). Aucun ouvrage n'est plus digne de fixer notre attention que ce dernier Traité, dont la donnée, purement géométrique, reste tout à fait indépendante des recherches de Newton. Varignon y enseigne à construire, dans le cas des forces parallèles et dans celui des forces distribuées d'une manière quelconque sur un plan ([3]), le polygone des forces et le polygone funiculaire, ces deux puissants instruments de la moderne Statique graphique. Il détermine, dans les deux cas, la résultante d'un système donné de forces, en prolongeant les côtés extrêmes du polygone funiculaire ([4]). Il considère enfin d'une manière spéciale, dans ces diverses constructions, le

---

([1]) *Projet d'une nouvelle Méchanique*. Paris, 1687, p. 109. Il convient de remarquer ici que ce théorème était connu en Italie un siècle avant VARIGNON. On lit, en effet, ce qui suit dans un ouvrage de JEAN-BAPTISTE BENEDETTI (*Diversarum speculationum mathematicarum et physicarum liber*. Taurini, 1585, p. 143) : « Quod quantitas cuiuslibet ponderis, aut virtus movens respectu alterius quantitatis cognoscatur beneficio perpendicularium ductarum a centro libræ ad lineam inclinationis. » BENEDETTI avait été conduit à ce résultat par ses recherches sur l'équilibre du levier recourbé, question qui avait embarrassé un si grand nombre de géomètres.

([2]) *Nouvelle Mécanique ou Statique dont le projet fut donné en* MDCLXXXVII. Ouvrage posthume de M. VARIGNON, etc. A Paris, chez Claude Jombert, MDCCXXV. T. I, p. 84, 91, 314, 316, 317, 380, 383, 384, et t. II, p. 153, etc. Nous devons exprimer ici nos remercîments à M. ED. DEWULF, chef de bataillon du Génie, pour les intéressants relevés bibliographiques qu'il a bien voulu nous communiquer.

([3]) *Nouvelle Mécanique*, etc. T. I, p. 191-193.

([4]) *Nouvelle Mécanique*, etc. T. I, p. 198-201.

cas limite où, le nombre des côtés du polygone funiculaire devenant infiniment grand, ce polygone se transforme lui-même en une courbe (¹).

Notre but n'étant pas de faire ici un historique complet des recherches qui se rapportent à la Statique géométrique, nous nous bornerons à citer encore, à raison de leur importance, les travaux de Monge, de Poinsot, de Chasles et de Möbius.

Poncelet a fait usage des lignes pour la résolution d'un très-grand nombre de problèmes de Mécanique ; mais la plupart de ses constructions ne sont pas directement graphiques : elles sont plutôt la traduction en langage géométrique d'expressions préalablement déduites de l'analyse. Les inconvénients de cette méthode apparaissent immédiatement. Il est peu aisé de retenir et d'appliquer des constructions basées sur des formules dont la détermination analytique échappe souvent à la mémoire. Quand on emprunte, au contraire, une charpente linéaire aux données mêmes de la question, le simple développement géométrique de la figure primitive conduit tout naturellement au résultat.

Personne, assurément, ne comprit mieux que Poncelet lui-même la supériorité de la méthode directe, fondée sur la pure Géométrie. L'illustre savant occupait depuis plus de dix années la chaire de Mécanique à l'École d'application de Metz, quand on le vit se livrer aux spéculations géométriques avec une ardeur toute nouvelle. Il sentait bien que ses recherches dans cette voie ne manqueraient pas de tourner au grand profit de la Mécanique industrielle, qu'il venait de créer et dont il avait déjà su faire une véritable science. Les diverses branches de l'art technique avaient fait éclore des théories imparfaites, qui conduisaient, par de longues et pénibles recherches, à autant de solutions distinctes que la pratique présentait de cas particuliers. C'est pour suppléer à l'imperfection et à l'insuffisance de ces théories que Poncelet s'appliqua à résoudre géométriquement les questions relatives à la science de

---

(¹) *Nouvelle Mécanique*, etc. T. I, p. 194, 195, 201, 202. *Voir*, pour l'appréciation des mérites de VARIGNON, CHASLES, *Aperçu historique*, etc. Bruxelles, 1837, p. 545. — PONCELET, *Applications d'Analyse et de Géométrie*, etc. Paris, 1864, t. II, p. 181. — BOUR, *Cours de Mécanique et machines, professé à l'École Polytechnique*. 2ᵉ fasc. Paris, 1868, p. 108-111. — DÜHRING, *Kritische Geschichte der allgemeinen Principien der Mechanik*. Zweite Auflage. Leipzig. 1877, p. 138-143.

l'ingénieur. Quelques auteurs assurent même qu'il fut le premier à faire usage du polygone funiculaire pour la détermination des centres de gravité ([1]). Il est très-désirable qu'une lumière complète vienne dissiper les doutes qui subsistent au sujet de cette importante application. Aucune autre recherche de Poncelet ne se rattache aussi étroitement à la Statique graphique.

Nous pouvons nous montrer plus affirmatif en parlant des études de Lamé et Clapeyron sur les polygones funiculaires. Personne, que nous sachions, n'en a signalé jusqu'ici la haute importance pour l'histoire de la Statique graphique. Ces études ont été publiées dans une Revue de Saint-Pétersbourg, à l'époque où les deux savants français étaient au service du Gouvernement russe ([2]). Elles contiennent, non-seulement une théorie étendue et complétée des polygones funiculaires, mais encore la construction de ces polygones, considérés dans leurs rapports avec les polygones des forces, et des indications très-explicites touchant les multiples applications pratiques de cette construction; elles contiennent aussi, sur le calcul graphique des moments, des notions qui ne dif-

---

([1]) Culmann a expressément affirmé ce fait dans les termes suivants : « *Er* (Poncelet) *hat zuerst zur Ermittlung von Schwerpunkten das Seilpolygon, dieses fundamentale Hülfsmittel der graphischen Statik, angewendet, und zwar noch an der Artillerieschule in Metz, also vor* 1837, *in welchem Jahre er bereits schon in Paris wirkte.* » (*Die graphische Statik.* Zweite Auflage, Erster Band. Zürich, 1875, p. viii.) Nous n'avons trouvé dans les écrits de Poncelet aucune preuve directe et positive à l'appui de cette assertion. Un passage des *Applications d'Analyse et de Géométrie* (t. II, Paris, 1864, p. 182) pourrait, à la vérité, faire supposer que l'illustre géomètre s'est occupé de la question; mais on a quelque peine à s'expliquer qu'après l'avoir complétement résolue il ne l'ait invoquée dans aucun des cas où l'application en aurait pu être faite avec de grands avantages. Les savants français à qui les œuvres de Poncelet sont le plus familières inclinent à penser que la propriété dont il s'agit a été exposée dans les leçons de la Sorbonne. Nous n'en trouvons cependant aucune trace dans les rédactions qui nous ont été communiquées. Nous sommes donc en présence d'une sorte de *tradition*, qui se trouvera sans doute confirmée au cours de la publication des œuvres de Poncelet, entreprise avec tant de sollicitude et de succès par M. Kretz.

([2]) *Mémoire sur la construction des polygones funiculaires*, par MM. les lieutenants-colonels Lamé et Clapeyron, dans le *Journal des voies de communication*, Saint-Pétersbourg, décembre 1826, n° 6, p. 35-47. — *Mémoire sur les polygones funiculaires*, par MM. les lieutenants-colonels Lamé et Clapeyron, dans le *Journal des voies de communication*, Saint-Pétersbourg, janvier 1827, n° 1, p. 43-56.

fèrent en rien de celles qu'on expose aujourd'hui dans les Traités
de Statique graphique.

Cousinery occupe aussi une place importante parmi les savants
qui se sont appliqués à la solution des problèmes de stabilité par
les procédés du Calcul graphique. Il a consacré à cet ordre de recherches une Section entière de son *Calcul par le trait*. Supposant, toutefois, que les notions élémentaires de Statique étaient
connues de ses lecteurs par le Traité de Monge, il s'est abstenu de
les exposer et a perdu ainsi l'occasion de les interpréter dans un
sens plus strictement graphique que géométrique. Quelques considérations générales préalables permettent cependant de saisir le
lien qui rattache le nouvel argument aux principes du Calcul graphique.

« Dans les éléments de Statique, remarque l'auteur, les forces sont inva-
riablement représentées en grandeur linéaire; tandis que, pour résoudre
les problèmes qui composent la présente Section, nous aurons fréquemment
occasion de les considérer comme représentées par des grandeurs superfi-
cielles, et l'on conçoit qu'il pourrait arriver telle circonstance où il convint
de les représenter par des grandeurs cubiques. Les considérations développées dans les précédentes sections (Calcul graphique) justifient suffisam-
ment l'emploi de ces moyens divers de représentation, puisque nous serions
toujours libres d'exprimer linéairement ces grandeurs cubiques ou superfi-
cielles, ce qui ramènerait la représentation des forces à la forme spécialement consacrée par les éléments de Statique.

» En conséquence, pourvu que nous ne perdions pas de vue les conditions qui lient chaque force à son signe représentatif, nous serons libres
d'employer celui de ces signes qui se prêtera le mieux au genre de démonstration que nous aurons adopté. Il convient de rappeler encore, à ce sujet,
que, dès que l'on représente une force par une surface ou par un cube, la direction dans laquelle cette force agit passe nécessairement par le centre de
gravité de l'ensemble superficiel ou cubique qui lui correspond.

» ... Quand deux surfaces pesantes, c'est-à-dire donnant la mesure d'une
force, agissent aux extrémités des bras d'un même levier, pour qu'il y ait
équilibre entre elles il faut, comme on sait, que chaque surface multipliée
par le bras correspondant donne un produit identique, ce qui revient à dire
que les cubes qui auraient ces surfaces pour base et ces bras de levier pour
hauteur seraient équivalents entre eux. Donc, dans un même parallélépipède rectangle, chaque face prise pour force et chaque hauteur correspon-

dante prise pour bras de levier donneront des moments égaux ; et, de plus, cette égalité de moments ne cessera pas d'exister dans tous les changements rectangulaires que le parallélépipède pourra subir tout en conservant le même volume. Quand les forces seront représentées en grandeurs linéaires, l'égalité des moments se réduira, par une raison semblable, à une équivalence de surface ([1]). »

Telles sont les considérations dont Cousinery s'est inspiré pour résoudre graphiquement divers problèmes de Statique. Nous les avons reproduites dans tout leur développement parce qu'elles marquent l'originalité de la source à laquelle Culmann a puisé.

Nous ne pouvons pas terminer cette revue rapide sans reconnaître les titres d'un autre savant français qui doit être compté au nombre des précurseurs de l'illustre professeur de Zürich : nous voulons parler du capitaine Michon. Son enseignement, tout à fait conforme à l'esprit des méthodes de la Statique graphique, présente la première application directe des propriétés du polygone des forces et du polygone funiculaire à l'étude de la stabilité des voûtes et des murs de revêtement ([2]).

Saint-Guilhem, Méry et beaucoup d'autres ont aussi donné, avant Culmann, d'intéressantes solutions graphiques de divers problèmes de Statique relatifs à l'art de l'ingénieur ; mais leurs recherches, limitées à certaines questions spéciales, n'ont pas eu pour effet de dégager les principes généraux qui auraient pu servir de base à de véritables méthodes.

L'OEuvre magistrale de Culmann se distingue, au contraire, par la généralité des principes et par un esprit essentiellement méthodique. Culmann a mis en complète évidence les relations qui existent entre le polygone des forces et le polygone funiculaire ; il en a déduit sa théorie des moments et un très-grand nombre de

---

([1]) *Le Calcul par le trait*, IVe Partie, p. 213-215.

([2]) *Instruction sur la stabilité des voûtes et des murs de revêtement*, par le capitaine du Génie MICHON, professeur du Cours de construction à l'École d'application de l'Artillerie et du Génie. Lithogr. Novembre 1843, p. 22, 24, 26. — Voir, à ce sujet, l'*Examen critique et historique des principales théories ou solutions concernant l'équilibre des voûtes*, par J.-V. PONCELET, inséré aux *Comptes rendus de l'Académie des Sciences*. Séance du 18 octobre 1852, p. 536.

remarquables applications pratiques. Les mêmes relations, développées par l'introduction de la règle des signes, lui ont permis de considérer, à un point de vue très-général, l'infinie variété des figures qui résultent de la solution d'un même problème. Ces recherches nouvelles, notamment celles qui se rapportent aux relations projectives des deux polygones, sont autant de conquêtes réalisées par la Statique graphique au profit de la Statique géométrique.

D'après une opinion mise en crédit par le professeur Fleeming Jenkin(¹), la Statique graphique aurait son origine dans un procédé linéaire indiqué par Taylor, dessinateur chez le constructeur anglais J.-B. Cochrane. On a vu, par le précédent exposé, combien nous sommes loin de partager cet avis. Nous ne pouvons pas non plus reconnaître les bases essentielles de la nouvelle doctrine dans les travaux de Rankine (²) ou dans les recherches de Clerk Maxwell sur les figures réciproques (³). Ces auteurs, il est vrai, ont confirmé et généralisé le procédé de Taylor; mais c'est à M. Cremona qu'on doit véritablement la théorie des figures réciproques dans la Statique graphique (⁴), théorie dont M. Maurice Lévy a su faire un si remarquable usage dans son excellent Traité (⁵).

Nous ferons d'ailleurs observer que ces questions de priorité portent sur une partie restreinte des nouvelles méthodes. Le champ des applications de la Statique graphique est infiniment plus vaste; et, pour saisir toute l'originalité du concept de Culmann, il suffit

---

(¹) *On the practical application of reciprocal figures to the calculation of Strains on framework* (*Transactions of the R. Society of Edinburgh*, vol. XXV).

(²) *A Manual of applied Mechanics,* by WILLIAM-JOHN MACQUORN RANKINE. Eighth edition. London, 1872. Nᵒˢ 115-124.

(³) *On reciprocal figures and diagrams of forces,* by J. CLERK MAXWELL (*Philosophical Magazine,* april 1864). — *On the calculation of the equilibrium and stiffness of frames* (*Philosophical Magazine,* april 1864). — *On reciprocal figures, frames and diagrams of forces* (*Transactions of the R. Society of Edinburgh,* vol. XXVI).

(⁴) L. CREMONA, *Le figure reciproche nella Statica grafica.* Milano, 1º giugno MDCCCLXXII.

(⁵) *La Statique graphique et ses applications aux constructions,* par M. LÉVY. Paris, 1874. Cet Ouvrage est le seul Traité complet de Statique graphique qui ait été publié en France jusqu'à ce jour. Mais des parties de la nouvelle méthode ont été incidemment exposées et appliquées dans d'autres écrits, notamment dans le *Cours de Mécanique appliquée aux constructions* (*Résistance des matériaux*), par M. ED. COLLIGNON. Paris, 1877, p. 271-273, 635-642, etc.

de considérer que le professeur de Zürich a développé sa doctrine sans se fonder sur la considération des figures réciproques, et qu'il a même étendu ses constructions aux cas où les diagrammes réciproques ne sont pas possibles.

Cremona et Mohr doivent être comptés, après Culmann, parmi les géomètres qui ont le plus contribué au développement de la Statique graphique. Le premier ne s'est pas borné aux OEuvres écrites que nous venons de citer; on lui doit aussi l'introduction des nouvelles méthodes en Italie. Le second s'est fait connaître par de nombreuses recherches; son plus beau titre est d'avoir assimilé la *ligne élastique* à un polygone funiculaire. Mohr est ainsi parvenu à une relation qui lui a permis de résoudre graphiquement les problèmes relatifs aux poutres droites ou courbes et d'apporter de grandes simplifications aux méthodes ordinaires de calcul.

V.

Il nous reste à parler du but que nous nous sommes proposé en publiant ces Leçons et des moyens que nous avons choisis pour l'atteindre.

Nous voulons, avant tout, exprimer notre opinion bien arrêtée sur la nécessité de donner une très-large base géométrique à l'enseignement de la Statique graphique. Certains auteurs, tout en reconnaissant cette nécessité, inclinent à penser que la préparation théorique pourrait être limitée aux propositions indispensables pour exposer directement la méthode suivant le concept de Culmann. Loin de recommander ce système, nous partageons sans réserve l'aversion de Chasles à l'égard des « lambeaux de théories qui ont pour objet suprême et immédiat des applications pratiques », et nous pensons, avec l'éminent géomètre, que cette fâcheuse tendance est « essentiellement contraire à l'esprit et au but des Mathématiques » (¹). Séparer la Statique graphique de ses origines rationnelles les plus élevées, ce serait fermer toute voie de progrès à cette nouvelle branche des sciences appliquées et méconnaître les principes essentiels de l'enseignement supérieur.

____

(¹) *Rapport sur les progrès de la Géométrie*, par M. CHASLES, p. 379. Paris, 1870.

La Statique graphique doit donc prendre ses fondements dans les théories aussi générales que rigoureuses de la Géométrie moderne (¹). Ainsi comprise et enseignée, elle constitue un corps de doctrine vraiment scientifique et homogène ; elle permet de soumettre à des règles communes et de résoudre avec facilité un grand nombre de problèmes qui empruntaient autrefois à la routine des solutions complexes et isolées.

Lorsqu'en 1870 nous avons été chargé du Cours de Statique graphique à l'Université de Padoue, nous avions déjà la conviction, confirmée depuis par une expérience de neuf années, qu'une forte préparation géométrique devait nécessairement former la base d'un enseignement rationnel ; aussi avons-nous pris le parti de consacrer un assez grand nombre de Leçons à la Géométrie de position. Mais cette science n'était pas encore entrée dans le cadre de l'instruction universitaire ; elle ne faisait pas, comme aujourd'hui, l'objet d'un Cours spécial (²), et nous avons dû, par une

(¹) Des hommes de grand mérite, voués aux recherches de Mécanique appliquée, se sont efforcés de développer les principes de la Statique graphique sans recourir à la Géométrie de position. REULEAUX, V. OTT et BATSCHINGER ont publié, à ce point de vue, des travaux très-recommandables. Ils sont parvenus, le dernier surtout, à faire un exposé très-clair et très-élémentaire du sujet. Mais l'exclusion de certaines prémisses théoriques les a mis dans l'impossibilité de traiter un grand nombre de questions intéressantes et de donner à toutes leurs démonstrations ces deux qualités si désirables : la généralité et la concision.

(²) Quand on a introduit, en 1875, l'enseignement de la Géométrie projective dans toutes les Facultés des Sciences d'Italie, on s'est proposé de préparer les jeunes gens non-seulement à la Statique graphique, mais encore aux nouvelles méthodes de Géométrie descriptive. On sait que MONGE avait déjà recommandé l'application de l'Analyse géométrique à l'étude de la Descriptive. OLIVIER, dans ses *Développements de Géométrie descriptive* (1843), a fait intervenir fréquemment des considérations de Géométrie pure. BELLAVITIS a joint à ses *Lezioni di Geometria descrittiva* (1851) quelques essais de Géométrie supérieure, appelée par lui *Geometria di derivazione*. CREMONA a mis à profit, pour la Descriptive, les théories de Géométrie supérieure qu'il enseignait à l'Université de Bologne. Toutes ces applications conduisent, par des voies différentes, à l'introduction des théories les plus élevées dans l'étude de la Géométrie de MONGE. C'est à la Géométrie de position que la Descriptive doit sa transformation la plus récente et la plus complète. Sans entrer dans aucun développement à ce sujet, nous citerons ici les titres des principaux ouvrages dans lesquels les nouvelles méthodes ont été adoptées :

Die Methodik der darstellenden Geometrie zugleich als Einleitung in die Geometrie der Lage, von Dr WILHELM FIEDLER (*Sitzungsberichte der Kaiserlichen Akademie der Wissenschaften zu Wien*. Math. Naturwis. Classe. LV Band. V Heft, 1867) —

sorte de subterfuge, l'introduire dans notre Cours de Statique. Cette circonstance et le désir de lier intimement les principes théoriques aux applications qui s'en déduisent nous ont conduit à comprendre la Géométrie de position dans le présent Ouvrage, sous le titre général de *Leçons de Statique graphique*.

Conformément à l'avis de Culmann, nous avons, dans la partie géométrique, suivi l'Œuvre de v. Staudt et plus particulièrement encore celle de Reye([1]). Ce dernier, sans rien ôter de leur généralité aux théories exposées par son prédécesseur, a su les mettre à la portée des intelligences les moins rompues à une telle discipline. Nous avons, à l'exemple de Reye, fait aux relations métriques la place qu'elles doivent avoir dans un Traité qui sert d'introduction à la Statique; mais, pour maintenir l'indépendance des divers sujets, nous avons cru devoir consacrer à ces relations des Appendices spéciaux.

Nous n'avons pas voulu, à l'imitation de v. Staudt, bannir complétement les figures de notre texte. Nous pensons, il est vrai, avec Steiner, que les considérations stéréométriques, pour être bien comprises, doivent frapper directement l'imagination sans revêtir aucune forme sensible, et nous nous étudions, dans nos Leçons orales, à rendre, autant que possible, les démonstrations indépendantes de toute représentation graphique ([2]); mais ce système nous paraît excessif quand il s'agit de Leçons écrites: aussi, à l'exemple de Reye, avons-nous joint à notre texte un

---

Vorschule und Anfangsgründe der descriptiven Geometrie, von Chr. Scherling. Hannover, 1870. — *Die darstellende Geometrie im Sinne der neueren Geometrie für Schulen technischer Richtung*, von Josef Schlesinger. Wien, 1870. — *Die darstellende Geometrie*, von Dr Wilhelm Fiedler. Leipzig, 1871, 1875. — *Die Methoden der darstellenden Geometrie zur Darstellung der geometrischen Elemente und Grundgebilde*, von Karl Klekler. Leipzig, 1877. Ce dernier Ouvrage offre un intérêt tout particulier pour l'étude de la Géométrie de position.

([1]) *Die Geometrie der Lage*. Vorträge von Dr Theodor Reye. Hannover, 1866-1868.

([2]) Il ne faut pas voir la moindre apparence de contradiction entre cette méthode d'enseignement oral et ce que nous avons dit plus haut, touchant les avantages de la représentation figurée. Nous préviendrons toute équivoque à cet égard en disant que nos Leçons orales ont pour complément indispensable l'exécution par les élèves, sous la direction de nos adjoints, d'épures nombreuses, qui sont la traduction graphique très-détaillée des cas particuliers les plus propres à faciliter l'intelligence des propriétés générales.

nombre de figures suffisant pour rester à la portée des jeunes gens qui étudient seuls.

Dans le Calcul graphique et dans la Statique graphique, nous avons généralement adopté la méthode de Culmann, sans nous interdire, toutefois, les modifications avantageuses qui nous ont été suggérées par la pratique de l'enseignement et par les publications plus ou moins récentes d'un grand nombre d'autres auteurs.

Cédant à notre goût pour l'histoire des sciences, nous avons disséminé sous forme de Notes, dans le cours de notre travail, les renseignements qu'il nous a été donné de recueillir sur l'histoire particulière des diverses questions traitées. Nous serions heureux que cette innovation inspirât à la jeunesse studieuse la curiosité des recherches historiques, qui sont en si grande faveur de nos jours.

Les explications qui précèdent excluent, de notre part, toute idée de prétendre à l'invention des matières contenues dans ce Traité. Nous n'avions d'autre but, en publiant l'édition italienne, que de mettre entre les mains de nos élèves un résumé des Notes manuscrites rédigées, d'après les meilleures sources originales, pour les besoins de notre enseignement. Nous avons pris soin de citer, en tête des Chapitres, les titres des Ouvrages auxquels nous avons emprunté. Le lecteur ne saurait mieux faire que de recourir directement à ces Ouvrages. Il se mettra ainsi en état d'approfondir les nouvelles méthodes, bien plus qu'il ne le pourrait faire par la seule étude de nos Leçons.

Il n'entrait pas dans nos prévisions que ces Leçons, réunies en vue d'un résultat si modeste, dussent jamais dépasser l'enceinte de notre École d'application. Elles ne sont pas restées, toutefois, complétement inconnues du public français. L'illustre Chasles a bien voulu les présenter à l'Académie des Sciences peu de temps après leur publication, et M. l'ingénieur en chef Ed. Collignon leur a consacré une bienveillante analyse dans les *Annales des Ponts et Chaussées*. Les termes extrêmement flatteurs de cette double présentation sont la plus belle récompense à laquelle nous ayons pu prétendre.

Et puisque notre travail était destiné à l'honneur d'une nouvelle publication en France, nous ne pouvions assurément souhaiter un interprète plus compétent et plus soigneux. M. Terrier ne s'est pas borné à traduire nos Leçons : il a pris l'initiative de diverses modifications utiles et nous a fourni, par ses observations pénétrantes, l'occasion d'expliquer les passages qui laissaient à désirer au point de vue de la clarté. Mettant à notre disposition de riches matériaux bibliographiques qui nous étaient inconnus ou que nous n'aurions pas réussi à nous procurer, il nous a donné la possibilité de traiter certains sujets d'une manière plus complète et de mieux établir les titres de priorité de quelques savants. Si donc, comme nous en avons la certitude, cette traduction française est supérieure à l'édition italienne qui l'a précédée de quelques mois, le principal mérite en revient à M. Terrier. Nous lui renouvelons ici, pour tous ses soins, l'expression de notre plus vive gratitude.

A. FAVARO.

TABLE DES MATIÈRES.

CHAPITRE XIII. — Involution

APPENDICE AUX CHAPITRES IX ET XIII. — Relations métriques entre les formes en involution. Foyers des courbes du second ordre

CHAPITRE XIV. — Problèmes du second degré

FIN DE LA TABLE DES MATIÈRES.

LEÇONS

DE

STATIQUE GRAPHIQUE.

GÉOMÉTRIE DE POSITION.

CHAPITRE PREMIER.

GÉNÉRALITÉS, DÉFINITIONS, FORMES GÉOMÉTRIQUES FONDAMENTALES.

STEINER, *Systematische Entwickelung der Abhängigkeit geometrischer Gestalten von einander,* etc. Berlin, 1832, p. XIII-XVI. — BELLAVITIS, *Saggio di Geometria derivata* (*Nuovi saggi dell' I. R. Accad. in Padova,* vol. IV, Padova, 1838, p. 249, 253, 258, 259). — STAUDT, *Geometrie der Lage.* Nürnberg, 1847, § 1. — BELLAVITIS, *Lezioni di Geometria descrittiva,* etc. Padova, 1851, p. 75, 110. — CREMONA, *Introduzione ad una teoria geometrica delle curve piane.* Bologna, 1862, p. 7. — REYE, *Die Geometrie der Lage.* Hannover, 1866, p. 7-14. — FIEDLER, *Die darstellende Geometrie.* Leipzig, 1871, § 1-6.

I. — Éléments; projections et sections.

1. Le *point,* la *droite* et le *plan* sont les *éléments simples* de la Géométrie de position. Les droites et les plans doivent être considérés comme illimités de toutes parts, à moins qu'on ne convienne expressément du contraire.

2. Un système quelconque de points et de droites dans l'espace

peut être projeté d'un point S (^{1}) quelconque, qui devient alors *centre de projection,* au moyen d'un système de droites, qu'on appelle *rayons projetants,* et de plans, qui prennent le nom de *plans projetants,* de telle sorte que tout point du système soit projeté par un de ces rayons et toute droite, ne passant pas par S, par un de ces plans. Le point S doit être considéré comme *lieu* de tous les rayons et de tous les plans projetants, dont l'ensemble constitue ce que nous convenons d'appeler la *projection* du système proposé (^{2}).

Considérons maintenant dans l'espace un système quelconque de plans et de droites; il sera coupé, par tout nouveau plan σ, suivant un système de droites et de points, tout plan étant en général coupé suivant une droite et toute droite étant coupée en un point. Le plan σ est le *lieu* de toutes ces droites et de tous

---

(^{1}) Nous avons cru devoir adopter la notation proposée par REYE (*Geometrie der Lage.* Hannover, 1866, p. 7), suivant laquelle on désigne les points par les lettres majuscules A, B, C, ..., les droites par les minuscules a, b, c, ..., et les plans par les minuscules de l'alphabet grec. En outre, conformément à l'algorithme proposé par GRASSMANN, AB désignera la droite déterminée par les deux points A et B; Aa le plan qui passe par A et a; $a\alpha$ le point commun à a et à α; ABC le plan qui passe par les points A, B, C; $\alpha\beta\gamma$ le point commun aux plans α, β, γ, et ainsi de suite. CARNOT avait déjà proposé une notation spéciale, en vue d'indiquer, avec simplicité et précision, une combinaison quelconque d'alignements de points et d'intersections de droites; mais on a observé avec raison que cette notation perdait de sa clarté quand il s'agissait d'exprimer une construction un peu compliquée. On a donné la préférence à celle dont GRASSMANN a fait usage dans son œuvre magistrale (*Ausdehnungslehre.* Leipzig, 1844, et Berlin, 1862) et dans une série d'autres travaux (*Journal de Crelle,* volumes 31, 36, 42, 44). Dans sa Note : *Sopra un algoritmo proposto per esprimere gli allineamenti e sull' ordine o la classe del luogo geometrico dei punti o delle rette soggetti ad una legge di allineamento,* publiée dans la livraison I des *Atti delle adunanze dell'I. R. Istituto Veneto di Scienze, Lettere ed Arti,* pour l'année académique 1854-1855 (p. 58-67), BELLAVITIS signale, entre autres choses, l'erreur dans laquelle GRASSMANN est tombé quand il a cru que ses formules seraient assez générales pour représenter une courbe quelconque du troisième degré. BELLAVITIS traduit ensuite en formule la méthode enseignée à ce sujet par l'illustre CHASLES.

(^{2}) Les projections ont été employées par les astronomes grecs (HIPPARQUE, PTOLÉMÉE et autres) pour la représentation de la sphère céleste apparente. Aux méthodes de perspective transmises par les anciens et perfectionnées au xvie siècle, est venue s'ajouter, vers la fin du xviiie, la Géométrie descriptive (doctrine des projections), complétée par MONGE. DESARGUES est le premier qui ait appliqué les projections aux recherches géométriques; mais l'importance de cette application a été mise en évidence par l'école de MONGE, et particulièrement par les travaux de PONCELET (*Traité des propriétés projectives des figures,* etc. Paris, 1822). Voir BALTZER, *Die Elemente der Mathematik.* Zweiter Band, dritte Auflage. Leipzig, 1870, p. 152.

ces points, dont l'ensemble constitue ce que nous convenons d'appeler la *section* du système proposé.

3. Nous pouvons aussi projeter à partir de droites et couper au moyen de droites. En effet, tout point situé en dehors d'une droite *s* détermine avec *s* un plan, ou est projeté de *s* au moyen d'un plan, et tout plan qui ne passe pas par *s* est coupé par *s* en un point. Ces résultats pourront être étendus aux cas où l'on proposerait de projeter un système de points à partir d'une même droite, ou de couper un système de plans par une droite. S'il s'agit du premier de ces deux systèmes, la droite est considérée comme *lieu* des plans qui se coupent sur elle; s'il s'agit du second, la droite est le *lieu* des points d'intersection situés sur elle.

II. — Formes géométriques fondamentales.

4. Une série illimitée d'éléments simples, assujettis à des conditions communes, constitue une *forme géométrique*. La forme est dite de *première*, de *deuxième* ou de *troisième espèce*, selon que ses éléments (points, droites et plans) sont en nombre *simplement*, *doublement* ou *triplement* infini. La détermination d'un élément de la série exige alors respectivement *une, deux* ou *trois* conditions nouvelles.

On appelle *fondamentales* quelques formes géométriques très-simples, sur lesquelles repose toute la Géométrie de position. Ces formes sont au nombre de six, dont trois appartiennent à la première espèce, deux à la seconde et une à la troisième (¹).

5. À la première espèce appartiennent :

a. La *ponctuelle*, composée de tous les points situés sur une

---

(¹) Ces formes géométriques, déjà indiquées en d'autres termes par DESARGUES (*Brouillon proiect d'une atteinte aux évènements des rencontres d'un cône avec un plan*, 1639. — *OEuvres de* DESARGUES, *réunies et publiées par M.* POUDRA. Paris, 1864 et 1876), par PASCAL (*Essai sur les coniques*) et par les géomètres postérieurs, ont été plus explicitement définies par STEINER (*Systematische Entwickelung*, etc. Berlin, 1832); mais elles n'ont pas toujours été désignées de la même manière et quelques-unes d'entre elles ont été diversement dénommées par les mêmes auteurs dans leurs différents ouvrages. Nous signalons ce fait au lecteur qui voudrait recourir aux sources que nous avons citées.

seule et même droite. On désigne aussi, sous cette dénomination, des séries quelconques de points isolés, disposés d'une manière quelconque sur une droite. Tout point de la ponctuelle est un de ses *éléments,* et la droite sur laquelle la forme se trouve est le *lieu* de cette forme. Les éléments de la ponctuelle sont considérés comme liés entre eux d'une manière rigide, de telle sorte que leurs positions respectives restent invariables sur la droite qui leur sert de lieu, quels que puissent être les déplacements de cette droite. Nous donnerons le nom de *segment* à une portion du lieu, limitée par deux points.

b. Le *faisceau de rayons,* formé de toutes les droites situées dans un plan et passant par un même point, qui prend le nom de *centre* du faisceau. Les mêmes dénominations sont appliquées à un ensemble de droites isolées, disposées d'une manière quelconque sur un plan et passant par un même point. Chacune de ces droites se nomme *rayon* et constitue un *élément* du faisceau. On peut considérer comme *lieu* du faisceau aussi bien le point d'intersection commun à ses éléments que le plan dans lequel il est contenu. Ici encore nous considérerons les éléments du faisceau comme liés entre eux d'une manière rigide, et nous donnerons le nom d'*angle plan complet* à la partie du faisceau limitée par deux de ses éléments et composée des deux angles plans *simples,* opposés par le sommet.

c. Le *faisceau de plans,* qui est formé de l'ensemble de tous les plans passant par une même droite, nommée *axe* du faisceau, ou encore d'une série de plans particuliers, disposés d'une manière quelconque et se coupant sur une même droite. Chacun de ces plans est un *élément* du faisceau. On peut considérer comme *lieu* du faisceau de plans aussi bien l'espace illimité que la droite commune à tous les éléments de la forme. Les éléments qui constituent le faisceau de plans doivent aussi être considérés comme rigidement liés entre eux. On donne le nom d'*angle dièdre complet* à toute portion du faisceau limitée par deux de ses éléments.

Ces trois formes de la première espèce prennent encore collectivement le nom de *formes fondamentales simples,* et il convient d'observer que leurs éléments constitutifs doivent être considérés en eux-mêmes, c'est-à-dire abstraction faite des formes dont ils pourraient être les lieux.

6. A la seconde espèce appartiennent :

d. Le *plan ponctuel* ou *plan réglé*, dit encore *système plan*, c'est-à-dire le complexe de tous les points et de toutes les droites situés dans un même plan, qui est le *lieu* de la forme considérée. On devra regarder comme *éléments* du système plan non-seulement ces points et ces droites, mais aussi l'infinité des ponctuelles et des faisceaux de rayons contenus dans le plan. En effet, ceux d'entre les points qui se trouvent sur une droite du système constituent une ponctuelle, et ceux d'entre les rayons qui passent par un même point forment un faisceau de rayons.

e. La *gerbe*, c'est-à-dire l'ensemble de toutes les droites et de tous les plans qui passent par un même point, appelé *centre* de la gerbe. On peut considérer comme *lieu* de la gerbe, soit le centre, soit l'espace illimité. Cette forme contient comme *éléments* non-seulement une infinité de rayons et de plans, mais encore d'innombrables faisceaux de rayons et de plans, car tous les plans de la gerbe qui se coupent sur un même axe forment un faisceau de plans, et pareillement tous les rayons de la gerbe qui se trouvent sur un même plan forment un faisceau de rayons.

Nous répétons, au sujet des éléments constitutifs des formes de la seconde espèce, ce que nous avons dit pour ceux de la première, à savoir qu'on doit les considérer comme rigidement liés entre eux ; de sorte que les positions respectives des rayons, plans et faisceaux contenus dans la gerbe ne subiraient aucune modification si le lieu venait à être déplacé.

7. Enfin, à la troisième espèce appartient :

f. L'*espace* [à trois dimensions (¹)], avec tous les points, droites et plans qu'il contient et aussi avec l'infinité des formes fondamentales de la première et de la seconde espèce comme

---

(¹) Voir *Ebene geometrische Gebilde erster und zweiter Ordnung vom Standpunkte der Geometrie der Lage, betrachtet von Dr.* JOHANNES THOMAE, etc. Halle, a/S., Verlag von Louis Nebert, 1873, p. 1.

éléments; car tout plan de l'espace est le lieu d'un plan réglé ou ponctuel, tout point est le centre d'une gerbe, toute droite est le lieu d'une ponctuelle et l'axe d'un faisceau de plans ([1]).

III. — Relation entre formes de la même espèce. Définition de la Géométrie de position.

8. Deux formes géométriques de la même espèce peuvent être déduites l'une de l'autre au moyen d'une projection ou d'une section.

En projetant une ponctuelle d'un centre ou d'un axe, on obtient respectivement un faisceau de rayons ou un faisceau de plans. En coupant un faisceau de plans par un plan ou par une droite, on obtient respectivement un faisceau de rayons ou une ponctuelle. En coupant par un plan ou en projetant d'un centre un faisceau de rayons, on obtient une ponctuelle ou un faisceau de plans.

En projetant d'un centre un plan ponctuel ou réglé, on obtient une gerbe; réciproquement, en coupant une gerbe par un plan, on obtient un plan ponctuel ou réglé.

9. Nous sommes maintenant en état de définir la *Géométrie de position* en disant qu'elle traite des six formes géométriques fondamentales et de leurs rapports mutuels.

([1]) Staudigl (*Lehrbuch der neueren Geometrie für höhere Unterrichts-Anstalten und zum Selbststudium.* Wien, 1871, Druck und Verlag von L.-W. Seidel und Sohn, p. 3) exclut l'espace du nombre des formes fondamentales en se basant sur ce que l'espace contient en lui-même toutes les autres formes géométriques. Nous n'avons pas adopté cette exclusion, parce qu'il nous paraît qu'une raison analogue conduirait à exclure aussi du nombre des formes précédentes celles de la seconde espèce, qui contiennent en elles-mêmes comme éléments les formes de la première espèce.

CHAPITRE II.

ÉLÉMENTS A L'INFINI (¹), RELATIONS DES FORMES FONDAMENTALES ENTRE ELLES.

DESARGUES (²), *OEuvres, réunies et publiées par* M. POUDRA. Paris, 1864, t. I, p. 104-106, 205. — PONCELET, *Traité des propriétés projectives des figures*. Paris, 1822, nᵒˢ 96, 107, 580. — MÖBIUS, *Der barycentrische Calcul*, etc. Leipzig, 1827, p. 44-69. — STEINER, *Systematische Entwickelung*, etc. Berlin, 1822, p. 2. — STAUDT, *Geometrie der Lage*. Nürnberg, 1847, p. 23-30. — REYE, *Die Geometrie der Lage*. Hannover, 1866, p. 14-21. — SCHLEGEL, *System der Raumlehre*, etc. Leipzig, 1875, § I.

I. — Point à l'infini.

10. Si un rayon (droite indéfinie) tourne dans un plan autour d'un point fixe S (*fig.* 1), il détermine, pour chacune de ses posi-

Fig. 1.

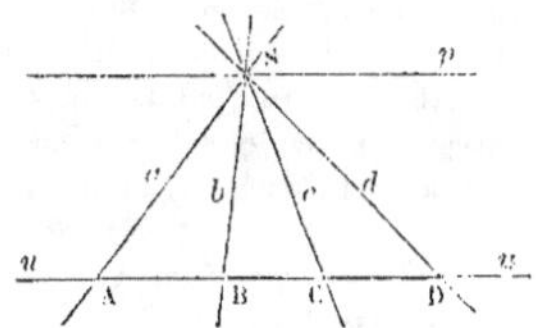

tions, un point sur une droite u située dans le même plan et ne passant pas par S. Si le rayon accomplit sa rotation dans un

(¹) La question des éléments à l'infini a été récemment discutée avec chaleur dans la *Zeitschrift für mathematischen und naturwissenschaftlichen Unterricht* de HOFF-MANN (Leipzig, Druck und Verlag von B.-G. Teubner). Voir *Erster Jahrgang* (1870), p. 279, 491-493. *Zweiter Jahrgang* (1871), p. 391-409, 494-505. *Dritter Jahrgang* (1872), p. 11-18, 155-162, 249-267. On voit reparaître sous cette forme l'ancienne question des parallèles, sur laquelle les géomètres d'autrefois ont si longuement débattu.

(²) On trouve, dans l'ouvrage cité, ces lumineuses idées sur l'infini : 1. Une

sens et revient à sa position initiale, il sera passé par tous les points de *u*, mais une seule fois par chacun d'eux. Quand le rayon mobile est parallèle à la droite *u*, on dit qu'il passe par le *point à l'infini* de cette droite. Une droite n'a qu'un seul point à l'infini, car le rayon mobile n'est parallèle à *u* que dans une seule de ses positions ([1]).

De là résulte immédiatement que deux droites parallèles ont le même point à l'infini. Deux droites dans un plan ont toujours un point commun (à distance finie ou infinie). Toutes les droites parallèles entre elles et situées dans un plan forment un faisceau de rayons dont le centre est à l'infini. Toutes les droites de l'espace parallèles entre elles forment une gerbe dont le centre est aussi à l'infini.

Pour distinguer le point à l'infini d'une droite des points situés sur cette droite à distance finie, on a coutume d'appeler le premier point *impropre* et les autres points *propres*.

---

droite peut être considérée comme prolongée à l'infini, auquel cas les deux extrémités opposées se joignent entre elles. — 2. Les droites parallèles sont des droites concourantes à l'infini et réciproquement. — 3. Une droite et un cercle sont deux espèces d'un même genre, dont le tracé peut être énoncé dans les mêmes termes. GALILÉE avait déjà exprimé cette dernière idée (voir en effet les *Lettere famigliari del conte* LORENZO MACALOTTI, *P. I.* Venezia, MDCCXIX, Lettre XVIe, p. 254). Une étude faite en vue de mettre en évidence les conceptions philosophico-mathématiques de ce grand savant conduirait très-probablement à recueillir de nouveaux et importants matériaux pour le jugement à porter sur sa méthode. Sur ce point comme sur quelques autres, nous avons malheureusement à regretter que certaines lacunes s'opposent à une plus exacte appréciation du tribut apporté par GALILÉE aux progrès des Mathématiques proprement dites.

DESARGUES (*op. cit.*) et NEWTON (*Philosophiæ naturalis principia mathematica*, 1687) considèrent les asymptotes des hyperboles comme des tangentes dont les points de contact sont à distance infinie. BLUMBERGER (*Grundzüge einiger Theorieen aus der neueren Geometrie*, etc. Halle, 1858, p. 5) affirme que LEIBNITZ a exprimé la même conception et que DESCARTES s'y est aussi rangé, mais il ne spécifie pas les sources auxquelles il a puisé.

([1]) Ou bien « parce que, dans un plan et par un point, on ne peut mener qu'une seule droite qui ne coupe pas une droite donnée ». Cette distinction fondamentale a été mise en lumière par GAUSS, à la fin de 1792 ; mais elle n'a fait, de sa part, l'objet d'aucune publication spéciale. On la trouve indiquée dans les Notices bibliographiques de GAUSS sur quelques écrits de SCHWAB, de METTERNICH et de MÜLLER (*Göttingische gelehrte Anzeige*, 1816, p. 617, et 1822, p. 17, 25) et aussi dans les *Lettres de* GAUSS *à* SCHUHMAKER, t. II, p. 268 et 431, V, p. 246 (SARTORIUS, *Gauss zum Gedächtniss*, p. 81). Voir BALTZER, *Die Elemente der Mathematik*, t. II, dritte Auflage. Leipzig, 1870, p. 16.

11. On arrive à concevoir, en quelque manière, le point à l'infini d'une droite comme la limite des positions d'un point mobile qui la parcourrait, d'un mouvement continu et indéfini, dans l'un ou dans l'autre sens. Le point à l'infini apparaît alors comme situé de part et d'autre de la droite. Toute droite n'ayant, ainsi qu'on l'a déjà observé, qu'un seul point à l'infini, on doit admettre que toute droite est une ligne fermée, dont les deux parties s'étendent en directions opposées et se rencontrent en un point à l'infini ou point impropre.

Cela posé, il est clair qu'une droite ne peut pas être divisée en deux parties par un seul point et que deux points sont nécessaires pour effectuer cette division. L'un des deux segments contient le point à l'infini et a une étendue infiniment grande, tandis que l'autre a une longueur finie : à moins, toutefois, que l'un des deux points de division ne soit situé à l'infini, auquel cas les deux segments seraient infiniment grands.

Si l'on désigne par I le point à l'infini et par A et B les deux points qui divisent la droite en deux segments, tous les points du segment AIB sont séparés de ceux du segment AB par les points A et B; c'est-à-dire qu'il n'est pas possible de passer d'un point de l'un des segments à un point de l'autre sans franchir A ou B. Il résulte de cette observation qu'un seul point A d'une droite ne sépare pas deux autres points quelconques de cette droite, et que si deux points, tels que B et C, sont situés de part et d'autre de A, il n'est pas nécessaire de passer sur A pour aller de B à C; car on peut, à cet effet, parcourir aussi le chemin infini à travers le point à l'infini.

Sur quatre points A, B, C, D d'une droite, qui se suivent dans l'ordre même où ils viennent d'être nommés, deux couples seulement sont séparés l'un de l'autre, savoir : AC par BD, et réciproquement BD par AC; les points qui se suivent immédiatement, comme A et B, ou A et D, ne sont pas séparés.

Les mêmes considérations s'appliquent à quatre rayons a, b, c, d d'un faisceau de rayons S et à quatre plans α, β, γ, δ d'un faisceau de plans u.

II. — Droite à l'infini.

12. Toute droite d'un plan donné n'ayant qu'un point à l'infini, *le lieu des points à l'infini du plan est une droite* (¹); car la droite est la seule ligne qui ait un point, et un seul point, commun avec une autre droite quelconque du plan. On donne à cette droite le nom de *droite à l'infini* du plan.

Si deux plans sont parallèles, toute droite de l'un a ses parallèles dans l'autre; dès lors, les deux plans ont les mêmes points à l'infini, c'est-à-dire la même droite à l'infini. Deux plans se coupent toujours suivant une droite (située à distance finie ou infinie).

Comme on dit des droites parallèles qu'elles ont la même *direction,* on dit aussi des plans parallèles qu'ils ont la même *position* (²); et de même que, pour chaque direction, on a un point à l'infini, de même aussi, pour chaque position, on a une droite à l'infini. Tous les plans parallèles, considérés d'une manière quelconque dans l'espace, passant par une même droite à l'infini, on peut les concevoir comme un faisceau de plans dont l'axe est à l'infini.

Tous les plans parallèles à une même droite ont un point commun, qui est le point à l'infini de cette droite, et forment une gerbe, qui a pour centre le même point.

III. — Plan à l'infini.

13. La surface à l'infini ou impropre, dans laquelle se trouvent tous les points et toutes les droites à l'infini de l'espace, devra être considérée comme un plan, le *plan à l'infini,* puisqu'elle est coupée par toute droite propre en un point et par tout plan propre suivant une droite.

D'ailleurs, deux droites quelconques, situées à l'infini, pouvant être considérées comme les intersections respectives de deux

---

(¹) Voir, au sujet de cette expression symbolique : A. Transon, *De l'infini, ou Métaphysique et Géométrie.* Évreux, 1871. — A. Transon, *Sur une propriété des asymptotes et sur cette locution :* « *Les points à l'infini sur un plan sont en ligne droite* » (*Nouvelles Annales de Mathématiques,* 2ᵉ série, t. XII, 1873, p. 289). — Lamarle, *Note sur l'emploi de l'infini dans l'enseignement des Mathématiques élémentaires* (*Mémoires de l'Académie Royale de Belgique,* t. XXVII).

(²) L'expression *position d'un plan* (*Stellung einer Ebene*) est due à Staudt, *Geometrie der Lage.* Nürnberg, 1847, p. 25.

couples de plans parallèles, et ces quatre plans s'entrecoupant, en outre, suivant quatre droites parallèles, qui concourent en un même point à l'infini, commun aux deux droites en question, on voit que toutes les droites à l'infini peuvent être censées se couper deux à deux; dès lors toutes ces droites, et par conséquent tous les points à l'infini de l'espace, peuvent être considérés comme appartenant à un même plan, qui est le plan à l'infini (¹).

IV. — Formes de la même espèce ou d'espèces différentes rapportées entre elles.

14. On dit que deux formes fondamentales sont rapportées entre elles lorsqu'à chaque élément de l'une correspond, en vertu d'une certaine loi, un élément de l'autre. Deux formes fonda-

---

(¹) PONCELET (*Traité des propriétés projectives des figures*, etc., nᵒˢ 96, 580) est parvenu à la *droite à l'infini* et au *plan à l'infini*, à l'aide du *principe de continuité*, dont il a su faire un si remarquable usage. Bien que, dans le cours de nos Leçons, nous n'ayons jamais occasion d'invoquer ce principe, ou plutôt pour ce motif même, nous croyons devoir expliquer ici en quoi il consiste; nous nous servirons, à cet effet, de la belle définition qu'en a donnée CHASLES (*Traité de Géométrie supérieure*. Paris, 1852, p. 12-13.)

Certaines parties d'une figure, considérée dans un état général de construction, peuvent être réelles ou imaginaires ; quand elles sont réelles, on dit que le fait de leur existence constitue une propriété *contingente* de la figure ; et pour distinguer ces parties de celles qui sont *absolues* ou *permanentes*, on les appelle *contingentes*. Cela posé, il arrive souvent que les parties contingentes servent utilement, quand elles sont réelles, pour la démonstration d'un théorème, et que cette démonstration n'est plus possible quand ces mêmes parties deviennent imaginaires : on dit alors qu'en vertu du principe de continuité le théorème démontré dans le premier cas s'étend au second cas, et on l'énonce d'une manière générale. Le contraire a lieu quelquefois, et c'est quand certaines parties d'une figure sont imaginaires qu'on y trouve les éléments d'une démonstration facile, dont on étend les conséquences au cas où les mêmes parties sont réelles.

Tel est le principe de continuité, au moyen duquel on procure aux diverses propositions de la Géométrie l'extension et la généralité qui leur manquaient d'ordinaire, quand on considérait d'une manière restreinte les figures et les résultats des raisonnements qui leur étaient appliqués. PONCELET considéra l'admission et l'usage de ce principe comme tout à fait indispensables pour donner à la doctrine des projections et aux diverses conséquences qui en dérivent la certitude et l'extension nécessaires ; il y trouva en outre le moyen d'interpréter, et d'introduire ouvertement en Géométrie, la considération des infinis et des imaginaires, qui ont une part si importante et si nécessaire dans l'Analyse algébrique et dans toutes les applications du calcul.

L'usage du principe de continuité en Géométrie date probablement des origines de

mentales rapportées à une troisième sont aussi rapportées entre elles; en effet, à chaque élément de la troisième correspond toujours un élément de chacune des deux autres formes; d'où il suit que les deux éléments de celles-ci sont correspondants. Étant données autant de formes qu'on voudra, si la seconde est rapportée à la première et chacune des suivantes à celle qui précède, elles sont toutes rapportées les unes aux autres.

15. Pour rapporter entre elles, de la manière la plus simple et la plus claire, deux formes d'espèces différentes, on les déduit l'une de l'autre au moyen d'une projection ou d'une section, et l'on prend comme correspondants deux éléments dont l'un dérive de la projection ou de la section de l'autre.

Si, par exemple, un faisceau S de rayons (*fig.* 1) et une ponctuelle u, qui ne passe pas par le centre du faisceau, sont situés dans le même plan, nous pouvons assigner comme correspondant à chaque rayon du faisceau le point de la ponctuelle qui se trouve sur ce rayon. Au rayon parallèle p de S correspond alors le point à l'infini de u.

Si un système plan Σ est considéré comme section d'une gerbe S, dont le centre est placé en dehors de Σ, Σ et S sont rapportés l'un à l'autre, de telle sorte qu'à tout point de Σ correspond le rayon de S passant par ce point et à toute droite de Σ le plan de S passant par cette droite. A chaque segment de Σ correspond un angle plan de S, à chaque angle plan de Σ, un angle dièdre de S. Au plan de S parallèle à Σ correspond dès lors la droite à l'infini de Σ, et chaque rayon de S situé dans ce plan a pour correspon-

---

cette science, ainsi que le fait observer LACROIX, dans la préface de son grand *Traité de Calcul différentiel et de Calcul intégral*, au sujet de la seconde proposition du livre XII des *Éléments* d'EUCLIDE, proposition qui a pour objet de prouver que les aires des cercles sont entre elles comme les carrés des diamètres. C'est par des considérations analogues qu'ARCHIMÈDE s'éleva à des propositions beaucoup plus difficiles, telles que les rapports des surfaces et des solidités du cylindre et de la sphère, la quadrature de la parabole, etc. Mais l'énoncé du principe de continuité remonte seulement à LEIBNITZ qui, dans une réponse à MALEBRANCHE, au sujet de la doctrine des lois du mouvement, l'a proposé comme exprimant cette loi de la nature, que tout se fait par degrés insensibles; ou, comme le disait la philosophie scolastique : *Natura abhorret a saltu* (Voir CHASLES, *Aperçu historique sur l'origine et le développement des méthodes en Géométrie*, etc. Bruxelles, 1837, p. 203, 357).

dant son point à l'infini situé sur Σ. Chaque faisceau de plans de S a pour correspondant le faisceau de rayons suivant lequel il est coupé par Σ; le faisceau de rayons devient un faisceau de rayons parallèles, dans le cas où l'axe du faisceau de plans est parallèle à Σ. Si S est une gerbe de rayons parallèles, ayant son centre à l'infini, à tout point propre de Σ correspond un rayon propre de S et à tout élément impropre du plan un élément impropre de la gerbe. Si Σ est le plan à l'infini et S un point propre, à chaque rayon de S correspond son point à l'infini, à chaque plan sa droite à l'infini, à chaque faisceau de rayons une ponctuelle à l'infini, à chaque faisceau de plans un faisceau de rayons à l'infini.

16. Deux formes fondamentales de la même espèce peuvent être rapportées entre elles d'une manière très-simple, quand on les considère comme sections ou projections d'une troisième forme. Ainsi, dans deux faisceaux de rayons ou dans deux droites ponctuelles, qui sont des sections d'un même faisceau de plans, les rayons, ou respectivement les points, situés dans le même plan du faisceau de plans, se correspondent entre eux deux à deux. Deux faisceaux de rayons, S et S_1, peuvent aussi être facilement rapportés l'un à l'autre quand ils sont les projections d'une même ponctuelle u, de telle sorte que les rayons passant par le même point de la ponctuelle se correspondent mutuellement deux à deux.

Si, dans deux gerbes, on assigne comme correspondants deux à deux les rayons qui ont même direction, cela signifie que les gerbes elles-mêmes sont considérées comme projections d'un même système plan dont le lieu est le plan à l'infini.

CHAPITRE III.

LOI DE DUALITÉ (¹).

Poncelet, *Annales de Mathématiques*, t. VIII, 1818, p. 201. — Gergonne, *ibid.*, t. XVI, 1826, p. 209. — Chasles, *ibid.*, t. XVIII, 1828, p. 270. — Staudt, *Geometrie der Lage*. Nürnberg, 1847, p. 30-36. — Reye, *Die Geometrie der Lage*. Hannover, 1866, p. 22-25. — Hankel, *Die Elemente der projectivischen Geometrie*. Leipzig, 1875, II, Abschn.

I. — Énoncé de la loi de dualité. Exemples.

17. Il est facile de reconnaître, dès les premiers théorèmes de la Géométrie, relatifs à la position des points, des droites et des

---

(¹) La question de priorité relative à la découverte de cette loi a fait naître, entre Gergonne et Poncelet, une controverse célèbre dans l'histoire de la Science. On doit, pour rester impartial, reconnaître que, si Gergonne a énoncé le principe, il en avait puisé l'inspiration dans les brillants résultats de la *Théorie des polaires réciproques* de Poncelet, seule méthode alors connue pour ce genre de transformations. Les principaux éléments pour l'histoire de cette controverse se trouvent dans les *Annales de Mathématiques pures et appliquées* et dans le *Bulletin des Sciences mathématiques, astronomiques, physiques et chimiques*. Ces deux publications étaient rédigées par Gergonne, la seconde sous le pseudonyme de Saigey. Plücker se trouva mêlé à la dispute. Il réussit, d'après Clebsch (*Giornale di Matematiche*, vol. XI, 1873. Napoli, p. 161), à dégager le principe de dualité de tout élément étranger et à présenter la question sous son jour véritable.

Les mérites respectifs des deux adversaires ont été très-clairement exposés par Clebsch. La théorie des pôles et des polaires par rapport à une conique avait, écrit-il, conduit Poncelet à une méthode d'après laquelle, étant donnée une certaine classe de théorèmes, on en pouvait toujours déduire une autre corrélative, par le simple changement, suivant des règles fixes, de quelques expressions dans les énoncés; la substitution était fondée sur ce que, relativement à la conique, à chaque point correspond une droite et réciproquement. Étant donné, par exemple, un théorème n'exprimant que des rapports de position et dès lors susceptible d'être énoncé par des intersections de droites et par des jonctions de points, on en pouvait immédiatement déduire un autre, dans l'énoncé duquel les droites du premier étaient toujours remplacées par des points et les points par des droites, les intersections de droites par des jonctions de points et les jonctions de points par des inter-

plans, l'existence d'une certaine loi de réciprocité ou de dualité qui
conduit à concevoir, dans l'espace, le point et le plan comme réciproques ; de sorte que toute proposition (quelle que soit la disposition de ses éléments à distance finie ou à l'infini) trouve son
complément dans une autre qu'on déduit de la première, en
substituant l'un à l'autre les éléments point et plan, par conséquent aussi les formes ponctuelle et faisceau de plans, et ainsi de
suite.

Les couples de semblables propositions s'écrivent ordinairement de la manière suivante :

Deux points A et B déterminent une droite AB qui est leur ligne de jonction.	Deux plans α et β déterminent une droite $\alpha\beta$ qui est leur ligne d'intersection.
Une droite a et un point B, non situé sur a, déterminent un plan	Une droite a et un plan β, ne passant pas par a, déterminent un point

---

sections de droites. La théorie des pôles et des plans polaires par rapport à une
surface du second ordre permet pareillement, dans l'espace, de déduire l'un de
l'autre deux théorèmes par la substitution réciproque du point et du plan, de la
jonction de deux points et de l'intersection de deux plans, de l'intersection de trois
plans et du plan passant par trois points. Gergonne considéra à un point de vue plus
intrinsèque cette réciprocité du point et de la droite dans le plan, du point et du plan
dans l'espace, et chercha à la formuler sans avoir recours à la quadrique, dont Poncelet
avait fait usage pour l'établir. Mais la nette conception du principe devint ainsi un
peu nuageuse ; il prit comme un aspect d'axiome philosophique, très-compréhensible
assurément, mais en quelque façon mystérieux, au lieu d'être un théorème fécond de
la doctrine des coniques et des surfaces du second ordre.

Observons, toutefois, que la loi de dualité ou de réciprocité en général n'a pas
fait sa première apparition dans la Science à l'époque de la controverse dont nous
venons de parler. On trouve à ce sujet de précieux renseignements dans la Correspondance mathématique entre Legendre et Jacobi, communiquée par Borchardt à l'Académie royale de Berlin, dans la séance du 11 mars 1875, publiée par Borchardt dans
le vol. LXXX de son journal et reproduite dans les tomes VIII et IX du *Bulletin
des Sciences mathématiques et astronomiques* de MM. G. Darboux et J. Houël. Il convient de signaler aussi, comme très-intéressant pour l'histoire de la même question,
le Mémoire de Kronecker, intitulé : *Bemerkungen zur Geschichte des Reciprocitäts-
gesetzes* et inséré dans le *Monatsbericht der königlich preussischen Akademie der Wissenschaften zu Berlin*, avril 1875, p. 267-275.

Si l'on voulait d'ailleurs remonter à la première origine de la loi de dualité, on en
trouverait des traces dans le *triangle réciproque* de Viète et d'Albert Girard et, sous
une forme plus évidente, dans le *triangle supplémentaire* de Snellius (voir Chasles,
Aperçu historique, etc. Bruxelles, 1837, p. 54-55, 224, 546. Klügel, *Mathematisches
Wörterbuch*, t. IV, p. 850.)

*a*B qui passe par la droite et par le point.

*a*β qui est situé sur la droite et sur le plan.

Trois points A, B, C, non situés sur une même droite, déterminent un plan ABC (le plan de jonction).

Trois plans α, β, γ, qui ne passent pas par une même droite, déterminent un point αβγ (le point d'intersection).

Deux droites *a* et *b*, qui ont un point commun, sont dans un même plan *ab*.

Deux droites *a* et *b*, situées dans un même plan, ont un point commun *ab*.

Ces propositions très-simples font encore ressortir l'utilité d'introduire les éléments à l'infini ou impropres, sans lesquels il n'aurait pas été possible de prendre les énoncés dans toute leur généralité. C'est ainsi, par exemple, que, si l'on faisait abstraction de ces éléments, on devrait énoncer la première proposition à droite de la manière suivante : Deux plans α et β déterminent une droite ou sont parallèles entre eux ; mais, si l'on fait intervenir les éléments à l'infini, on peut, même dans le second cas, dire que les plans en question déterminent une droite, qui est la droite à l'infini. Des observations analogues pourraient être faites au sujet des autres propositions relatées plus haut.

Les mêmes propositions conduisent aux problèmes suivants :

Faire passer une droite par deux points.

Trouver la droite d'intersection de deux plans.

Faire passer un plan par une droite et par un point situé hors de la droite.

Trouver l'intersection d'une droite et d'un plan qui ne passe pas par la droite.

Faire passer un plan par trois points.

Trouver l'intersection de trois plans.

Faire passer un plan par deux droites qui se coupent.

Trouver le point d'intersection de deux droites situées dans un plan.

Entre autres propositions doubles, très-usitées, nous citerons les suivantes, à titre d'exemple :

Étant donnés quatre points A, B, C, D, si les droites AB et CD se coupent, les quatre points sont situés dans un même plan ; par suite, les droites AC et BD, AD et BC se coupent aussi.

Étant donnés quatre plans α, β, γ, δ, si les droites αβ et γδ se coupent, les quatre plans ont un point commun ; par suite, les plans αγ et βδ, αδ et βγ se coupent aussi.

Si des droites, prises en nombre quelconque, se coupent deux à deux, mais

ne passent pas toutes par un même point, elles sont toutes dans un même plan.	ne sont pas toutes dans un même plan, elles passent toutes par un même point.

18. Deux relations ou deux propositions déduites ainsi l'une de l'autre sont dites *corrélatives* ou *réciproques*. Souvent d'ailleurs une proposition est réciproque à elle-même, si le point et le plan s'y présentent symétriquement. Tel est, par exemple, le problème suivant : *Mener dans un plan, par un point donné de ce plan, une droite rencontrant une autre droite donnée, qui ne passe pas par le point et qui n'est pas dans le plan.* Ce problème admet deux solutions réciproques :

Ou bien on joint le point donné au point d'intersection de la droite et du plan.	Ou bien, par la droite et par le point donnés, on fait passer un plan et l'on détermine son intersection avec le plan donné.

A ce problème on ramène facilement les suivants :

Par un point donné, mener une droite qui rencontre deux droites données, non situées dans un même plan avec le point.	*Dans un plan donné, mener une droite coupant deux droites données, qui n'ont pas un même point commun avec le plan.*
Si l'on fait passer un plan par le point donné et par l'une des droites données,	Si l'on détermine le point d'intersection du plan donné avec l'une des droites données,

le problème est ramené au précédent.

II. — Application de la loi de dualité aux formes fondamentales.

19. Les formes fondamentales peuvent aussi être placées les unes en face des autres comme formes réciproques. C'est le cas, par exemple, du système plan et de la gerbe, dont les lieux, c'est-à-dire le plan et le point, sont réciproques.

Sont dès lors réciproques :

Dans le système plan :
Le point,
La ponctuelle,
Le rayon (comme ligne de jonction
   de points),
Le faisceau de rayons,

Dans la gerbe :
Le plan,
Le faisceau de plans,
Le rayon (comme ligne d'intersec-
   tion de plans),
Le faisceau de rayons,

et ainsi de suite.

Il résulte de ce qui précède que, dans l'espace, la droite (ou rayon) est réciproque à elle-même ; elle occupe effectivement une situation en quelque sorte intermédiaire entre les éléments réciproques, point et plan.

Nous donnerons l'exemple suivant d'une double proposition dans laquelle le système plan et la gerbe figurent comme systèmes réciproques :

Si deux systèmes plans sont rapportés l'un à l'autre, de façon qu'on les considère comme sections d'une même gerbe, les éléments correspondants (points ou droites) des systèmes sont situés deux à deux sur un même élément (rayon ou plan) de la gerbe. La ligne d'intersection des deux plans coïncide avec sa correspondante, ou se correspond à elle-même, et telle est aussi la condition de tout point situé sur cette droite.

Les deux systèmes plans ont ainsi une ponctuelle correspondante commune.

Si deux gerbes sont rapportées l'une à l'autre, de façon qu'on les considère comme projections d'un même système plan, les éléments correspondants (rayons ou plans) des gerbes passent deux à deux par un même élément (point ou droite) du système plan. Le rayon commun aux deux gerbes, qui en réunit les centres, coïncide avec son correspondant ou se correspond à lui-même, et telle est aussi la condition de tout plan passant par ce rayon.

Les deux gerbes ont ainsi un faisceau de plans correspondant commun.

III. — Réciprocité dans le plan.

20. Dans le plan, deux figures ou deux propositions corrélatives se déduisent l'une de l'autre par l'échange des éléments point et droite. Ainsi :

Deux points quelconques d'un plan déterminent une droite.

Deux droites quelconques d'un plan déterminent un point.

On trouvera dans le Chapitre suivant quelques propositions
propres à rendre ce genre de corrélation familier.

IV. — Réciprocité dans la gerbe.

21. Dans la gerbe, deux figures ou deux propositions corrélatives se déduisent l'une de l'autre par l'échange des éléments
plan et droite. Ainsi :

| Deux rayons quelconques d'une gerbe déterminent un plan. | Deux plans quelconques d'une gerbe déterminent un rayon. |

La géométrie de la gerbe et celle du plan étant corrélatives
dans leurs rapports avec l'espace, l'une de ces géométries se déduit
de l'autre par l'échange des éléments point et plan. La géométrie
de la gerbe peut aussi se déduire de celle du plan au moyen de la
projection à partir d'un centre (2).

CHAPITRE IV.

FIGURES COMPLÈTES.

CARNOT, *De la corrélation des figures de Geometrie*. Paris, 1801, p. 122. — PONCELET, *Traité des propriétés projectives des figures*. Paris, 1822, n°s 154, 554. — STEINER, *Systematische Entwickelung*, etc. Berlin, 1832, p. 72 et suiv., 235 et suiv. — COUSINERY, *Le calcul par le trait*. Paris, 1840, p. 150-154. — STAUDT, *Geometrie der Lage*. Nürnberg, 1847, p. 36-43. — WITZSCHEL, *Grundlinien der neueren Geometrie*, etc. Leipzig, 1858, p. 73-77. — WIENER, *Uber Vielecke und Vielflache*. Leipzig, 1864. — REVE, *Die Geometrie der Lage*. Hannover, 1866, p. 25-32. — GEISER, *Einleitung in die synthetische Geometrie*. Leipzig, 1869, § 7.

I. — Polygone et multilatère plans complets.

22. Il est de règle, dans la Géométrie moderne, d'entendre par polygone (n-*gone*) plan simple, non pas une portion du plan [1]

---

(1) REVE (*Die Geometrie der Lage*, erste Abtheilung. Hannover, 1866, p. 26), observe que, dans la Géométrie des anciens, on entendait par polygone une portion du plan, sans comprendre sous cette dénomination les figures croisées ou étoilées. Cela n'est pas d'une exactitude absolue; bien qu'il ne soit pas question des polygones étoilés dans la Géométrie grecque, telle que nous l'ont transmise les OEuvres d'EUCLIDE, d'ARCHIMÈDE et d'APOLLONIUS, on peut cependant inférer de nombreux indices que ces figures n'étaient pas tout à fait inconnues et qu'elles furent l'objet d'une certaine étude, notamment dans l'École pythagoricienne. CHASLES a consacré à cette question un chapitre entier de son *Aperçu historique* (Bruxelles, 1837, p. 476-487). CANTOR s'en est aussi occupé avec grand soin dans ses *Mathematische Beiträge zum Kulturleben der Völker* (Halle, 1863, p. 84 et suiv.). Mais l'étude la plus complète sur cette matière est due à GÜNTHER, qui lui a consacré un Mémoire spécial, intitulé : *Lo sviluppo storico della teoria dei poligoni stellati nell' antichità e nel medio evo* (t. VI, 1873, du *Bullettino di Bibliografia e di Storia delle Scienze matematiche e fisiche*, publié à Rome par le prince BALTHAZAR BONCOMPAGNI). L'étude du développement historique des polygones étoilés, depuis le moyen âge jusqu'à nos jours, a été continuée par le même auteur et se trouve dans le volume intitulé : *Vermischte Untersuchungen zur Geschichte der mathematischen Wissenschaften von* Dr SIEGMUND GÜNTHER. Leipzig, 1876, p. 1-92.

limitée de toutes parts par n droites qui se coupent, mais le système de n points d'un plan et des n droites (côtés) dont chacune joint deux points (sommets) successifs. Les sommets sont considérés dans un ordre déterminé et soumis à la condition que trois d'entre eux consécutifs ne se trouvent jamais en ligne droite. Le polygone (n-gone) simple peut encore être appelé *multilatère* (*n-latère*) *simple;* par suite, un multilatère est le système de n droites et des n points d'intersection de ces droites prises successivement deux à deux. Le polygone et le multilatère sont des conceptions réciproques : aux lignes de jonction de deux sommets non consécutifs (diagonales) d'un polygone simple correspondent, dans le multilatère simple, les points d'intersection de deux côtés non consécutifs.

23. Outre les polygones et multilatères *simples,* la Géométrie moderne considère les polygones et les multilatères *complets* (¹), et la loi de dualité n'apparaît pas moins évidente dans ces derniers systèmes. Nous appelons, en effet, d'une manière générale :

Polygone plan complet, un système de n points du plan ou sommets, dont trois ne sont jamais sur une même droite, considérés ensemble avec les $\dfrac{n(n-1)}{2}$ droites ou côtés qui les unissent deux à deux.

$n-1$ côtés se coupent sur chaque sommet; il y a donc en tout $\dfrac{n(n-1)}{2}$

Multilatère plan complet, un système de n droites du plan ou côtés, dont trois ne passent jamais par un même point, considérées ensemble avec les $\dfrac{n(n-1)}{2}$ points ou sommets où elles se coupent deux à deux.

$n-1$ sommets reposent sur chaque côté; il y a donc en tout $\dfrac{n(n-1)}{2}$

(¹) Le *quadrilatère complet* est mentionné pour la première fois par Carnot (*De la corrélation des figures de Géométrie*. Paris, 1801, p. 122), qui a été conduit à cette notion en considérant que quatre droites, tracées d'une manière quelconque dans un plan et indéfiniment prolongées, forment trois quadrilatères ayant chacun deux diagonales. Les six diagonales se réduisent effectivement à trois. Carnot a donné le nom de *quadrilatère complet* à l'ensemble des trois quadrilatères et de leurs trois diagonales, prolongées jusqu'à leurs rencontres réciproques. Steiner (*Systematische Entwickelung*, etc. Berlin, 1832) a étendu cette conception à tous les polygones (p. 72) et aux figures dans l'espace (p. 235).

côtés qui se coupent en

$$\frac{n(n-1)(n-2)(n-3)}{2.4}$$

points d'intersection.

Dans le polygone (n-gone) complet, sont contenus $3,4, ..., (n-1)$ polygones simples.

sommets qui sont unis par

$$\frac{n(n-1)(n-2)(n-3)}{2.4}$$

diagonales (¹).

Dans le multilatère (n-latère) complet, sont contenus $3,4, ..., (n-1)$ multilatères simples.

(¹) Dans le multilatère complet, chacun des n côtés est coupé par les $(n-1)$ autres en $(n-1)$ points, ce qui donnerait $n(n-1)$ points d'intersection si chaque point n'avait pas été compté deux fois. Pareillement, dans le polygone complet, chacun des n sommets peut être joint aux $(n-1)$ autres par $(n-1)$ droites ; mais chaque droite se présente ainsi deux fois. Les $\frac{n(n-1)}{2}$ sommets du multilatère complet pourraient en outre être joints par

$$\frac{n(n-1)\left[\frac{n(n-1)}{2}-1\right]}{2}$$

droites, si chaque sommet ne reposait pas, avec $(n-2)$ autres, sur l'un des n côtés du multilatère complet ; mais toute droite menée de l'un des points aux $(n-2)$ autres, coïncide avec l'un des côtés du multilatère ; on a donc seulement

$$\frac{\frac{n(n-1)}{2}\left[\frac{n(n-1)}{2}-1\right]}{2}-\frac{1}{2}n(n-1)(n-2)=\frac{n(n-1)(n-2)(n-3)}{2.4}$$

droites.

Pareillement, les $\frac{n(n-1)}{2}$ côtés du polygone complet se couperaient en

$$\frac{\frac{n(n-1)}{2}\left[\frac{n(n-1)}{2}-1\right]}{2}$$

points, si chaque côté n'en rencontrait pas $(n-2)$ autres sur l'un des n sommets du polygone complet ; on doit, par conséquent, considérer $n-2$ points au moins sur chaque côté, si aucun des nouveaux points ne doit coïncider avec un sommet quelconque du polygone ; on aura donc seulement

$$\frac{\frac{n(n-1)}{2}\left[\frac{n(n-1)}{2}-1\right]}{2}-\frac{1}{2}n(n-1)(n-2)=\frac{n(n-1)(n-2)(n-3)}{2.4}$$

points d'intersection.

Et, en particulier :

Quatre points A, B, C, D (*fig. 2*) d'un même plan, dont trois quelconques ne sont pas en ligne droite, constituent une figure qui prend le nom de *quadrangle complet*.

Fig. 2.

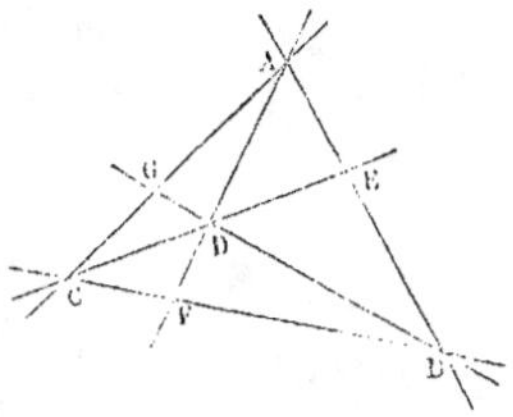

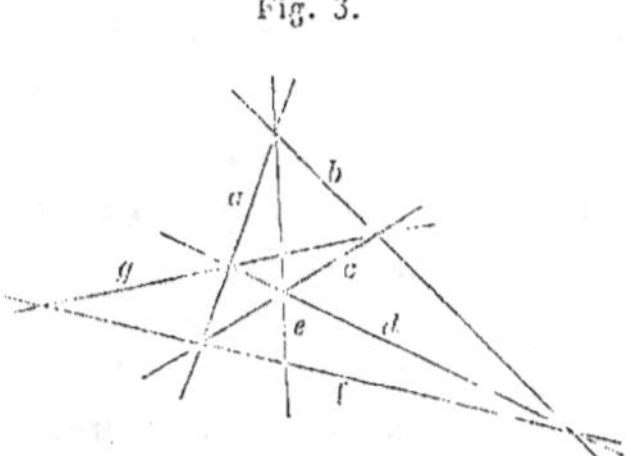

Quatre droites *a*, *b*, *c*, *d* (*fig. 3*) d'un même plan, dont trois quelconques ne concourent pas en un même point, constituent une figure qui prend le nom de *quadrilatère complet*.

Fig. 3.

Le quadrangle complet a pour *sommets* les quatre points A, B, C, D et pour *côtés* les six droites qui joignent ces points deux à deux.

Deux côtés qui ne passent pas par un même sommet sont dits *opposés*; il y a donc trois couples de côtés opposés : AB et CD, AC et BD, AD et BC.

Les points E, F, G, où concourent les côtés opposés, sont nommés *points diagonaux* (¹) et le triangle EFG est dit *triangle diagonal* du quadrangle complet.

Le quadrangle complet contient trois quadrangles simples ABCD, ACDB et ADBC, qui ont pour côtés deux couples de côtés opposés du premier.

Le quadrilatère complet a pour *côtés* les quatre droites *a*, *b*, *c*, *d* et pour *sommets* les six points d'intersection de ces droites deux à deux.

Deux sommets non situés sur un même côté sont dits *opposés*; il y a donc trois couples de sommets opposés : *ab* et *cd*, *ac* et *bd*, *ad* et *bc*.

Les droites *e*, *f*, *g*, qui joignent les sommets opposés, sont nommées *droites diagonales* et le triangle *efg* est dit *triangle diagonal* du quadrilatère complet.

Le quadrilatère complet contient trois quadrilatères simples *abcd*, *acdb* et *adbc*, qui ont pour sommets deux couples de sommets opposés du premier.

(¹) BELLAVITIS substitue à cette dénomination celle de *conlatères*, qu'il emprunte, ainsi qu'il le dit lui-même (*Atti dell' Imp. Reg. Istituto veneto*, t. VIII, série III, p. 207), au géomètre anglais WEDDLE. Il appelle en outre (*ibid.*) *tétragone complet* le corrélatif du quadrilatère complet.

II. — Multarête et polyèdre complets.

24. Il est facile de concevoir les systèmes qui, dans la gerbe, correspondent à ceux du plan. Si l'on projette, en effet, un polygone ou un multilatère complet, d'un point non situé dans son plan, on obtient respectivement un angle multarête ou un angle polyèdre complet (¹). Et réciproquement, si l'on coupe un angle multarête, ou un angle polyèdre complet, par un plan qui ne passe pas par son sommet, on obtient respectivement un polygone, ou un multilatère complet.

Nous appellerons donc :

Angle multarête (*n-arête*) complet le système de n droites (arêtes) dans la gerbe (c'est-à-dire passant par un même point) et de tous les plans (faces) qui contiennent ces droites deux à deux, trois des n droites ne devant jamais être dans un même plan.

Angle polyèdre (*n-èdre*) complet le système de n plans (faces) dans la gerbe (c'est-à-dire passant par un même point) et de toutes les lignes (arêtes) suivant lesquelles ces plans se coupent deux à deux, trois des n plans ne devant jamais passer par une même droite.

En particulier :

L'angle quadrarête complet est le système de quatre droites (arêtes) a, b, c, d, passant par un même point, considérées ensemble avec les six plans (faces) qui les contiennent deux à deux.

Les droites d'intersection des faces opposées, *bc* et *ad*, **ca** et *bd*, *ab* et *cd* sont les *diagonales* de l'angle quadrarête.

L'angle tétraèdre complet est le système de quatre plans (faces) α, β, γ, δ, passant par un même point, considérés ensemble avec les six droites (arêtes) suivant lesquelles ils se coupent deux à deux.

Les plans contenant les couples d'arêtes opposées, $\beta\gamma$ et $\alpha\delta$, $\gamma\alpha$ et $\beta\delta$, $\alpha\beta$ et $\gamma\delta$, sont les *plans diagonaux* de l'angle tétraèdre.

(¹) La dualité dans les polyèdres particuliers remonte à une date relativement éloignée. Voir MAUROLICO (*Opusc. mathem.* Venetiis, 1575, p. 103); KEPLER (*Harmonices mundi*, t. V, p. 1.); MEISTER (*Comm. Götting.* 1785, t. VII, p. 39.). GERGONNE (*Annales de Mathématiques*, t. XV, p. 157) a formulé l'expression exacte du théorème général.

III. — Relations entre les polygones.

25. Deux polygones plans d'un même nombre de sommets sont dits *rapportés* entre eux, lorsqu'à chaque sommet de l'un on fait correspondre un sommet de l'autre, et, par suite aussi, à chaque côté de l'un un côté de l'autre. La même relation existe pour deux multilatères, pour deux multarêtes et pour deux angles polyèdres.

De là résultent les propositions suivantes :

Si deux triangles, ABC, $A_1 B_1 C_1$ *(fig.* 4*), rapportés l'un à l'autre,*

Si deux angles trièdres, $S(\alpha\beta\gamma)$, $S_1(\alpha_1\beta_1\gamma_1)$, *rapportés l'un à l'autre,*

Fig. 4.

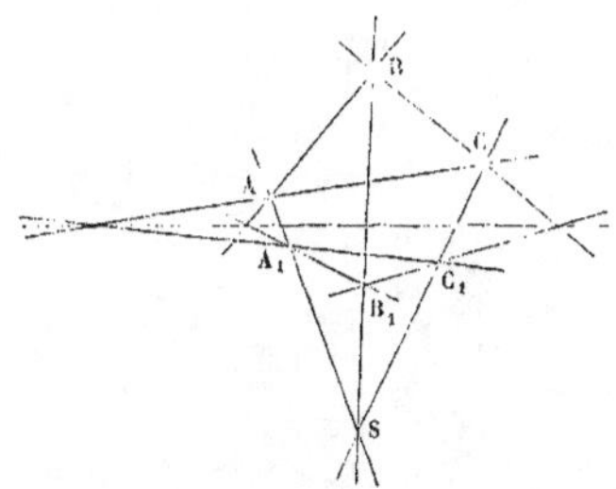

sont dans deux plans différents, dont l'intersection ne coïncide avec aucun des six côtés, et si les côtés correspondants, tels que AB *et* $A_1 B_1$, *se coupent deux à deux en trois points de la ponctuelle commune aux deux plans, les plans des trois couples de côtés correspondants sont les trois faces d'un triarête dont les deux triangles sont des sections. Les droites de jonction* AA_1, BB_1, CC_1 *de deux points (sommets) correspon-*

sont dans deux gerbes différentes, dont la droite de jonction ne coïncide avec aucune des six arêtes, et si les arêtes correspondantes, telles que $\alpha\beta$ *et* $\alpha_1\beta_1$, *se coupent deux à deux sur trois plans du faisceau commun aux deux gerbes, les points d'intersection des trois couples d'arêtes correspondantes sont les trois sommets d'un triangle dont les deux trièdres sont des projections. Les droites d'intersection* $\alpha\alpha_1$, $\beta\beta_1$, $\gamma\gamma_1$ *de deux plans*

dants quelconques se coupent donc en un point S, qui est le centre du tri-arête.

Si deux quadrangles complets, ABCD, $A_1 B_1 C_1 D_1$ (fig. 5) rapportés l'un à l'autre, sont dans deux plans différents, dont la ligne d'intersection u ne passe par aucun des huit sommets, et si cinq côtés a, b, c, d, e de l'un rencontrent les cinq côtés a_1, b_1, c_1, d_1, e_1, de l'autre en des points de la ponctuelle u, les deux quadrangles sont des sections d'un même quadrarête complet et les deux derniers côtés, f et f_1, se rencontrent aussi.

(faces) correspondants quelconques des trièdres sont donc situées sur un plan, qui est le plan du triangle dont elles sont les côtés.

Si deux angles tétraèdres complets, rapportés l'un à l'autre, sont dans deux gerbes différentes, dont la droite de jonction s ne se trouve sur aucune des huit faces, et si cinq arêtes de l'un rencontrent les arêtes correspondantes de l'autre sur des plans du faisceau de plans s, les deux angles tétraèdres sont des projections d'un même quadrilatère plan complet et les deux dernières arêtes se rencontrent aussi.

Fig. 5.

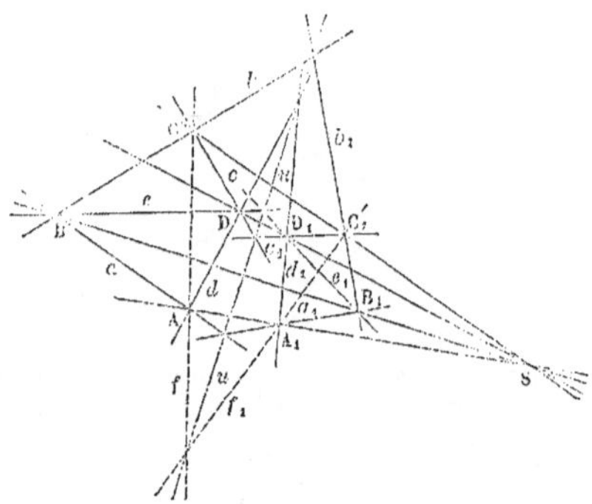

Suivant la précédente proposition à gauche, les droites AA_1, BB_1 et CC_1 concourent en un point ; il en est de même des droites DD_1, BB_1 et CC_1 ; les droites AA_1 et DD_1 concourent donc au point d'intersection de BB_1 et de CC_1, c'est-à-dire au centre S du quadrarête considéré dans la proposition. Et, puisque les droites f et f_1 sont dans le plan déterminé par AA_1 et DD_1, elles doivent pareillement se couper.

On démontrerait de la même manière la proposition à droite et les deux propositions ci-après :

<table>
<tr><td>

Si deux quadrilatères complets sont tels que cinq couples de sommets correspondants se trouvent sur cinq droites concourant en un point, les deux autres sommets seront aussi alignés avec ce point.

</td><td>

Si deux angles quadrarêtes complets sont tels que cinq couples de faces correspondantes se coupent suivant cinq droites contenues dans un plan, la droite commune à l'autre couple de faces sera aussi dans ce plan.

</td></tr>
</table>

IV. — Propositions sur les quadrangles complets.

26. De la dernière proposition démontrée on peut déduire la suivante :

Si cinq couples de côtés correspondants de deux quadrangles complets, rapportés l'un à l'autre, se coupent en des points d'une droite u, qui ne passe par aucun des huit sommets, le point d'intersection du sixième couple est aussi sur cette droite.

Quand *u* est une droite à l'infini, la proposition qui vient d'être énoncée se transforme en la suivante :

Si dans deux quadrangles complets, rapportés l'un à l'autre, cinq couples de côtés correspondants sont parallèles, les deux autres côtés sont aussi parallèles.

CHAPITRE V.

SYSTÈMES HARMONIQUES.

Poncelet, *Traité des propriétés projectives des figures*. Paris, 1822, n°s 21 et suiv. — Steiner, *Systematische Entwickelung*, etc. Berlin, 1832, p. 18. — Staudt, *Geometrie der Lage*. Nürnberg, 1847, § 8. — Chasles, *Traité de Géométrie supérieure*. Paris, 1852, Chap. IV. — Paulus, *Grundlinien der neueren ebenen Geometrie*, etc. Stuttgart, 1853, p. 8-12. — Witzschel, *Grundlinien der neueren Geometrie*, etc. Leipzig, 1858, § 42-64. — Reye, *Die Geometrie der Lage*. Hannover, 1866, p. 32-36. — Staudigl, *Lehrbuch der neueren Geometrie*. Wien, 1870, p. 35-45, 86-87.

I. — Ponctuelle harmonique.

27. Trois points A, B, C étant donnés sur une droite (*fig.* 6), on construit, dans un plan passant par cette droite, un quadrangle

Fig. 6.

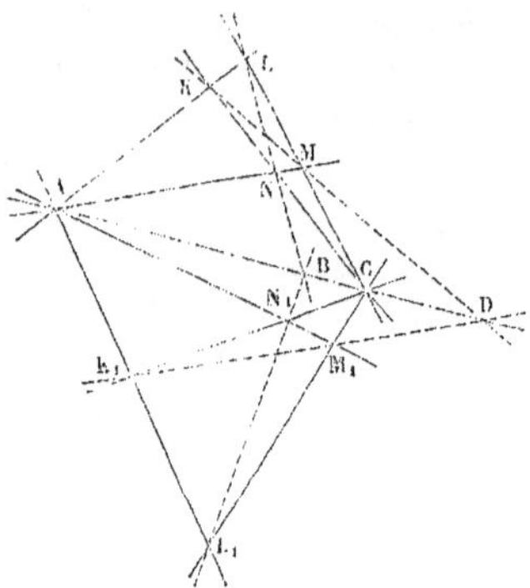

complet KLMN, tel que deux côtés opposés, LK, MN, concourent en A, que deux autres côtés opposés, LM, KN, concourent en C et que le cinquième côté LN passe au point B ; le sixième côté KM

rencontrera la droite ABC en un point D, dont la position est fixe
et déterminée par rapport aux trois points donnés. En effet, si
dans le même plan ou dans tout autre, passant par ABC, on construit un second quadrangle complet $K_1 L_1 M_1 N_1$, dont les couples de côtés opposés passent pareillement par A et C et dont le
cinquième côté passe par B, le sixième côté (**25, 26**) rencontrera
la droite ABC au point D, où elle est déjà rencontrée par le sixième
côté du quadrangle KLMN. Quatre points, tels que ABCD, sont
appelés *quatre points harmoniques* et constituent une *ponctuelle
harmonique* ou, en général, un système *harmonique* ([1]).

II. — Éléments conjugués.

28. Les points B et D, où la droite ABCD est rencontrée par
les cinquième et sixième côtés du quadrangle complet, sont séparés (**11**) l'un de l'autre par les points d'intersection A et C des
couples de côtés opposés. On a coutume de dire que les points A
et C sont séparés harmoniquement par les points B et D, ou que
les points B et D sont séparés harmoniquement par les points A
et C; que le segment AC est divisé harmoniquement par les
points B et D ou par le segment BD, etc.

Les points A et C sont dits *conjugués* entre eux; il en est de
même des points B et D.

Il est facile de voir que, *dans un système de quatre points
harmoniques, on peut opérer la permutation des points conjugués
sans que le système cesse d'être harmonique;* c'est-à-dire que, si
ABCD est un système harmonique, les systèmes ADCB, CBAD,

([1]) La proportion harmonique était connue de PYTHAGORE. Ses propriétés numériques et géométriques sont exposées dans les œuvres des géomètres anciens et spécialement dans les *coniques* d'APOLLONIUS de PERGE et dans les œuvres de PAPPUS
(voir *Mathematicæ collectiones Pappi Alexandrini a Federico Commandino in latinum
conversæ et commentariis illustratæ.* Bononiæ, 1660). La construction du quatrième
élément d'un système harmonique au moyen de la propriété du quadrilatère complet,
c'est-à-dire par la règle seule, se trouve dans le Traité de LA HIRE (*Sectiones conicæ
in novem libros distributæ.* Parisiis, 1685, I, 20; voir CHASLES, *Aperçu historique*, etc.
Bruxelles, 1837, p. 124). STEINER en a donné le développement complet dans son
opuscule intitulé : *Die geometrischen Konstruktionen ausgeführt mittelst der geraden
Linie und eines festen Kreises, als Lehrgegenstand auf höheren Unterrichts-Anstalten
und zur praktischen Benutzung.* Berlin, 1833, § 3, 4, 5.

CDAB le sont aussi. En effet, dans chacun de ces systèmes, les côtés opposés du quadrangle KLMN passent deux à deux par le premier point et par le troisième, et les deux autres côtés ou les diagonales du quadrangle passent par le second point et par le quatrième.

Si l'on mène maintenant, par le point d'intersection Q des diagonales (*fig.* 7), les droites AQ, CQ, on détermine sur les côtés

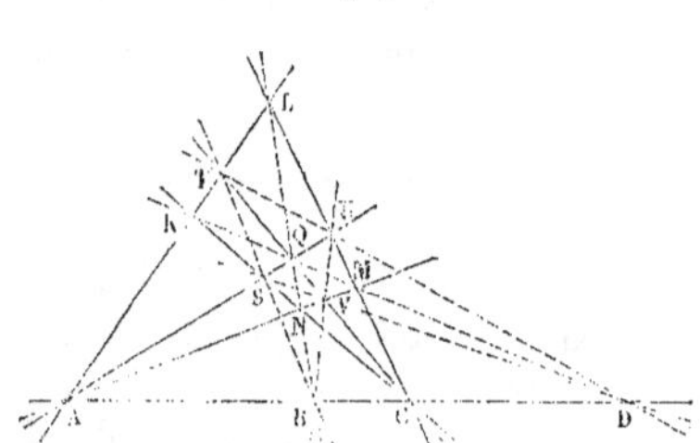

Fig. 7.

NK, KL, LM et MN, respectivement, quatre nouveaux points S, T, U, V. Sur les quatre lignes de jonction de ces points, ST, TU, UV, VS, qui doivent être considérées comme secondes diagonales des quadrangles KSQT, LTQU, MUQV et NVQS, deux opposées passent par B et les deux autres par D. Nous avons ainsi obtenu un quadrangle STUV, dont les côtés opposés passent deux à deux par B et D et dont les diagonales passent par A et C. Il s'ensuit que, *dans un système harmonique, les deux couples de points conjugués peuvent aussi être substitués l'un à l'autre sans que les quatre points cessent d'être harmoniques;* ou que, si ABCD est un système harmonique, non-seulement les systèmes ADCB, CBAD et CDAB sont harmoniques, mais les systèmes DCBA, DABC, BCDA et BADC le sont aussi.

III. — Faisceaux harmoniques de rayons et de plans.

29. La proposition du n° **27**, qui conduit à la définition de la ponctuelle harmonique, a pour corrélative, dans le plan, une autre proposition qui permet de définir ce qu'on doit entendre par un faisceau harmonique de rayons. On peut arriver au même résultat en projetant le quadrangle complet d'un point pris hors de son plan; on obtient ainsi un angle quadrarête complet et les quatre points harmoniques sont projetés par *quatre rayons harmoniques* qui constituent un *faisceau harmonique de rayons*. Ces rayons jouissent de la propriété d'être coupés, par tous les plans qui ne contiennent pas leur centre, en quatre points harmoniques; car chacun de ces plans coupe l'angle quadrarête complet suivant un quadrangle, dont les côtés opposés se rencontrent deux à deux en un couple de points conjugués et dont les deux autres côtés passent par les points de l'autre couple ([1]).

Les conséquences déduites au n° 28, pour les points harmoniques, sont applicables aux rayons harmoniques.

30. Une proposition corrélative (dans l'espace) à celle du n° 27 conduit à définir les conditions dans lesquelles doivent se trouver quatre plans passant par une même droite pour constituer un *faisceau harmonique de plans*. Cette forme harmonique peut aussi être déduite de quatre points harmoniques, en projetant ceux-ci d'un axe qui ne soit pas avec eux dans un même plan.

Un cinquième plan quelconque, contenant les quatre points harmoniques, coupe les quatre plans harmoniques suivant quatre rayons également harmoniques. Le même résultat est fourni par un nouveau plan quelconque, ne passant pas par l'axe du faisceau harmonique de plans; ce nouveau plan coupe, en effet, les quatre rayons harmoniques, obtenus au moyen du plan sécant considéré tout d'abord, en quatre points harmoniques par lesquels passent ses lignes d'intersection avec les plans harmoniques.

Une droite transversale quelconque, ne rencontrant pas l'axe, rencontre les quatre plans harmoniques en quatre points; un plan transversal mené par cette droite coupe les mêmes plans suivant quatre rayons qui, d'après ce qui vient d'être dit, sont harmoniques. Ces rayons harmoniques passent par les quatre points considérés, qui sont dès lors harmoniques.

([1]) Les relations essentielles entre la ponctuelle harmonique et le faisceau harmonique de rayons se trouvent, pour la première fois, dans CARNOT, *Essai sur la théorie des transversales*. Ces relations furent pourtant en partie connues par les Grecs (voir PAPPUS, *Mathematicæ collectiones*, lib. VII, Prop. CXLV).

Projetons un faisceau harmonique de rayons d'un point quelconque, pris en dehors de son plan, et au moyen de quatre plans. Une transversale, tracée arbitrairement dans le plan du faisceau, coupe les rayons harmoniques donnés en quatre points harmoniques ; les plans qui passent respectivement par ces quatre points forment donc un faisceau harmonique de plans.

Les démonstrations du n° 28, relatives aux points harmoniques, s'appliquent également aux plans harmoniques.

IV. — Propositions relatives aux sytèmes harmoniques.

31. Nous pouvons dire en général que :

Quatre points harmoniques sont projetés d'une droite ou axe quelconque par quatre plans harmoniques et d'un point ou centre quelconque par quatre rayons harmoniques.

Quatre rayons harmoniques sont projetés d'un point quelconque par quatre plans harmoniques.

Quatre plans harmoniques sont coupés par une droite transversale quelconque en quatre points harmoniques et par un plan transversal quelconque suivant quatre rayons harmoniques.

Quatre rayons harmoniques sont coupés par un plan transversal quelconque en quatre points harmoniques.

32. De la proposition du n° **27** on peut encore déduire l'énoncé suivant : *Dans tout quadrangle complet, deux côtés concourant en un point diagonal sont séparés harmoniquement par les droites qui joignent ce point diagonal aux deux autres.*

De la proposition corrélative (dans le plan) à celle qui vient d'être citée on déduit cette autre :

Dans un quadrilatère complet, chaque diagonale est divisée harmoniquement par les deux autres ([1]).

([1]) On trouve dans Pappus (*Mathematicæ collectiones*, etc., lib. VII, Prop. 21) une proposition inverse de ce théorème ancien, qui a été reproduit plusieurs fois, notamment par Grégoire de Saint-Vincent (*Opus geometricum*, 1647, p. 6, Prop. X), par La Hire (*Sectiones conicæ*, etc., 1685, t. I, p. 20), et plus récemment par Carnot (*Géométrie de position*. Paris, 1803, n° 225). La même construction a été appliquée par Van Schooten (*Exercitationum mathematicarum lib. II*. Lugd. Batav., p. 160-162) pour

Ces deux propositions sont faciles à démontrer.

33. Il est maintenant aisé de reconnaître que trois éléments d'une forme fondamentale simple déterminent le quatrième harmonique, pourvu qu'on sache quel est celui des trois éléments donnés qui doit être séparé du quatrième.

En effet, si les éléments donnés sont trois points d'une droite, le quadrangle complet permet de trouver le quatrième point harmonique. S'il s'agit de rayons ou de plans d'un faisceau, on les coupe par une droite et l'on cherche le quatrième point harmonique aux trois points d'intersection.

On obtient de la sorte le quatrième élément du faisceau harmonique, et le problème consistant à construire le quatrième harmonique à trois éléments d'une forme fondamentale simple se trouve ainsi résolu.

On peut encore arriver au faisceau harmonique de rayons de la manière suivante :

Étant donnés trois rayons a, c, d, trouver le quatrième, harmoniquement séparé de d.

Par un point M de la droite d on fait passer deux droites quelconques m, m_1, qui coupent les rayons a et c en quatre points A, A_1 et C, C_1. Le point B d'intersection des droites AC_1 et A_1C est, comme le point commun aux rayons a, c, d, sur le quatrième rayon harmonique cherché b.

---

mesurer sur le terrain la distance d'un point donné à un point inaccessible (voir *Notizie storiche sulle frazioni continue*, etc., par ANTONIO FAVARO. Roma, 1875, p. 72. — *Bullettino di Bibliografia e di Storia delle Scienze matematiche e fisiche*, t. VII. Roma, 1874, p. 550.)

APPENDICE AU CHAPITRE V.

RELATIONS MÉTRIQUES DANS LES SYSTÈMES HARMONIQUES.

I. — Relations métriques et graphiques. Cas particulier.

34. Les *propriétés projectives* des figures sont les relations de ces figures qui subsistent dans toutes leurs projections. On les distingue en propriétés *descriptives* ou *graphiques* et propriétés *métriques,* selon qu'elles se rapportent à la disposition des figures (alignements de points, communes intersections de droites, etc.) ou aux relations de longueur et plus généralement de grandeur ([1]).

35. *Deux points* A *et* C (*fig.* 8), *équidistants d'un troisième point* B, *sur une droite, sont harmoniquement séparés par ce dernier et par le point* D *à l'infini; en d'autres termes, les quatre points* A, B, C, D *sont harmoniques.*

Prenons, en effet, sur la droite à l'infini d'un plan passant par ABC, deux points K et M, et joignons-les aux points A et C. Les droites de jonction

---

([1]) Voir la lettre de Leibnitz à Huygens, 8 septembre 1679, divers Mémoires d'Euler, de Vandermonde, etc. (Reuss, *Repert. Comm.*, p. 33) et spécialement Poncelet, qui a introduit les expressions *graphique* et *métrique* (*Traité des propriétés projectives des figures,* etc. Paris, 1822, nᵒ 6-7, et 1866, t. II, nᵒ 107).

Desargues, Pascal, La Hire et Le Poivre ont fait usage des deux genres de relations des figures : des relations descriptives ou graphiques, en appliquant la perspective à la transformation des figures ; et des relations métriques, par l'emploi répété de la proportion harmonique, de la relation d'involution et de diverses autres propositions appartenant à la théorie des transversales.

La *Géométrie descriptive* de Monge repose sur une généralisation très-étendue des propriétés graphiques. La *Géométrie de position* de Carnot ne traite, au contraire, que des relations métriques. Les travaux de ces deux savants offrent de beaux exemples d'application des deux méthodes à la démonstration des mêmes théorèmes. (Voir Chasles, *Aperçu historique,* etc. Bruxelles, 1837, p. 211-213.)

se coupent en deux nouveaux points L, N, et la droite LN, comme seconde
diagonale du parallélogramme ALCN, passe par le point milieu du segment
AC. Dans le quadrangle KLMN, deux côtés opposés, KL et MN, se coupent

Fig. 8.

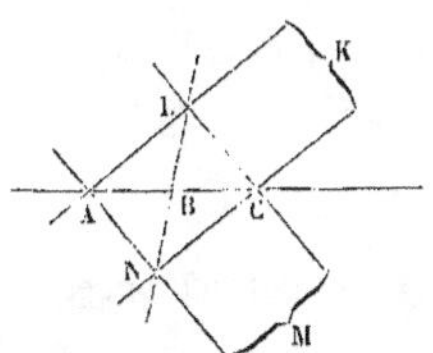

en A; deux autres, LM et NK, en C; la diagonale LN passe par B et la
seconde diagonale, ou la droite à l'infini KM, par D. Les quatre points
A, B, C, D sont donc effectivement harmoniques.

II. — Faisceaux harmoniques de rayons et de plans.

36. Quatre points harmoniques étant projetés d'un cinquième point S
par quatre rayons harmoniques, il en résulte que (35) :

1° Si par le sommet S d'un triangle ASC (fig. 9) on mène une parallèle d

Fig. 9.

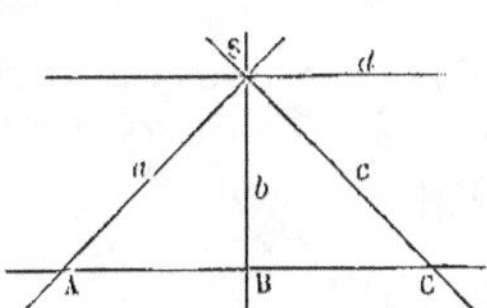

*à la base AC et une seconde droite b au point milieu B de cette base, les
côtés a et c, qui se coupent en S, sont harmoniquement séparés par les
rayons b et d; en d'autres termes, a, b, c, d sont quatre rayons harmoniques.*

*2° Toute parallèle à l'un des rayons d'un faisceau harmonique est cou-
pée par les trois autres rayons en deux parties égales.*

Si le triangle ASC (1°) est isoscèle, b est perpendiculaire sur AC et sur d;
b et d sont les bissectrices des angles adjacents formés par a et c; d'où il
suit que :

*Les bissectrices de deux angles adjacents forment un faisceau harmo-
nique avec les côtés de ces angles.*

3.

Réciproquement :

Si, dans un faisceau de rayons harmoniques, deux rayons conjugués sont rectangulaires, ils sont les bissectrices des angles compris entre les deux autres.

Cette réciproque est une conséquence immédiate de (2°).

Des propositions analogues peuvent être établies pour les faisceaux harmoniques de plans.

III. — Conséquences.

37. Soient A, B, C, D (*fig.* 10) quatre points harmoniques qu'on projette d'un point S par quatre rayons a, b, c, d. La parallèle au rayon d,

Fig. 10.

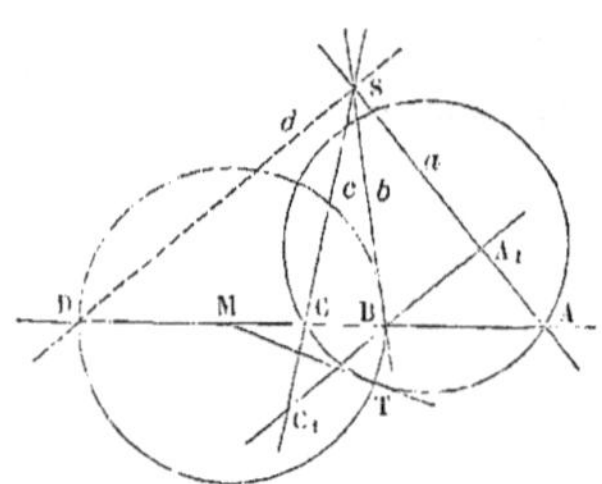

menée par le point B, rencontre a et c en deux points, A_1 et C_1, équidistants de B, et fournit deux couples de triangles semblables, $A A_1 B$, ASD et $B C_1 C$, DSC, qui donnent respectivement

$$\frac{AB}{A_1 B} = \frac{AD}{SD}, \quad \frac{CB}{BC_1} = \frac{DC}{SD};$$

divisant la première égalité par la seconde et observant que $A_1 B = BC_1$, on a

$$(1) \qquad \frac{AB}{CB} = \frac{AD}{DC};$$

de là cette proposition : *Le segment* AC *est divisé, par le point* B *qu'il contient, dans le même rapport que par le point extérieur* D, *harmoniquement séparé de* B.

Cette proposition est ordinairement prise comme définition des points harmoniques et comme fondement de leur théorie.

Si l'on adopte, dans la notation des segments, la règle des signes (¹) en vertu de laquelle $CD = -DC$, la proportion (1) s'écrit

$$(I) \qquad \frac{AB}{CB} = -\frac{AD}{CD}.$$

38. Le point milieu entre B et D étant M, l'équation précédente pourra s'écrire

$$\frac{AM - BM}{MB - MC} = -\frac{AM + MD}{CM + MD}$$

ou bien, en remplaçant MB par $-$ BM, MC par $-$ CM et MD par BM,

$$\frac{AM - BM}{CM - BM} = -\frac{AM + BM}{CM + BM}.$$

Multipliant et réduisant, il vient

$$(2) \qquad \overline{BM}^2 = AM . CM,$$

ce qui revient à dire que BM *est moyenne proportionnelle entre* AM *et* CM.

On pourrait encore prendre cette propriété comme définition d'un système harmonique de points.

Faisons passer un cercle quelconque par les points A et C (*fig.* 10); menons à ce cercle, par le point M, la tangente MT. Nous avons, d'après une propriété connue,

$$AM . CM = \overline{TM}^2$$

(¹) Les segments négatifs ont été employés dès le commencement du xviiᵉ siècle, spécialement par Girard et par Descartes; mais c'est en 1827 que Möbius a introduit, pour la première fois, dans le Calcul géométrique, la féconde distinction des segments AB et BA (*Der barycentrische Calcul, ein neues Hülfsmittel zur analytischen Behandlung der Geometrie.* Leipzig, § 1). Il convient de rappeler, toutefois, qu'avant Möbius, Kästner avait explicitement indiqué cette distinction (*Geometrische Abhandlungen. Erste Sammlung. Anwendungen der ebenen Geometrie und Trigonometrie.* Der Mathem. Anfangsgr., I Theils, III Abtheil. Göttingen, 1790, p. 464). Entre Kästner et Möbius il faut citer Fr.-G. Busse, qui a introduit, en pleine connaissance de cause, la notion de *direction* en Géométrie (*Neue Erörterung über das Plus und Minus, Tadel einiges bisherigen und Darstellung eines genaueren Gebrauches desselben für die Trigonometrie.* I. Abth. Köthen, 1801). Voir, à ce sujet, *Ueber die Vieldentigkeit der Quadratur und Rectification algebraischer Curven,* etc., von Hermann Hankel. Leipzig, 1864, p. 8.

et par suite

$$\overline{TM}^2 = \overline{BM}^2 = \overline{DM}^2.$$

Le point de contact de la tangente est donc situé sur le cercle décrit du point M comme centre, avec $BM = MD$ pour rayon. Ce cercle et le précédent se coupent à angle droit au point T. On en déduit que :

Tous les cercles du plan passant par deux points donnés, A et C, sont coupés à angle droit par tout cercle dont un diamètre DB *a ses extrémités séparées harmoniquement par* A *et* C.

39. La proportion

$$\frac{CB}{AB} = -\frac{CD}{AD},$$

inverse de (I), peut encore s'écrire sous la forme

$$(3) \qquad \frac{AB - AC}{AB} = -\frac{AD - AC}{AD} \quad (^1),$$

(¹) La proportion harmonique dans laquelle figurent trois segments AB, AC, AD, ayant leur origine commune en A et leurs extrémités aux points B, C, D, est ordinairement présentée, dans les Traités, sous la forme suivante :

$$\frac{AB}{AD} = \frac{AB - AC}{AC - AD}.$$

Cette forme exprime que le premier segment est au troisième comme l'excès du premier sur le second est à l'excès du second sur le troisième.

Nous avons dit plus haut (p. 29) que la proportion harmonique était connue de PYTHAGORE. Il paraît résulter d'un passage de JAMBLIQUE que PYTHAGORE l'avait apprise des Babyloniens (*Jamblici Chalcidiensis in Nicomachi Geraseni arithmeticam introductionem*, edidit TENNULIUS. Arnheim, 1668, p. 60).

La dénomination de *proportion harmonique* tire son origine de ce que, pour faire rendre à une corde sonore les trois sons *do, mi, sol*, qui forment l'accord parfait majeur, il faut en faire vibrer trois parties proportionnelles aux nombres $1, \frac{4}{5}, \frac{2}{3}$, qui donnent lieu à la proportion harmonique

$$1 : \frac{2}{3} = \left(1 - \frac{4}{5}\right) : \left(\frac{4}{5} - \frac{2}{3}\right).$$

Selon les néo-pythagoriciens, cette propriété d'une corde vibrante aurait été découverte, après une longue série d'expériences, par PYTHAGORE lui-même (*Zur Geschichte der Mathematik in Alterthum und Mittelalter*, von Dr HERMANN HANKEL. Leipzig, 1874, p. 105).

qu'on exprime en disant que les segments AB, AC, AD sont en *proportion harmonique continue.*

L'expression (3) équivaut à

$$1 - \frac{AC}{AD} = -1 + \frac{AC}{AD},$$

qu'on peut encore écrire de la manière suivante :

$$\frac{2}{AC} = \frac{1}{AB} + \frac{1}{AD},$$

et qu'on exprime en disant que *le segment* AC *est moyen harmonique entre les segments* AB *et* AD.

CHAPITRE VI.

PROJECTIVITÉ DES FORMES GÉOMÉTRIQUES SIMPLES.

Möbius, *Der barycentrische Calcul.* Leipzig, 1827, p. 246 et suiv. — Steiner, *Systematische Entwickelung*, etc. Berlin, 1832, p. 4, 35-47, 91. — Staudt, *Geometrie der Lage.* Nürnberg, 1847, p. 49-60. — Chasles, *Traité de Géométrie supérieure.* Paris, 1852, p. 7-25 et passim. — Blumberger, *Grundzüge einiger Theorieen aus der neueren Geometrie*, etc. Halle, 1858, p. 1-35. — Cremona, *Introduzione ad una teoria geometrica delle curve piane.* Bologna, 1862, p. 3-10. — Reye, *Die Geometrie der Lage.* Hannover, 1866, p. 41-52. — Staudigl, *Lehrbuch der neueren Geometrie.* Wien, 1870, I Abschn. — Hankel, *Die Elemente der projectivischen Geometrie.* Leipzig, 1875, Abschn. I, III.

I. — Formes perspectives.

40. Parmi les diverses relations qui peuvent être établies entre deux formes fondamentales (et plus spécialement entre deux formes simples) pour qu'à chaque élément de l'une corresponde un élément de l'autre, on doit signaler, comme particulièrement dignes d'attention, les suivantes.

Sont rapportés l'un à l'autre :

a. Un faisceau de rayons et une ponctuelle, ou un faisceau de plans et un faisceau de rayons, si chaque élément de la seconde forme se trouve placé sur l'élément correspondant de la première :

b. Deux ponctuelles, si elles sont des sections d'un même faisceau de rayons ;

c. Deux faisceaux de rayons, s'ils sont des projections d'une même ponctuelle ou des sections d'un même faisceau de plans ;

d. Deux faisceaux de plans, s'ils sont des projections d'un même faisceau de rayons.

On dit de deux formes fondamentales simples, rapportées ainsi l'une à l'autre, qu'elles sont en *position perspective* ou, plus brièvement, qu'elles sont *perspectives*. Dès lors, de deux formes fondamentales perspectives d'espèces différentes, l'une est section de l'autre ; et deux formes fondamentales perspectives de la même espèce sont des sections ou des projections d'une troisième forme fondamentale.

II. — Formes projectives.

41. Si deux formes fondamentales simples sont perspectivement rapportées à une troisième, elles sont aussi rapportées l'une à l'autre, sans cependant avoir, en général, une position perspective. On dit en ce cas que les deux formes fondamentales rapportées l'une à l'autre sont en *position oblique*. Cette position peut être déduite de la position perspective de la manière suivante :

On déplace, l'une par rapport à l'autre, les deux formes fondamentales perspectives, de telle sorte qu'elles perdent en général leur situation perspective, sans que la position relative des éléments de chacune d'elles subisse aucune altération.

Cette manière de rapporter les formes en position perspective, aussi bien que les formes en position oblique, diffère de toute autre en ce que, si l'on considère isolément quatre éléments harmoniques quelconques de l'une des deux formes, les éléments correspondants dans l'autre sont aussi harmoniques. Les projections ou les sections de systèmes harmoniques sont en effet de nouveaux systèmes harmoniques.

Nous sommes ainsi conduits à établir la définition suivante :

Deux formes fondamentales sont dites projectivement liées entre elles, ou plus simplement projectives (¹), *quand elles sont*

(¹) Chasles (*Traité de Géométrie supérieure*. Paris, 1852, p. 67) et Paulus (*Grund-linien der neueren Geometrie*, etc. Stuttgart, 1853, p. 21) ont respectivement appelé ces formes *homographiques* et *conformes* au lieu de *projectives*. Staudt indique la condition de projectivité en plaçant le signe $\overline{\wedge}$ entre les formes auxquelles cette condition s'applique. Certains autres auteurs (Pfaff par exemple, *Neuere Geometrie*, I Theil. Erlangen, 1867, p. 14) ont adopté la lettre π. L'usage de cette lettre comme signe n'est pas nouveau en Mathématiques (voir, en effet, Friedlein, *Die Zahlzeichen und das elementare Rechnen der Griechen und Römer und des christlichen Abendlandes vom 7 bis 13 Jahrhundert*. Erlangen, 1869, p. 13). Il est probable, toutefois, que la substitution de la lettre π au signe $\overline{\wedge}$ ne doit être attribuée, dans le cas actuel, qu'à une commodité typographique.

rapportées l'une à l'autre de telle manière que quatre éléments harmoniques de l'une correspondent à quatre éléments harmoniques de l'autre.

Si, de plusieurs formes géométriques, la seconde est projective à la première et chacune des autres à celle qui la précède, deux quelconques de ces formes sont projectives entre elles.

Deux formes géométriques perspectives sont aussi projectives, mais deux formes projectives ne sont pas en général perspectives.

III. — Formes superposées.

42. Deux formes fondamentales de la même espèce sont encore, dans certains cas, placées l'une sur l'autre de façon à avoir le même *lieu* (2). On dit alors : des ponctuelles, qu'elles sont *superposées;* des faisceaux de rayons, qu'ils sont *concentriques;* des faisceaux de plans, qu'ils sont *coaxés*. On peut parvenir à ces formes, soit en coupant par une droite ou par un plan, soit en projetant d'un point ou d'une droite, deux formes fondamentales de la même espèce. Si ces formes fondamentales sont projectives, il en sera de même des formes superposées, concentriques et coaxées, qui peuvent être considérées comme les dérivées des premières.

On obtient, par exemple, deux ponctuelles superposées projectives en coupant, au moyen d'une même droite quelconque, deux faisceaux projectifs de rayons, situés dans un plan. Les ponctuelles qui résultent de cette section sont, en effet, projectives comme les faisceaux ; elles sont d'ailleurs sur la même droite; donc elles sont superposées (¹).

On parvient pareillement à deux faisceaux de rayons concentriques projectifs, en projetant d'un même centre deux ponctuelles projectives. Les mêmes ponctuelles donneront deux faisceaux de plans coaxés projectifs si on les projette d'un même axe; et ainsi de suite.

(¹) Weissenborn (*Die Projection in der Ebene.* Berlin, 1862, p. 63) a désigné cette condition particulière de deux ponctuelles projectives en disant qu'elles sont *conjectives*. Staudigl (*Lehrbuch der neueren Geometrie*, etc. Wien, 1870, p. 45) a adopté la même dénomination.

Nous désignerons, pour simplifier, deux formes fondamentales ayant le même lieu sous le nom générique de *formes superposées*. Lorsque ces formes sont en même temps projectives, elles peuvent avoir des éléments correspondants communs, qu'on appelle *éléments unis*. La recherche qui conduit à déterminer les éléments correspondants communs à deux formes, c'est-à-dire à reconnaître que certains éléments de l'une coïncident avec les éléments correspondants de l'autre, présente un grand intérêt.

La double proposition suivante établit que ce cas peut réellement se présenter :

Étant donnés dans un plan deux faisceaux de rayons, S_1 *et* S_2 *(fig. 11), projections d'une même ponctuelle* u,

Fig. 11.

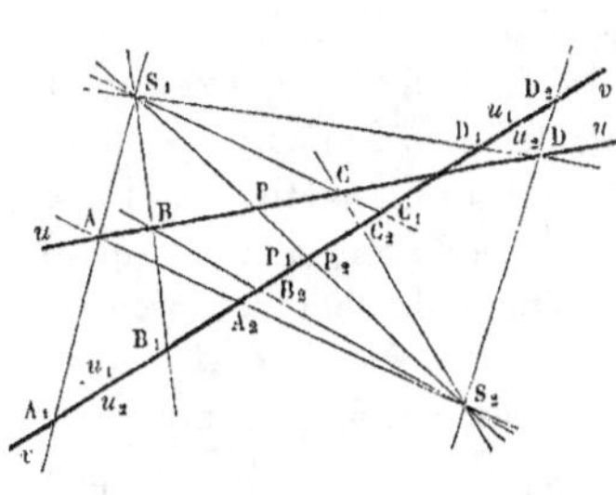

et par conséquent perspectifs, si on les coupe par une droite v, *on obtient sur cette droite deux ponctuelles projectives,* u_1, u_2, *qui ont comme éléments unis les deux points d'intersection de* v *avec* u *et avec* $S_1 S_2$. *Ces deux points coïncident si* $S_1 S_2$ *passe par* uv.

Étant données dans un plan deux ponctuelles, u_1 *et* u_2 *(fig. 12), sections d'un même faisceau de rayons* S, *et*

Fig. 12.

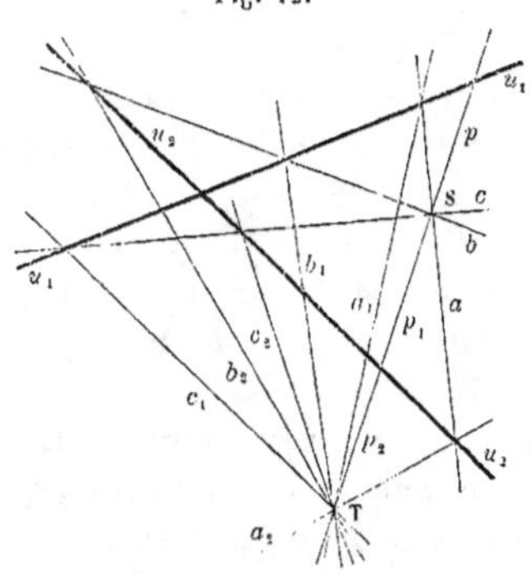

par conséquent perspectives, si on les projette d'un point T *du plan, ce point devient le centre de deux faisceaux projectifs de rayons,* S_1, S_2, *qui ont comme éléments unis les deux droites de jonction de* T *avec* S *et avec* $u_1 u_2$. *Ces deux droites coïncident si* $u_1 u_2$ *est situé sur* ST.

Au point A_1 de la ponctuelle u_1 correspond le point A_2 de la ponctuelle u_2, si les rayons $S_1 A_1$, $S_2 A_2$ rencontrent la droite u en un même point A. Les trois ponctuelles u, u_1, u_2 ont donc comme

élément commun ou uni le point d'intersection uv; les ponctuelles
u_1 et u_2 ont de plus, comme élément uni, le point d'intersection
de v avec le rayon $S_1 S_2$, commun aux faisceaux S_1 et S_2.

IV. — Conditions d'identité.

43. *Deux formes fondamentales simples, projectives et superposées, ont au plus deux éléments unis, ou bien tous leurs éléments sont unis et les formes sont identiques.*

Considérons deux ponctuelles projectives superposées, u et u_1
(*fig.* 13), et soient A, B, C trois points de u qui coïncident res-

Fig. 13.

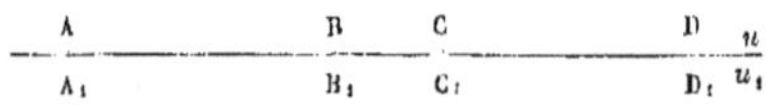

pectivement avec les points correspondants A_1, B_1, C_1 de u_1. Tout
autre point, harmoniquement séparé de l'un de ces trois points
unis, par les deux autres, doit coïncider avec son correspondant,
en vertu de la définition des relations de projectivité (41), et
parce que, pour trois points d'une droite, il n'existe qu'un
quatrième point harmoniquement séparé de l'un des premiers
(**27, 28**).

Tout nouveau point uni DD_1, ainsi obtenu, fournit, avec deux
quelconques des autres, de nouveaux points qui sont correspondants communs sur les deux ponctuelles, en sorte qu'une infinité
de points de u coïncident avec leurs correspondants de u_1. Ces
points unis se suivent d'ailleurs avec continuité. Supposons, en
effet, qu'il en soit autrement et qu'il existe deux points unis successifs, P et Q, tels que le segment PQ ne contienne aucun point
en coïncidence avec son correspondant; d'autres points unis
devront, toutefois, se trouver en dehors du segment PQ et chacun
d'eux déterminera un quatrième point harmonique uni, situé sur
ce segment, ce qui est en contradiction avec l'hypothèse admise.
Il y aura donc un segment MN dont tous les points, se succédant
avec continuité, coïncideront avec leurs correspondants. Et, comme
un point quelconque, situé en dehors du segment, forme un
système harmonique avec M, N et avec un point du même segment,

on doit conclure que tous les éléments des ponctuelles proposées sont unis.

On démontre la même propriété, pour deux faisceaux de rayons ou de plans qui ont trois éléments unis, en coupant les faisceaux par une même transversale.

Donc, si deux formes fondamentales projectives simples n'ont pas tous leurs éléments unis, elles ne peuvent avoir plus de deux éléments unis.

V. — Formes à trois éléments unis. Conditions pour que deux ponctuelles projectives non superposées deviennent perspectives.

44. Il résulte de ce qui précède que, *si une ponctuelle et un faisceau, ou un faisceau de rayons et un faisceau de plans, sont projectifs et ont trois éléments unis, la première forme est une section de la seconde.*

45. *Si deux ponctuelles projectives, u et u_1 (fig. 14), situées dans*

Fig. 14.

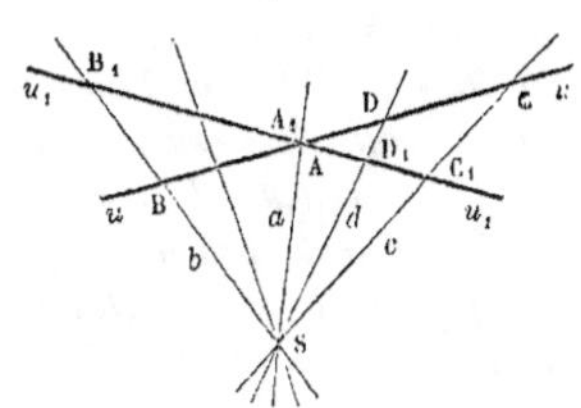

un même plan, mais non superposées, ont comme point uni leur intersection A, *elles sont sections d'un même faisceau de rayons et par conséquent perspectives.*

En effet, deux points quelconques B et C de u sont joints à leurs correspondants respectifs B_1 et C_1 de u_1, par les droites b et c qui se coupent en un point S. Les deux

Si deux faisceaux projectifs de rayons, S *et* S_1 *(fig. 15), situés dans*

Fig. 15.

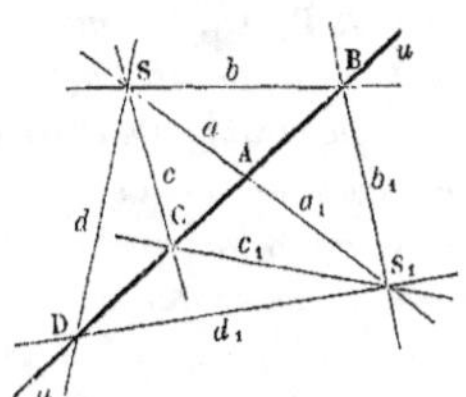

un même plan, mais non concentriques, ont comme rayon uni la droite a *qui joint leurs centres, ils sont projections d'une même ponctuelle et par conséquent perspectifs.*

En effet, deux rayons quelconques b et c de S sont rencontrés par leurs correspondants respectifs b_1 et c_1 de S aux points B et C d'une droite u_1. Les deux ponctuelles

faisceaux de rayons par lesquels les ponctuelles u et u_1 se projettent de S sont identiques, puisqu'ils sont projectifs et qu'ils ont trois rayons unis SA, SB, SC ou a, b, c.

suivant lesquelles la droite u coupe les faisceaux S et S_1 sont identiques, puisqu'elles sont projectives et qu'elles ont trois points unis ua, ub, uc ou A, B, C.

En projetant les figures de ces deux théorèmes d'un point pris dans l'espace, en dehors de leur plan, on obtient les deux nouveaux théorèmes suivants :

Si deux faisceaux projectifs de rayons, concentriques mais situés dans deux plans différents, ont comme élément uni la droite d'intersection de ces plans, ils sont sections d'un même faisceau de plans et par conséquent perspectifs.

Si deux faisceaux projectifs de plans, dont les axes se coupent, ont comme élément uni le plan déterminé par ces axes, ils sont projections d'un même faisceau de rayons et par conséquent perspectifs.

46. *Deux ponctuelles projectives, u et u_1, étant sur deux droites différentes, si trois points quelconques B, C, D de l'une (u) sont joints aux trois points B_1, C_1, D_1, qui leur correspondent sur l'autre (u_1) par trois rayons concourant en un même point S, les deux ponctuelles sont sections du faisceau S de rayons, par suite perspectives, et toutes les droites qui joignent deux points correspondants passent par S.*

Deux faisceaux projectifs de rayons, S et S_1, ayant des centres différents, si trois rayons quelconques b, c, d de l'un (S) sont coupés par les trois rayons b_1, c_1, d_1, qui leur correspondent sur l'autre (S_1) en trois points situés sur une même droite u, les deux faisceaux sont projections de la ponctuelle u, par suite perspectifs, et tous les points où se coupent deux rayons correspondants sont sur u.

En effet, les faisceaux projectifs des rayons par lesquels les deux ponctuelles sont projetées du point S ont trois rayons unis, BB_1, CC_1, DD_1, et par conséquent tous leurs rayons unis.

En effet, les ponctuelles projectives suivant lesquelles les deux faisceaux de rayons sont coupés par la droite u ont trois points unis, bb_1, cc_1, dd_1, et par conséquent tous leurs points unis.

En projetant les figures d'un point quelconque de l'espace on aura les théorèmes analogues pour deux faisceaux de rayons ou de plans dans la gerbe.

VI. — Formes rapportées projectivement entre elles.

47. Pour rapporter projectivement deux formes fondamentales simples, il suffira de prendre arbitrairement trois couples d'éléments correspondants; tout élément de l'une des formes aura alors son correspondant déterminé dans l'autre.

Nous nous bornerons à considérer les divers cas qui peuvent se présenter pour deux ponctuelles; on ramènera facilement à ces cas tous ceux qui se rapportent, soit à une ponctuelle et à un faisceau, soit à deux faisceaux, puisqu'à tout faisceau peut être substituée sa section par une droite.

Soient donc deux ponctuelles u et u_1 (*fig.* 14) qui se coupent et qu'il s'agit de rapporter projectivement l'une à l'autre, de telle manière que le point d'intersection A soit un point uni et qu'aux points B et C de u correspondent les points B_1 et C_1 de u_1. En ce cas, l'une des ponctuelles est une projection de l'autre (45) faite du point S d'intersection de BB_1 et CC_1. A un quatrième point quelconque D de u correspondra donc, dans u_1, sa projection D_1, faite du point S.

Soient encore deux ponctuelles u et u_1 (*fig.* 16), non situées

Fig. 16.

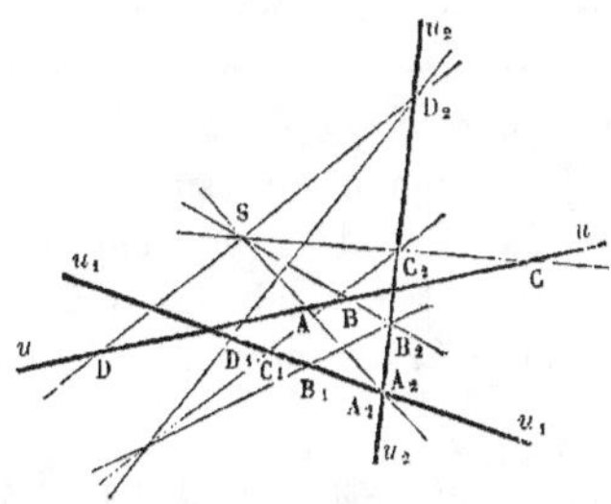

sur la même droite, et qu'il s'agit de rapporter projectivement l'une à l'autre, de telle sorte qu'aux points A, B, C de u correspondent respectivement les points A_1, B_1, C_1 de u_1. Prenons sur la droite qui joint deux points correspondants, par exemple sur AA_1, un point S différent de A et de A_1; faisons passer par A_1

une droite u_2, différente de u_1 et de AA_1 et rencontrant la droite u. Projetons la ponctuelle u sur u_2 du centre S et soient A_2, B_2, C_2 les projections de A, B, C. Le problème est alors ramené au précédent. Nous n'avons plus, en effet, qu'à rapporter projectivement les deux ponctuelles u_1 et u_2 de telle manière que leur point d'intersection A_1 et A_2 soit un point uni et qu'aux points B_1 et C_1 de u_1 correspondent respectivement les points B_2 et C_2 de u_2. Les ponctuelles u et u_1 peuvent ainsi être considérées comme projections d'une troisième ponctuelle u_2. Pour déterminer sur u_1 le point D_1, correspondant à un point quelconque D de u, nous projetterons, du centre S, D en D_2, puis, du centre S_1, D_2 en D_1 sur u_1.

Enfin, si les ponctuelles u et u_1, situées sur la même droite, doivent être rapportées projectivement, de telle sorte qu'aux points A, B, C de u correspondent respectivement les points A_1, B_1, C_1, de u_1, on ramènera ce cas au précédent en projetant u_1 sur une autre droite quelconque u_2. Si deux points correspondants quelconques, par exemple A et A_1, coïncident, on fait passer u_2 par le point uni qui en résulte et l'on retombe ainsi sur le premier cas.

Il ressort de cette recherche que *deux formes fondamentales projectives peuvent toujours être considérées comme la première et la dernière d'une série de formes dont chacune est perspective à celle qui la précède et à celle qui la suit.*

Ces considérations n'ont pas seulement pour effet de justifier l'expression de *projectivité;* elles mettent encore en évidence qu'à chaque succession *continue* d'éléments dans l'une des deux formes projectives correspond une succession *continue* d'éléments dans l'autre. Si donc deux éléments correspondants en engendrent un troisième, l'ensemble des éléments ainsi engendrés doit être aussi une suite continue d'éléments.

VII. — Formes projectives concordantes et opposées.

48. Si de deux ponctuelles projectives, u et u_1 (*fig.* 17), l'une u est décrite par le mouvement de l'un de ses points P, le point P_1, qui est à chaque instant correspondant de P dans u_1, parcourt en même temps cette seconde ponctuelle.

Lorsque u et u_1 sont situées sur la même droite, P_1 peut se

mouvoir, soit dans le même sens que P, soit dans le sens opposé.
Nous dirons que les ponctuelles sont *projectives concordantes*

Fig. 17.

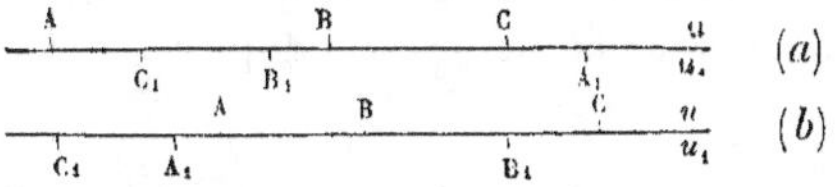

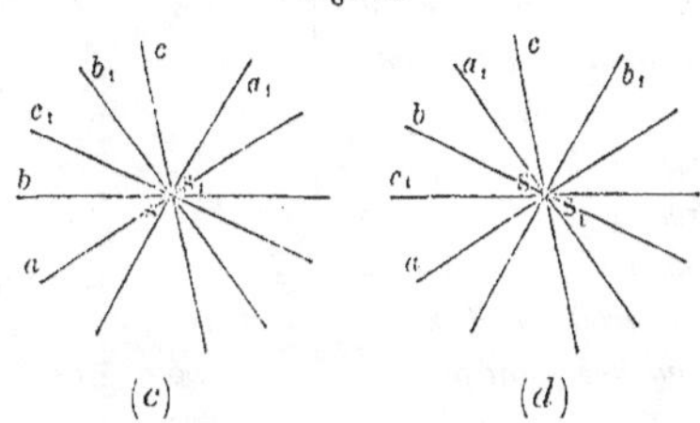

dans le premier cas (*b*) et *projectives opposées* dans le second
cas (*a*).

Pareillement (*fig.* 18) deux faisceaux projectifs de rayons, S
et S_1, concentriques et situés dans le même plan, ou deux fais-

Fig. 18.

ceaux projectifs de plans ayant le même axe, considérés comme
simultanément décrits par la rotation de deux éléments correspondants, sont dits *projectifs concordants,* quand les deux éléments
tournent dans le même sens (*d*), et *projectifs opposés,* quand ils
tournent en sens contraire (*c*). Dans les formes projectives opposées, les deux éléments mobiles correspondants doivent nécessairement tomber deux fois l'un sur l'autre; en d'autres termes, *les
formes projectives opposées ont deux éléments unis, par lesquels
deux autres éléments correspondants quelconques sont séparés.*
Les formes projectives concordantes, au contraire, n'ont deux éléments unis que si un segment AB (ou un angle *ab*) de l'une est
situé tout entier dans le segment correspondant $A_1 B_1$ (ou respectivement dans l'angle correspondant $a_1 b_1$) de l'autre. Elles
n'ont parfois qu'un seul élément uni, et souvent elles n'en ont
aucun (¹).

(¹) Nous croyons devoir borner le développement de cette question à ce qui précède.
Le lecteur qui désirerait la voir exposée plus complètement, et avec un grand nombre

VIII. — Conséquences dans les n-gones.

49. Parmi les nombreuses conséquences à déduire de ce qui précède, nous nous bornerons à indiquer la double proposition suivante :

Si les n sommets d'un n-gone plan se meuvent sur des droites fixes, passant toutes par un même point S, tandis que n-1 côtés pivotent autour de points fixes, le dernier côté pivotera aussi (45) autour d'un point fixe. Les n sommets du n-gone sont les points correspondants de n ponctuelles projectives, qui ont toutes pour élément uni le point S. Deux sommets non consécutifs peuvent parcourir une même droite; mais, s'ils parcourent deux droites différentes, la diagonale qui les joint pivotera autour d'un point fixe.

Si les n côtés d'un n-latère plan pivotent autour de points fixes, tous situés sur une même droite u, tandis que n-1 sommets se meuvent sur des droites fixes, le dernier sommet parcourra aussi une droite fixe. Les n côtés du n-latère sont les rayons correspondants de n faisceaux projectifs de rayons, qui ont tous pour élément uni la droite u. Deux côtés non consécutifs peuvent pivoter autour d'un même point; mais, s'ils pivotent autour de deux points différents, leur point d'intersection parcourra une droite fixe.

Voici un cas particulier de la proposition à droite :

Étant données les directions des quatre côtés d'un quadrangle plan, si trois sommets sont respectivement situés sur trois droites fixes, telles que la direction d'aucune d'elles ne se confonde avec la direction de l'un des deux côtés dont elle contient l'intersection, le quatrième sommet du quadrangle sera également situé sur une droite fixe.

---

de cas particuliers, pourra consulter le § d de la première Section de l'Ouvrage suivant: *Lehrbuch der neueren Geometrie für höhere Unterrichts-Anstalten und zum Selbststudium,* von Dr Rudolf Staudigl. Wien, 1870. Verlag von L.-W. Seidel et Sohn.

APPENDICE AU CHAPITRE VI.

RELATIONS MÉTRIQUES DES FORMES SIMPLES PROJECTIVES.

I. — Relations métriques entre les angles et les segments.

50. Il existe une proportion importante entre les angles et les segments qui sont limités par des éléments correspondants de formes fondamentales projectives.

Considérons un faisceau S de rayons et une ponctuelle u (*fig.* 14 et 15) perspective à ce faisceau. Quatre rayons quelconques, a, b, c, d de S coupent u aux points correspondants A, B, C, D. Les triangles compris entre la ponctuelle et les rayons, et dont le sommet commun est en S, ont même hauteur; leurs aires sont donc entre elles dans les mêmes rapports que les bases situées sur u, et l'on a

$$\frac{\triangle ASB}{\triangle ASD} = \frac{AB}{AD} \quad \text{et} \quad \frac{\triangle CSB}{\triangle CSD} = \frac{CB}{CD}.$$

Mais l'aire d'un triangle est égale au demi-produit de deux côtés par le sinus de l'angle qu'ils comprennent; on a donc

$$\triangle ASB = \tfrac{1}{2} AS.SB \sin \widehat{ab}, \quad \triangle CSB = \tfrac{1}{2} CS.SB \sin \widehat{cb},$$

$$\triangle ASD = \tfrac{1}{2} AS.SD \sin \widehat{ad}, \quad \triangle CSD = \tfrac{1}{2} CS.SD \sin \widehat{cd};$$

substituant ces valeurs dans les proportions précédentes, il vient

$$\frac{SB \sin \widehat{ab}}{SD \sin \widehat{ad}} = \frac{AB}{AD}, \quad \frac{SB \sin \widehat{cb}}{SD \sin \widehat{cd}} = \frac{CB}{CD}$$

et, divisant,

$$(1) \qquad \frac{\sin \widehat{ab}}{\sin \widehat{ad}} : \frac{\sin \widehat{cb}}{\sin \widehat{cd}} = \frac{AB}{AD} : \frac{CB}{CD}.$$

Chacun des termes de cette proportion, pris isolément, constitue un rapport; par exemple, $\dfrac{CB}{CD}$ est le rapport des deux segments résultant de la

division du segment BD par le point C, et $\dfrac{\sin \widehat{cb}}{\sin \widehat{cd}}$ est le rapport des sinus

des deux angles résultant de la division de l'angle $\widehat{bd}$ par le rayon c. Les deux membres de l'équation (1) représentent donc le rapport de deux rapports, ou un *double rapport*, ou encore, suivant la dénomination généralement adoptée, un rapport *anharmonique* ([1]). Il est facile de reconnaître le mode de formation des rapports anharmoniques considérés. Par exemple, celui

---

([1]) Bien qu'un auteur (*Die Elemente der Mathematik*, von Dr Richard Baltzer, II Band. Dritte Auflage. Leipzig, 1870, p. 365) ait écrit que les rapports anharmoniques ont été étudiés pour la première fois par Möbius (*Der barycentrische Calcul*, etc. Leipzig, 1827, p. 244 et suiv.), on est fondé à affirmer que les traces en remontent à Euclide. Chasles, en effet, en étudiant les lemmes de Pappus (*Aperçu historique sur l'origine et le développement des méthodes en Géométrie*, etc. Bruxelles, 1837, p. 34, 302. — *Traité de Géométrie supérieure*. Paris, 1852, p. XXI. — *Les trois livres des porismes d'Euclide rétablis pour la première fois, d'après la notice et les lemmes de Pappus, et conformément au sentiment de R. Simpson sur la forme des énoncés de ces propositions*. Paris, 1860, p. 11, 14, 82, 85. — *Rapport sur les progrès de la Géométrie*. Paris, MDCCCLXX, p. 240), a signalé une proposition qui avait échappé aux investigations antérieures et qui contient la propriété projective du rapport anharmonique de quatre points. Cette propriété est démontrée en six lemmes différents (III, X, XI, XIV, XVI et XIX), et Pappus en a fait usage pour la démonstration de plusieurs autres lemmes. Ces circonstances ont autorisé Chasles à penser que les propositions d'Euclide étaient de celles auxquelles conduisent naturellement les développements et les applications de la notion du rapport anharmonique. Parmi ces développements se présente en première ligne la théorie des divisions homographiques (ponctuelles projectives) formées sur deux droites ou sur une seule.

Voir à ce propos une Note très-intéressante de Cantor : *Ueber die Porismen des Euclid und deren Divinatoren*, dans la *Zeitschrift für Mathematik und Physik*, t. II, p. 17-27. Du reste, avant Möbius, Desargues (*OEuvres réunies et publiées par M. Poudra*. Paris, 1864, t. I, p. 425) et Brianchon (*Mémoire sur les lignes du second ordre*. Paris, 1817, p. 7) ont démontré la proposition fondamentale de cette théorie. La dénomination de *rapport anharmonique*, introduite par Chasles (*op. cit.*), d'après la signification du vocable ἀνά, est en réalité assez impropre, puisque quatre éléments deviennent *harmoniques* pour une valeur particulière de leur rapport anharmonique; nous la conserverons cependant, parce qu'on peut la considérer comme généralement acceptée désormais par les géomètres modernes. Möbius (*op. cit.*) avait appliqué à la même relation le nom de *Doppelschnittsverhältniss*, auquel il substitua plus tard l'abréviation *Doppelverhältniss Theorie der* [*Kreisverwandtschaft* (*Abhandlungen d. k. s. Gesellschaft der Wissenschaften*, t. IV, p. 546)]. Voir les *Berichte* de la Section physico-mathématique de la même Société, 1853, p. 15. Steiner adopta cette seconde dénomination (*Systematische Entwickelung*, etc. Berlin, 1832, p. 7), que l'on trouve encore dans les écrits de plusieurs géomètres allemands modernes.

de droite, qui existe entre les segments limités par les points A, B, C, D, s'obtient en divisant l'un par l'autre les rapports suivant lesquels le segment BD, limité par deux de ces points, est divisé par chacun des deux autres. L'autre rapport anharmonique, existant entre les sinus, s'obtiendrait d'une manière analogue. On voit encore, d'après la marche suivie pour la déduction de notre équation, qu'il est indifférent de prendre certains segments et certains angles plutôt que certains autres, puisque les rapports anharmoniques sont toujours formés de la même manière. Un autre choix des quatre triangles aurait, en effet, conduit à l'équation suivante :

$$\frac{\sin \widehat{ad}}{\sin \widehat{ac}} : \frac{\sin \widehat{bd}}{\sin \widehat{bc}} = \frac{AD}{AC} : \frac{BD}{BC}.$$

Il serait facile de déduire d'autres équations semblables, pour les mêmes points et pour les mêmes rayons ([1]).

51. Il convient d'observer que l'équation (1) subsiste quand on transporte la ponctuelle u dans une autre position oblique quelconque, par rapport au faisceau de rayons. Toute autre droite u_1, coupant en A_1, B_1, C_1, D_1, respectivement, les rayons a, b, c, d, fournit des segments qui donnent lieu à une équation analogue à (1)

$$(2) \qquad \frac{\sin \widehat{ab}}{\sin \widehat{ad}} : \frac{\sin \widehat{cb}}{\sin \widehat{cd}} = \frac{A_1 B_1}{A_1 D_1} : \frac{C_1 B_1}{C_1 D_1}.$$

([1]) Quatre points ABCD en ligne droite déterminent vingt-quatre rapports anharmoniques, parmi lesquels, toutefois, six seulement diffèrent les uns des autres. Si l'on en représente un, par exemple (**ABCD**), par α, on a :

$$(\mathbf{ABCD}) = (\text{BADC}) = (\text{CDAB}) = (\text{DCBA}) = \alpha,$$

$$(\mathbf{ACDB}) = (\text{CABD}) = (\text{DBAC}) = (\text{BDCA}) = \frac{1}{1 - \alpha},$$

$$(\mathbf{ADBC}) = (\text{DACB}) = (\text{BCAD}) = (\text{CBDA}) = \frac{\alpha - 1}{\alpha},$$

$$(\mathbf{ABDC}) = (\text{BACD}) = (\text{DCAB}) = (\text{CDBA}) = \frac{1}{\alpha},$$

$$(\mathbf{ACBD}) = (\text{CADB}) = (\text{BDAC}) = (\text{DBCA}) = 1 - \alpha,$$

$$(\mathbf{ADCB}) = (\text{DABC}) = (\text{CBAD}) = (\text{BCDA}) = \frac{\alpha}{\alpha - 1}.$$

Il suit de là que, si l'un des six rapports anharmoniques est donné, les cinq autres sont déterminés. CREMONA nomme les trois premiers rapports *fondamentaux* et les trois autres *réciproques*. Pour la déduction du *système équiharmonique*, voir CREMONA, *Introduzione ad una teoria geometrica delle curve piane*. Bologna, 1862, n°s 26, 27.

Pareillement, les points A, B, C, D sont projetés de tout point S_1, différent de S, par quatre rayons a_1, b_1, c_1, d_1, tels qu'on ait

$$(3) \qquad \frac{\sin \widehat{a_1 b_1}}{\sin \widehat{a_1 d_1}} : \frac{\sin \widehat{c_1 b_1}}{\sin \widehat{c_1 d_1}} = \frac{AB}{AD} : \frac{CB}{CD}.$$

Un rapport anharmonique de la forme précédente, entre quatre éléments d'une ponctuelle ou d'un faisceau, ne subit aucune altération dans sa valeur quand ces éléments sont remplacés par les éléments correspondants d'une ponctuelle perspective ou d'un faisceau perspectif.

II. — Propriété du rapport anharmonique.

52. Nous pouvons considérer deux formes fondamentales simples, projectives, comme premier et dernier terme (**47**) d'une série de formes, telles que chacune est perspective à la suivante; il s'ensuit que :

Si deux formes fondamentales sont projectives, le rapport anharmonique entre quatre éléments quelconques de l'une est égal au rapport anharmonique entre les quatre éléments correspondants de l'autre.

Réciproquement :

Pour que deux formes fondamentales simples soient projectives, il faut et il suffit que quatre éléments de la première, pris à volonté, et les quatre éléments correspondants de la seconde, aient le même rapport anharmonique.

Soient en effet u et u_1 deux ponctuelles projectives, et soient A, B, C, D les points de u qui correspondent respectivement aux points A_1, B_1, C_1, D_1 de u_1. On a, entre les segments limités par ces points, la proportion

$$(4) \qquad \frac{AB}{AD} : \frac{CB}{CD} = \frac{A_1 B_1}{A_1 D_1} : \frac{C_1 B_1}{C_1 D_1}.$$

Cette proposition est évidemment vraie pour les faisceaux de plans. Les angles formés par les éléments de ces faisceaux ont, en effet, leurs mesures dans un faisceau de rayons, situé dans un plan perpendiculaire à l'axe du faisceau de plans, perspectif à ce dernier faisceau et par suite projectif à toute forme fondamentale qui est elle-même projective au faisceau de plans.

En revenant sur ce qui a été précédemment exposé au sujet des relations métriques dans les systèmes harmoniques (**37**), on reconnaît facilement

que le rapport harmonique n'est qu'un cas particulier de l'anharmonique :
*Le rapport anharmonique de quatre éléments harmoniques est égal à l'unité
négative.*

53. C'est ici le cas d'établir les relations métriques entre les angles d'un
faisceau harmonique de rayons ou de plans. Soient *a, b, c, d* (*fig.* 10) les
éléments du faisceau et A, B, C, D les quatre points suivant lesquels ces
éléments sont coupés par une droite quelconque. On a (37)

$$\frac{AB}{CB} = -\frac{AD}{CD}.$$

L'équation (1) du n° 50 donne dès lors la relation cherchée

$$\frac{\sin \widehat{ab}}{\sin \widehat{cb}} = -\frac{\sin \widehat{ad}}{\sin \widehat{cd}}.$$

54. Certains couples de points correspondants de deux ponctuelles projectives jouissent de propriétés particulières qui méritent un examen spécial. Telles sont, notamment, les propriétés qui se rapportent au point à
l'infini d'une droite, et qui ne subissent d'ailleurs aucune altération lorsque
la droite change de position.

Considérons les deux ponctuelles u, u_1 (*fig.* 19) et soient respectivement

Fig. 19.

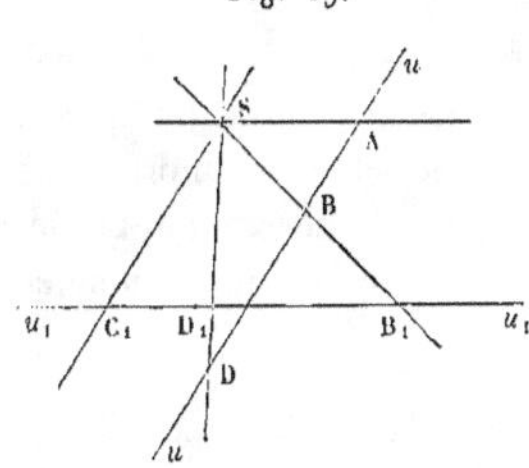

C, A_1 leurs points à l'infini. Imaginons que les deux ponctuelles soient placées en position perspective, et soit S leur centre de projection. Les parallèles menées par le point S aux lieux des ponctuelles rencontrent u et u_1,
respectivement aux points A et C_1, qui sont les correspondants des points à
l'infini C et A_1. Ceux-ci ne changeront pas si l'on supprime la position perspective; par suite, les points C_1 et A resteront aussi invariables.

Prenons deux autres couples de points correspondants, B, B_1 et D, D_1.

Nous avons (52)

$$\frac{BA}{DA} : \frac{BC}{DC} = \frac{B_1 A_1}{D_1 A_1} : \frac{B_1 C_1}{D_1 C_1};$$

mais nous pouvons écrire

$$\frac{BC}{DC} = \frac{BD + DC}{DC} = \frac{BD}{DC} + 1 ;$$

C étant le point à l'infini de la première droite, nous avons $DC = \infty$, et

$$\frac{BC}{DC} = 1.$$

Pareillement

$$\frac{B_1 A_1}{D_1 A_1} = 1;$$

par suite

$$\frac{BA}{DA} = \frac{D_1 C_1}{B_1 C_1},$$

ou bien

$$(1) \qquad AB . C_1 B_1 = AD . C_1 D_1.$$

Si donc on maintient fixe un couple, DD_1, pendant qu'on fait varier l'autre, BB_1, le rectangle

$$AB . C_1 B_1$$

reste constant.

Ainsi les points A et C_1, déterminés sur les ponctuelles projectives, placées en position perspective, par les rayons du faisceau projetant qui leur sont mutuellement parallèles, permettent d'embrasser le système entier des points correspondants, au moyen d'une relation beaucoup plus simple que celle qui dépend de l'égalité des rapports anharmoniques, et nous pouvons conclure que :

Dans deux ponctuelles projectives, les distances de deux points correspondants quelconques aux points correspondants des points à l'infini forment un rectangle constant.

Quelques auteurs donnent à ce rectangle constant le nom de *puissance de la relation projective.*

On déduit de (1) la proportion

$$\frac{AB}{AD} = \frac{C_1 D_1}{C_1 B_1} \qquad \text{ou} \qquad \frac{BA}{AD} = \frac{D_1 C_1}{C_1 B_1}.$$

En ajoutant l'unité de part et d'autre, on a

$$\frac{BD}{B_1 D_1} = \frac{AD}{B_1 C_1} = \frac{AB}{D_1 C_1}.$$

Ce résultat met en évidence une particularité remarquable des couples de points correspondants, à savoir qu'*on peut déterminer sur une ponctuelle des couples de points* B, D, *tels que leur distance soit égale à celle des points correspondants* B_1, C_1; ou, plus brièvement, qu'on peut déterminer des segments correspondants égaux sur les lieux des deux ponctuelles. En effet, pour que

$$BD = B_1 D_1,$$

il suffit qu'on ait

$$AB = D_1 C_1$$

et par suite aussi

$$AD = B_1 C_1;$$

c'est-à-dire que, si l'on porte du point A sur le premier lieu un segment AB de grandeur arbitraire, du point C_1 sur le second lieu un segment $C_1 D_1 = AB$, et si l'on détermine les points B_1 et D qui correspondent à B et à D_1, on a

$$BD = B_1 D_1.$$

La grandeur du segment AB étant arbitraire, aussi bien que sa direction, on peut déterminer ainsi, sur les deux ponctuelles projectives, *un double système de segments correspondants égaux.*

Si, par exemple, nous portons de part et d'autre du point A (*fig.* 20) sur la ponctuelle u, un segment de longueur quelconque, FA = AG, si nous portons le même segment sur u_1, de part et d'autre de C_1, de telle sorte que

$$H_1 C_1 = C_1 K_1 = FA = AG,$$

et si nous déterminons les quatre points correspondants F_1, G_1, H, K, nous aurons, non-seulement

$$FH = F_1 H_1 \quad \text{et} \quad GK = G_1 K_1,$$

mais encore

$$GH = H_1 G_1 \quad \text{et} \quad FK = K_1 F_1.$$

En effet, C_1 étant le milieu de $H_1 K_1$ et A_1 étant à l'infini, les quatre points H_1, C_1, K_1, A_1 sont harmoniques (**35**); dès lors HCKA est aussi un système harmonique; et comme le point C est à l'infini, le point A est au milieu de HK. Pour le même motif, C_1 est au milieu de $F_1 G_1$, et nous avons

$$
\begin{array}{rcl}
HF = GK &=& G_1 K_1 \\
FA &=& K_1 C_1 \\
AG &=& C_1 H_1 \\
\hline
HG &=& G_1 H_1
\end{array}
$$

et de même

$$KF = F_1 K_1.$$

En faisant varier la longueur AF, qui a été prise arbitrairement, nous

Fig. 20.

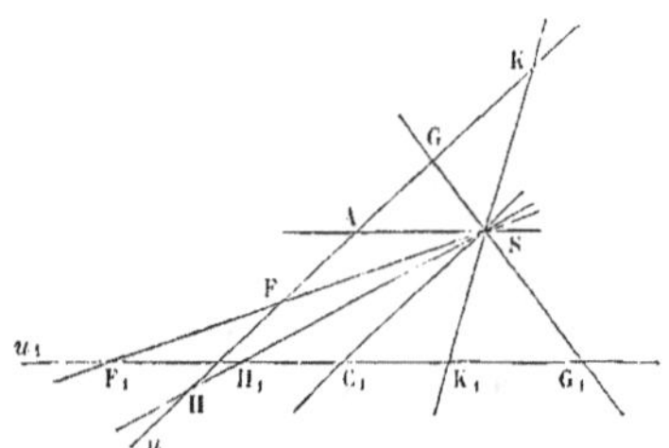

obtiendrions le double système complet de segments correspondants égaux. Concluons donc que :

Deux ponctuelles projectives contiennent deux systèmes de couples de segments correspondants égaux. Les couples de l'un des systèmes ont leurs deux extrémités sur les mêmes moitiés correspondantes des deux lieux, et ne comprennent pas, par conséquent, les points A *et* C_1. *Les couples de l'autre système ont au contraire leurs deux extrémités sur les moitiés opposées des deux lieux, et comprennent par conséquent les points* A *et* C_1. *Tout point de l'une des ponctuelles représente une extrémité commune à deux couples de segments correspondants égaux, qui appartiennent respectivement à chacun des deux systèmes.*

III. — Ponctuelles égales et semblables.

53. Deux ponctuelles projectives sont dites *égales* quand on peut les superposer, de telle sorte que chaque point coïncide avec son correspondant.

De l'égalité des rapports anharmoniques on déduit que *deux ponc-*

tuelles égales sont projectives (52); vice versâ, *deux ponctuelles projec-tives sont égales lorsque trois couples de points correspondants* A, A$_1$; B, B$_1$; C, C$_1$ *sont placés de telle manière qu'on ait* AB = A$_1$B$_1$, AC = A$_1$C$_1$, *et* BC = B$_1$C$_1$.

Supposons, en effet, les deux ponctuelles placées dans une position telle que les trois couples de segments égaux coïncident par leurs extrémités correspondantes; les deux formes ont alors trois points unis; elles sont par conséquent identiques ou égales (43).

56. *Si une ponctuelle* ABCD. . . . *est projetée d'un centre situé à l'infini, le segment* AB *est égal à sa projection* A$_1$B$_1$, *et la ponctuelle résultante* A$_1$ B$_1$C$_1$D$_1$. . . . *est égale à la ponctuelle donnée.*

Un faisceau de rayons non parallèles est coupé par deux transversales parallèles, situées à égale distance de son centre, suivant les deux ponctuelles égales.

57. Deux ponctuelles projectives sont dites *semblables*, si les points correspondants déterminent des segments proportionnels.

Si les points à l'infini de deux ponctuelles projectives sont correspondants, les ponctuelles sont semblables.

En effet, si l'on projette chacune des deux ponctuelles du point à l'infini de l'autre, on obtient deux faisceaux de rayons parallèles, dans lesquels les rayons correspondants se coupent sur une même droite (46). Les segments de cette droite sont alors proportionnels à ceux des deux ponctuelles, et ceux-ci, par conséquent, sont proportionnels entre eux.

On obtient très-facilement deux ponctuelles semblables, soit en coupant, par deux transversales quelconques, un faisceau de rayons parallèles, soit en coupant, par deux transversales parallèles, un faisceau de rayons qui a son centre à distance finie.

En effet, tout élément du faisceau de rayons parallèles coupe les ponc-tuelles en des points correspondants. Les points d'intersection des ponc-tuelles et d'un rayon situé à distance infinie seront dès lors correspondants. Mais ces points sont eux-mêmes à l'infini; donc les ponctuelles sont sem-blables.

En ce qui touche le second procédé, les ponctuelles obtenues comme sections du faisceau étant perspectives, tout rayon du faisceau les coupera en deux points correspondants. On aura le même résultat pour le rayon parallèle aux ponctuelles. Or ce rayon les coupe en leurs points à l'infini; donc ces points sont correspondants et par suite les ponctuelles considérées sont semblables.

Nous observerons d'ailleurs que les ponctuelles sont perspectives dans les deux cas; que le point uni est généralement à distance finie dans le premier, et qu'il est toujours à l'infini dans le second.

IV. — Faisceaux égaux et semblables.

58. Deux faisceaux de rayons, ayant leurs centres à distance finie, sont dits *égaux* quand leurs angles correspondants (5, *b*) sont égaux, ou, en d'autres termes, quand les éléments de l'un correspondent respectivement aux éléments de l'autre, de telle manière que l'angle de deux éléments pris à volonté dans l'un soit toujours égal à l'angle des deux éléments correspondants de l'autre.

Deux faisceaux de rayons parallèles sont dits *égaux* quand la distance de deux rayons quelconques de l'un est égale à la distance des rayons correspondants de l'autre.

Quand deux faisceaux égaux de rayons, ayant leurs centres à distance finie, sont perspectifs, on peut distinguer deux cas : ou bien les rayons correspondants sont parallèles entre eux deux à deux, ou bien ils se coupent en des points propres. Dans le premier cas, l'intersection est à l'infini; dans le second, elle détermine une ponctuelle dont le lieu est perpendiculaire au rayon commun des deux faisceaux et équidistant des centres. Ces deux cas sont essentiellement distincts puisque, quand l'intersection est à l'infini, les rayons des deux faisceaux se succèdent dans le même sens, tandis que, dans l'autre cas, la succession a lieu en sens contraire (**48**).

59. Deux faisceaux égaux peuvent être coupés par deux transversales, de telle façon que les ponctuelles qui en résultent soient égales entre elles. Deux ponctuelles égales étant toujours projectives (**56**), on en conclut que *deux faisceaux égaux de rayons sont toujours projectifs.*

Vice versâ, *deux faisceaux projectifs de rayons sont égaux quand trois rayons de l'un et les trois correspondants de l'autre constituent deux figures égales.* Si l'on transporte, en effet, les deux faisceaux dans une position telle que les éléments correspondants coïncident entre eux, ils auront trois éléments unis et seront par conséquent identiques ou égaux (**43**).

60. Dans le cas même où les faisceaux égaux de rayons ne sont pas perspectifs, le sens de leur génération donne lieu à des considérations importantes.

En effet, si les faisceaux égaux sont projectifs concordants, les angles sont tous égaux en grandeur et sens, et par suite deux rayons correspondants sont toujours parallèles ou ne le sont jamais.

Dans le cas contraire, deux angles correspondants sont encore égaux en grandeur, mais de sens opposé.

On peut supposer que deux faisceaux concentriques, se trouvant dans la première des conditions indiquées, sont engendrés par la rotation, autour du centre commun, d'un angle de grandeur invariable : chacun des faisceaux est engendré par l'un des côtés de cet angle.

61. On peut appeler, par analogie, faisceaux *semblables* de rayons les faisceaux projectifs de rayons dont les éléments à l'infini se correspondent. *Les faisceaux de rayons parallèles peuvent seuls être semblables;* car un faisceau de rayons dont le centre est à distance finie ne contient aucun rayon à l'infini.

De là résulte immédiatement que, *si l'on coupe deux faisceaux semblables de rayons par une droite quelconque, on détermine deux ponctuelles semblables.* En effet, les rayons à l'infini des deux faisceaux étant correspondants, les points d'intersection situés sur ces rayons seront aussi correspondants, ce qui satisfait à la condition requise (**57**) pour la similitude des deux ponctuelles.

CHAPITRE VII.

COURBES, FAISCEAUX ET SURFACES CONIQUES DU SECOND ORDRE.

Steiner, *Systematische Entwickelung*, etc. Berlin, 1832, p. 127 et suiv. — Staudt, *Geometrie der Lage*. Nürnberg, 1847, § 19. — Chasles, *Traité de Géométrie supérieure*. Paris, 1852, IV° section. — Cremona, *Introduzione ad una teoria geometrica delle curve piane*. Bologna, 1862, art. XI. — Chasles, *Traité des sections coniques*, I° Partie. Paris, 1865, 1er Chap. — Reye, *Die Geometrie der Lage*. Hannover, 1866, p. 55-65. — Steiner, *Vorlesungen über synthetische Geometrie*, II Theil ; *Die Theorie der Kegelschnitte gestützt auf projektivische Eigenschaften*. Leipzig, 1867, II Abschn. — Hankel, *Die Elemente der projectivischen Geometrie*. Leipzig, 1875, VI Abschn.

I. — Courbes et faisceaux de rayons du second ordre.

62. *Si deux faisceaux de rayons, situés dans un même plan et non concentriques, sont projectifs sans être perspectifs, les points d'intersection des rayons correspondants constituent un système de points qui n'a jamais plus de deux points communs avec une droite.*

Les deux faisceaux sont coupés par la droite u, qui joint les points d'intersection A et B de deux couples quelconques de rayons correspondants, suivant deux ponctuelles superposées, dont les points A et B sont deux éléments unis. Si deux autres rayons correspondants quelconques se coupaient en un troisième point de la droite u, les deux ponctuelles auraient trois éléments unis

Si deux ponctuelles, situées dans un même plan et non superposées, sont projectives sans être perspectives, les droites de jonction des points correspondants constituent un système de rayons qui n'a jamais plus de deux rayons passant par un même point.

Les deux ponctuelles sont projetées, du point S d'intersection des rayons a et b, qui joignent deux couples quelconques de points correspondants, suivant deux faisceaux concentriques de rayons, dont les rayons a et b sont deux éléments unis. Si deux autres points correspondants quelconques étaient situés sur un troisième rayon passant par le point S, les deux faisceaux auraient et seraient identiques (43), ce qui est impossible, puisque les faisceaux considérés ne sont pas perspectifs.

Les points d'intersection des couples de rayons correspondants constituent un *système continu* de points (47), auquel on donne le nom de *courbe* et, dans l'espèce, à raison de la propriété qui vient d'être démontrée, le nom de *courbe du second ordre* (¹).

trois éléments unis et seraient identiques (43), ce qui est impossible, puisque les ponctuelles considérées ne sont pas perspectives.

Les droites de jonction des couples de points correspondants constituent un *système continu* de droites (47), auquel on donne le nom de *faisceau de rayons* et, dans l'espèce, à raison de la propriété qui vient d'être démontrée, le nom de *faisceau de rayons du second ordre* (²).

Disons tout de suite, sous réserve d'en fournir la démonstration en son temps, que les courbes du second ordre sont identiques aux sections coniques et que tout faisceau de rayons du second ordre est composé de l'ensemble des tangentes menées à une section conique.

II. — Surface conique et faisceau de plans du second ordre.

63. En projetant d'un point quelconque, pris en dehors de leur plan, les figures qui expriment les deux propositions précédentes, on est immédiatement conduit à ces deux autres propositions :

Si deux faisceaux de plans, dont les axes se coupent, sont projectifs sans être perspectifs, toutes les droites

Si deux faisceaux de rayons, dont les plans se coupent, sont concentriques et projectifs sans être per-

---

(¹) Dans la seconde édition de son ouvrage (*Die Geometrie der Lage. Zweite vermehrte Auflage.* Hannover, 1877, p. 55), REYE emploie indifféremment les deux expressions : *Curve zweiter Ordnung* (courbe du second ordre) et *Punktreihe zweiter Ordnung* (ponctuelle du second ordre). Cette dernière dénomination a l'avantage de rappeler que la courbe du second ordre doit être considérée comme un système de points, et de mettre en évidence la correspondance de dualité qui existe, dans le plan, entre les courbes du second ordre et les faisceaux de rayons du même ordre. Nous avons cru, toutefois, devoir nous en tenir à l'ancienne dénomination, non-seulement parce que l'usage l'a consacrée, mais encore parce qu'elle fait mieux saisir l'identité des courbes du second ordre et des sections coniques.

(²) Les faisceaux ordinaires de rayons, formes fondamentales simples, sont encore appelés, pour les distinguer des précédents, *faisceaux de rayons du premier ordre*. De même pour les faisceaux de plans.

d'intersection des plans correspon-dants forment une surface conique du second ordre, qui n'a jamais plus de deux de ces droites d'intersection communes avec un plan.

Le point d'intersection des axes, par lequel passent tous les rayons de la surface conique, est nommé centre de la surface conique ([1]).

spectifs, tous les plans de jonction des rayons correspondants forment un faisceau de plans du second ordre, qui n'a jamais plus de deux plans communs avec un faisceau de plans du premier ordre.

Le centre des faisceaux de rayons, par lequel passent tous les plans du faisceau du second ordre, est nommé centre du faisceau de plans.

De là cette double conséquence :

Toute courbe et tout faisceau de rayons du second ordre sont projetés, d'un point non situé dans leur plan, respectivement par une surface conique et par un faisceau de plans du second ordre.

Toute surface conique et tout fais-ceau de plans du second ordre sont coupés, par un plan ne passant pas par leur centre, respectivement sui-vant une courbe et suivant un fais-ceau de rayons du second ordre.

On voit par là avec quelle facilité les résultats obtenus pour les formes planes du second ordre peuvent être étendus, au moyen de projections, aux formes correspondantes dans la gerbe.

III. — Lieux des formes génératrices. Tangente. Point de contact. Corollaire.

64. *La courbe du second ordre k (fig. 21) qui est engendrée au moyen de deux faisceaux projectifs de rayons, S et S_1, passe par les points S et S_1, centres des faisceaux.*

En effet, les faisceaux ne devant pas être perspectifs, au rayon SS_1 ou p du faisceau S, c'est-à-dire à la droite qui joint les centres, correspond, dans le faisceau S_1, un rayon quel-

Le faisceau de rayons du second ordre K (fig. 22) qui est engendré au moyen de deux ponctuelles pro-jectives, u et u_1, contient les droites, u et u_1, lieux des ponctuelles.

En effet, les ponctuelles ne devant pas être perspectives, au point uu_1 ou P de la ponctuelle u, c'est-à-dire au point d'intersection des ponctuel-les, correspond, dans la ponctuelle

---

([1]) La dénomination est de BIOT. (Voir STEINER, *Systematische Entwickelung.* Berlin, 1832, p. 130.)

conque p_1, différent de $S_1 S$. Le point S_1 d'intersection de p et de p_1 appartient donc à la courbe k. Il en est de même du point S.

Fig. 21.

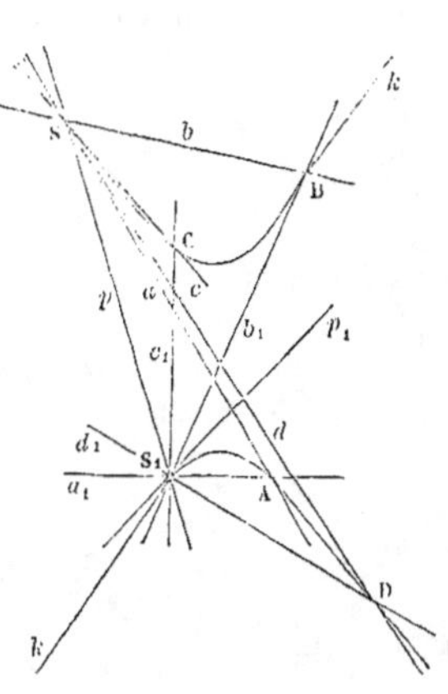

p_1 est le seul rayon passant par S_1 qui ait un seul point, S_1, commun avec la courbe k. Tout autre rayon a_1 du faisceau S_1 est coupé par son correspondant a, différent de p, en un second point A de la courbe, différent du point S_1. Nous dirons pour ce motif que le rayon p_1 touche la courbe k, ou qu'il est *tangent* à cette courbe au point S_1.

u_1, un point quelconque P_1, différent de $u u_1$. La droite u_1, qui joint $P P_1$, appartient donc au faisceau K. Il en est de même de la droite u.

Fig. 22.

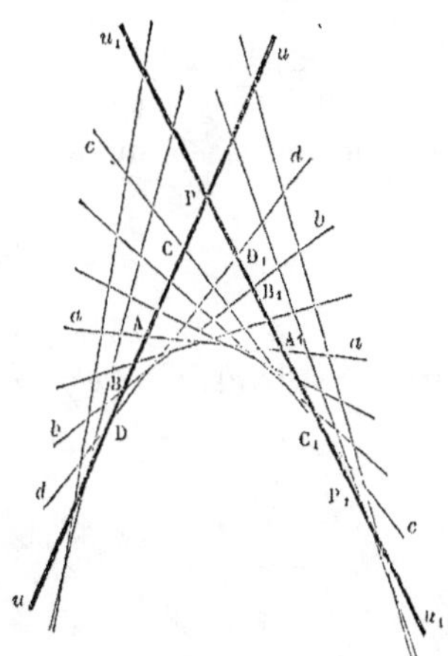

P_1 est le seul point de u_1 par lequel passe un seul rayon, u_1, du faisceau K. Tout autre point A_1 de la ponctuelle u_1 est joint à son correspondant A, différent de P, par un second rayon a, différent de u_1. Nous dirons pour ce motif que P_1 est un *point de contact* du faisceau K sur le rayon u_1.

Nous pouvons donc établir les propositions suivantes :

Au rayon commun de deux faisceaux projectifs de rayons correspond, dans chacun d'eux, une tangente à la courbe du second ordre suivant laquelle se coupent les faisceaux proposés.

Au point d'intersection de deux ponctuelles projectives correspond, sur chacune d'elles, un point de contact du faisceau du second ordre au moyen duquel les ponctuelles proposées se projettent réciproquement.

5

65. *Une courbe du second ordre est projetée de deux quelconques de ses points par deux faisceaux projectifs de rayons.*

Un faisceau de rayons du second ordre est coupé par deux quelconques de ses rayons suivant deux ponctuelles projectives.

Ces deux propositions résultent du mode de génération des formes du second ordre considérées, par deux formes projectives simples (62), et des relations qui existent entre les formes engendrées et les lieux des formes génératrices (64). On en trouvera d'ailleurs une démonstration au n° 69 ci-après.

IV. — Détermination des éléments.

66. *Deux faisceaux projectifs de rayons,* S *et* S$_1$ (*fig.* 23), *étant don-*

Deux ponctuelles projectives, u *et* u$_1$ (*fig.* 24), *étant données par trois*

Fig. 23.

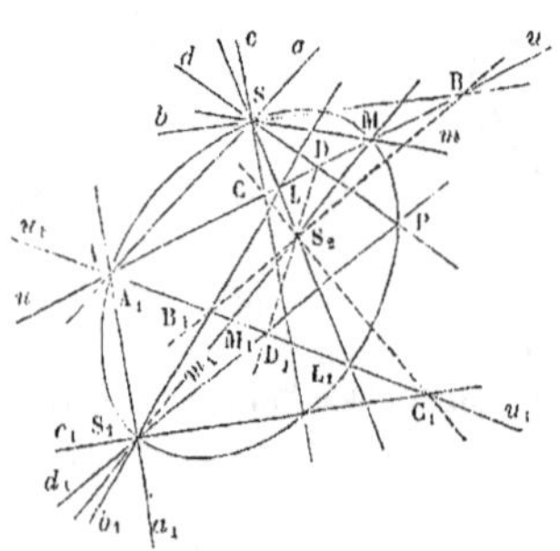

Fig. 24.

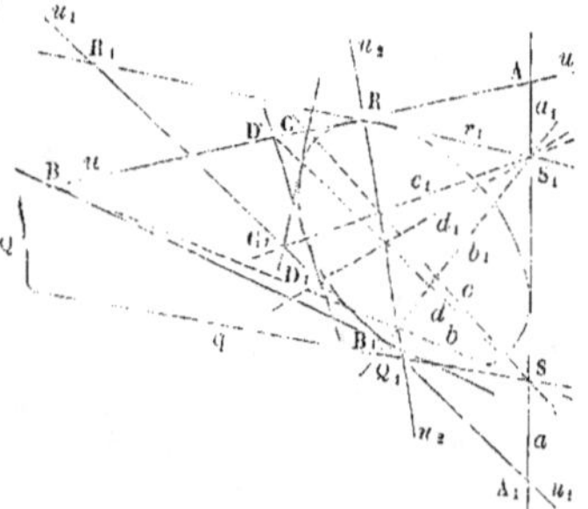

nés par trois couples de rayons correspondants a *et* a$_1$, b *et* b$_1$, c *et* c$_1$, *construire autant de points qu'on voudra de la courbe* k *du second ordre sur laquelle les faisceaux se coupent.*

couples de points correspondants A *et* A$_1$, B *et* B$_1$, C *et* C$_1$, *construire autant de rayons qu'on voudra du faisceau* K *de rayons du second ordre au moyen duquel les ponctuelles sont projetées.*

On peut résoudre ces problèmes en cherchant une troisième forme qui soit perspective à chacune des deux formes fondamentales données.

Par le point d'intersection aa_1 de deux rayons correspondants quel-

Sur la droite de jonction AA_1 de deux points correspondants quelconques, a et a_1, des faisceaux projectifs S et S_1, faisons passer deux droites u et u_1, la première u coupant le faisceau S (abc) suivant une ponctuelle u (ABC), la seconde u_1 coupant le faisceau $S_1(a_1 b_1 c_1)$ suivant une autre ponctuelle u_1 ($A_1B_1C_1$). Ces ponctuelles sont projectives, comme sections de faisceaux projectifs. De plus, elles sont perspectives, puisque les points correspondants A et A_1 sont unis sur leur point d'intersection (45). Elles sont donc des sections du faisceau S_2 de rayons, au centre duquel se coupent les rayons BB_1 et CC_1.

Pour trouver le rayon d_1 du faisceau S_1, correspondant à un rayon quelconque d de S, projetons, du point S_2, le point d'intersection du ou D sur u_1 en D_1 et menons D_1S_1. Cette droite est le rayon cherché d_1. Le point dd_1 ou P est sur la courbe k du second ordre.

conques, A et A_1, des ponctuelles projectives u et u_1, prenons les centres S et S_1 de deux faisceaux de rayons, le premier S(abc) projetant la ponctuelle u (ABC), le second $S_1(a_1 b_1 c_1)$ projetant la ponctuelle u_1 ($A_1B_1C_1$). Ces faisceaux sont projectifs, comme projections de ponctuelles projectives. De plus, ils sont perspectifs, puisque les rayons correspondants a et a_1 sont unis sur la droite de jonction de leurs centres (45). Ils sont donc des projections de la ponctuelle u_2, à laquelle appartiennent les points d'intersection bb_1 et cc_1.

Pour trouver le point D_1 de u_1, correspondant à un point quelconque D de u, coupons la droite DS ou d par u_2 et projetons, du centre S_1, au moyen du rayon d_1, le point d'intersection du_2 sur la droite u_1. La projection $d_1 u_1$ est le point cherché D_1. Le rayon DD_1 ou p appartient au faisceau K du second ordre.

Les problèmes suivants se trouvent en même temps résolus :

Trouver sur tout rayon de S (ou de S_1) le second point d'intersection, différent de S (ou de S_1), avec la courbe du second ordre.

Mener par tout point de u (ou de u_1) le second rayon, différent de u (ou de u_1), du faisceau du second ordre.

En cherchant, de la manière qui vient d'être indiquée,

les deux rayons correspondants au rayon commun des faisceaux,

les deux points correspondants au point d'intersection des ponctuelles,

on résout les problèmes suivants :

Construire, aux centres de deux faisceaux projectifs de rayons, les

Construire, sur deux ponctuelles projectives, les points de contact du

5.

tangentes à la courbe du second ordre engendrée par ces faisceaux. | *faisceau du second ordre engendré par ces ponctuelles.*

67. La construction qui conduit aux solutions précédentes fournit encore un résultat important :

Menons, d'une part, à gauche, le rayon $S_1 S_2$ ou m_1, qui est coupé par u au point M et par u_1 au point M_1. Ce rayon a évidemment pour correspondant le rayon SM dans le faisceau S. Dès lors, si D_1 vient à coïncider avec M_1, les points D et P coïncident en même temps avec M. Il s'ensuit que M est le second point d'intersection de la courbe k et de la droite u. Pareillement, le second point d'intersection L_1 de la courbe k et de u_1 est situé sur la droite SS_2.

Il convient de rappeler que les droites u et u_1, prises arbitrairement, ne sont assujetties à aucune condition autre que celle de se couper sur la courbe k.

Joignons, d'autre part, à droite, le point d'intersection $u_1 u_2$ ou Q_1 au centre S par la droite SQ_1. Cette droite contient le point Q de u, qui correspond au point Q_1 de u_1 ; SQ_1 est donc un rayon du faisceau K du second ordre. Pareillement, le rayon $S_1 R$, qui projette de S_1 le point d'intersection de u et de u_2, est un rayon de K.

Les points S et S_1 ont d'ailleurs été arbitrairement choisis sur un rayon a du faisceau K. Le double problème suivant se trouve ainsi résolu :

Une droite quelconque u coupant en un point donné A une courbe k du second ordre, trouver le second point d'intersection de la courbe et de la droite u. | *Un point quelconque S étant sur un rayon donné a d'un faisceau K du second ordre, tracer le second rayon du faisceau qui passe par le point S.*

V. — Théorèmes de Pascal et de Brianchon.

68. Déterminons, outre les cinq points S, S_1, A, M, L_1, un sixième point P de la courbe k. Le point d'intersection D_1 de $S_1 P$ et de u_1 et le point d'intersection D de SP et de u sont alors, par construction, situés | Construisons, outre les cinq rayons u, u_1, SS_1, SQ_1, $S_1 R$, un sixième rayon DD_1 du faisceau K. Les droites SD et $S_1 D_1$, ou d et d_1, se coupent alors, par construction, sur la droite $Q_1 R$ ou u_2. Mais les trois

sur une droite passant par S_2. Mais les trois points alignés D, D_1 et S_2 sont les points d'intersection des côtés opposés de l'hexagone SPS_1MAL_1.

droites concourantes d, d_1 et u_2 sont les diagonales principales ou droites de jonction des sommets opposés de l'hexagone $SS_1RDD_1Q_1$.

Les propositions suivantes se trouvent ainsi démontrées :

Théorème de PASCAL (¹).

Dans tout hexagone simple, inscrit à une courbe du second ordre, les points de concours des trois couples de côtés opposés sont en ligne droite.

Théorème de BRIANCHON.

Dans tout hexagone simple, ayant pour côtés six rayons d'un faisceau du second ordre, les droites qui joignent les trois couples de sommets opposés concourent en un même point.

(¹) Ce théorème célèbre, désigné sous le nom d'*hexagramme mystique*, est contenu dans l'*Essai sur les coniques*, opusc. de sept pages in-8°, que PASCAL publia quand il avait à peine seize ans. Le but de Pascal, en faisant cette publication, était de soumettre quelques-uns de ses théorèmes au jugement des géomètres avant de pousser plus loin, sur les bases du premier Essai, un travail grandiose qui devait porter le titre de *Traité complet des coniques*. PASCAL écrivait lui-même : *Conicorum opus completum, et conica Apollonii et alia innumera unica fere propositione amplectens; quod quidem nondum sex decimum ætatis annum assecutus excogitavi, et deinde in ordinem congessi* (*OEuvres de* PASCAL, t. IV, p. 410). Mais cet ouvrage ne nous est point parvenu. LEIBNITZ a eu, pendant son séjour à Paris, le manuscrit de PASCAL entre ses mains; il nous fait connaître, par une lettre adressée à PÉRIER, neveu de PASCAL (*OEuvres de* PASCAL, t. V, p. 459-462), les titres des six parties ou traités dont l'ouvrage devait se composer. L'importance du sujet nous a paru justifier la reproduction sommaire que nous faisons ici de ces titres.

Celui de la première partie nous apprend que PASCAL se servait des principes de la perspective pour engendrer les coniques par le cercle et déduire ainsi leurs propriétés de celles du cercle. Cette méthode, suivant LEIBNITZ, était le fondement de tout l'ouvrage. La seconde partie roulait sur l'hexagramme mystique. Dans la troisième partie se trouvaient les applications de l'hexagramme, les propriétés des cordes et des diamètres coupés harmoniquement, et probablement, suivant l'opinion de PONCELET (*Traité des propriétés projectives*, édit. 1822, p. 101), les théorèmes qui constituent la théorie des pôles. La quatrième partie contenait ce qui a rapport aux segments déterminés sur des sécantes parallèles à deux droites fixes, et les propriétés des foyers. Dans la cinquième étaient résolus les problèmes ayant pour objet de décrire une conique qui satisfasse à cinq conditions : passer par des points et toucher des droites. Enfin, la sixième partie avait été intitulée, par LEIBNITZ, *De loco solido*. Quelques mots nous font supposer qu'il pouvait y être question du fameux problème de PAPPUS, *Ad tres aut quatuor lineas*.

Quelques fragments contenaient divers problèmes, parmi lesquels celui *de restitutione* et un autre, appelé *magnum*, qui était énoncé dans les termes suivants : *Dato puncto in sublimi et solido conico ex eo descripto, solidum ita secare, ut exhibeat sectionem conicam datæ similem*.

LEIBNITZ terminait sa lettre précitée par le conseil de livrer le traité sur les coni-

69. Imaginons que, dans l'hexagone SPS_1MAL_1 de Pascal (*fig.* 23), tous les sommets restent fixes, à l'exception du sommet A, et que celui-ci se meuve sur la courbe. En ce cas, L_1A ou u_1 pivote autour de L_1, MA ou u autour de M, et les points D, D_1 se meuvent sur les droites fixes d, d_1, de telle sorte que la droite DD_1 passe toujours par le point S_2. Le théorème de Pascal est vrai pour tout hexagone ainsi constitué. D et D_1 décrivent par conséquent deux formes perspectives, d et d_1, qui sont des sections du faisceau S_2 de rayons, et, dans le même temps, u_1 et u décrivent respectivement, autour de L_1 et de M, deux faisceaux projectifs de rayons, qui sont les projections des ponctuelles perspectives d et d_1. *Nous pouvons donc concevoir la courbe k comme engendrée par les faisceaux projectifs de rayons L_1 et M, dont les centres sont deux points pris arbitrairement sur la courbe.*

Imaginons que, dans l'hexagone $SS_1RDD_1Q_1$ de Brianchon (*fig.* 24), tous les côtés restent fixes, à l'exception de SS_1, et que celui-ci se déplace sans jamais cesser d'être un rayon du faisceau K du second ordre. S_1 décrit alors une ponctuelle S_1R ou r_1 et S une ponctuelle SQ_1 ou q. Ces deux ponctuelles sont projectives, puisque le point d'intersection des diagonales principales S_1D_1 et SD se meut, dans le même temps, sur la droite fixe Q_1R et décrit une ponctuelle u_2, à laquelle q et r_1 sont perspectives. *Nous pouvons donc concevoir le faisceau K du second ordre comme engendré par les ponctuelles projectives q et r_1, dont les lieux sont deux rayons quelconques du faisceau.*

---

ques à l'impression et même d'y procéder avec sollicitude. On ne sait pourquoi ce conseil n'a pas été suivi, ni comment le manuscrit du célèbre mathématicien a disparu, au grand détriment de la Science géométrique. (Voir CHASLES, *Aperçu historique*, etc. Bruxelles, 1837, p. 70-71. — PONCELET, *Traité des propriétés projectives*, etc. Paris, 1822, n° 202. — WEISSENBORN, *Die Projection in der Ebene*. Berlin, 1862, Vorrede).

Quant au théorème de BRIANCHON, cet habile mathématicien l'a donné pour la première fois, comme conséquence de celui de PASCAL, dans un écrit intitulé : *Mémoire sur les surfaces courbes du second degré* (*Journal de l'École Polytechnique*, XIII° cahier, 1806, p. 297-311). C'est le premier exemple qu'on ait d'un théorème déduit d'un autre par la simple considération des polaires réciproques. Dans son *Mémoire sur les lignes du second ordre* (Paris, 1817, in-8°), le même auteur, s'appuyant sur le théorème de DESARGUES, que nous démontrerons plus loin, a résolu d'une manière très-simple les diverses questions relatives à la construction d'une conique déterminée par cinq conditions de passer par des points et de toucher des droites. (Voir CHASLES, *Rapport sur les progrès de la Géométrie*. Paris, MDCCCLXX, p. 28.)

Nous avons ainsi établi la généralité des théorèmes de Pascal et de Brianchon et nous avons, en même temps, donné une démonstration des propositions sommairement déduites au n° 65.

VI. — Relation entre les courbes et les faisceaux du second ordre.

70. De ce qui précède et des propriétés antérieurement établies (64), il résulte que :

Par tout point d'une courbe du second ordre passe une tangente à la courbe.	*Sur tout rayon d'un faisceau du second ordre est situé un point de contact du faisceau.*

Il suit de là que *toute courbe du second ordre est enveloppée par un système de tangentes et que tout faisceau de rayons du second ordre enveloppe un système de points de contact.*

Nous vérifierons par la suite (85 et suiv.) que ce système de tangentes et ce système de points de contact sont respectivement un faisceau de rayons et une courbe du second ordre.

VII. — Systèmes harmoniques dans la courbe et dans le faisceau de rayons du second ordre.

71. Quatre points d'une courbe du second ordre sont dits *harmoniques,* quand les rayons qui les projettent d'un point quelconque, et par conséquent d'un cinquième point quelconque de la courbe, forment un faisceau harmonique.	Quatre rayons d'un faisceau du second ordre sont dits *harmoniques,* quand ils sont coupés par une droite quelconque, et par conséquent par un cinquième rayon quelconque du faisceau, en quatre points harmoniques.

Étant donnés, par conséquent, trois points d'une courbe, ou trois rayons d'un faisceau du second ordre, on peut déterminer immédiatement et construire le quatrième harmonique, pourvu que l'on connaisse celui des trois éléments donnés dont ce dernier doit être séparé.

VIII. — Conditions pour que deux courbes ou deux faisceaux de rayons du second ordre coïncident.

72. *Deux courbes du second ordre coïncident quand elles ont en commun cinq points, ou quatre points et la tangente en l'un d'eux S, ou trois points et les tangentes en deux de ces points, S et S_1.*

Projetons tous les points des deux courbes, du point commun S, au moyen d'un faisceau de rayons; ce faisceau est projectif à deux autres, qui projettent les deux courbes, du point commun S_1. Mais ces derniers faisceaux sont identiques, puisqu'ils ont, dans tous les cas de l'énoncé, trois rayons unis, savoir : dans le premier cas, trois rayons allant aux trois points, autres que S et S_1, communs aux deux courbes; dans le second cas (les deux courbes ayant une tangente commune en S), deux rayons allant à deux points communs et le rayon $S_1 S$; enfin, dans le troisième cas, qui est celui des tangentes communes en S et en S_1, un rayon allant au troisième point commun, le rayon $S_1 S$ et la tangente commune en S_1. Tout rayon de S projette donc un point commun aux deux courbes.

Deux faisceaux de rayons du second ordre coïncident quand ils ont en commun cinq rayons, ou quatre rayons et le point de contact sur l'un d'eux u, ou trois rayons et les points de contact sur deux d'entre eux, u et u_1.

Coupons tous les rayons des deux faisceaux, au moyen du rayon commun u, suivant une ponctuelle; cette ponctuelle est projective à deux autres, suivant lesquelles les deux faisceaux sont coupés par le rayon commun u_1. Mais ces dernières ponctuelles sont identiques, puisqu'elles ont, dans tous les cas de l'énoncé, trois points unis, savoir : dans le premier cas, trois points situés sur les trois rayons, autres que u et u_1, communs aux deux faisceaux; dans le second cas (les deux faisceaux ayant un point de contact commun en u), deux points situés sur deux rayons communs et le point $u u_1$; enfin, dans le troisième cas, qui est celui des points de contact communs sur u et sur u_1, un point sur le troisième rayon commun, le point $u u_1$ et le point de contact commun sur u_1. Par tout point de u passe donc un rayon commun aux deux faisceaux.

De ce qui vient d'être établi, nous pouvons encore conclure que :

Une infinité de courbes du second ordre peuvent avoir en commun quatre

Une infinité de rayons du second ordre peuvent avoir en commun quatre points donnés, ou trois points donnés et la tangente en un de ces points, ou deux points donnés et les tangentes en ces points ; mais deux quelconques de ces courbes coïncideraient, si elles avaient encore un autre point commun ou une autre tangente commune.

rayons donnés, ou trois rayons donnés et le point de contact sur un de ces rayons, ou deux rayons et leurs points de contact ; mais deux quelconques de ces faisceaux coïncideraient, s'ils avaient encore un autre rayon commun ou un autre point de contact commun.

APPENDICE AU CHAPITRE VII.

DU CERCLE COMME RÉSULTAT DE FORMES PROJECTIVES ([1]).

Génération du cercle. — Propriétés qui en dérivent.

73. On donne dans un plan deux faisceaux égaux (projectifs concordants) de rayons, $S(abc\ldots)$, $S_1(a_1 b_1 c_1 \ldots)$ (*fig.* 25). Les angles

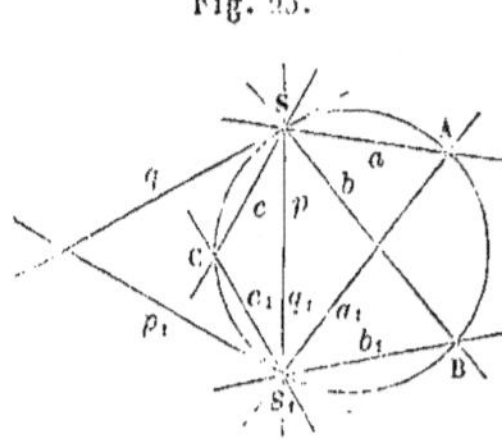

Fig. 25.

$\widehat{aa_1}$, $\widehat{bb_1}$, $\widehat{cc_1}$, ..., formés par les couples de rayons correspondants, étant égaux entre eux, ces rayons se coupent sur un cercle qui passe par les points S et S_1. La tangente au cercle en S forme avec le rayon SS_1 un angle égal à celui des rayons correspondants; mais le rayon $S_1 S$ du second faisceau doit former le même angle avec le rayon correspondant du premier; donc la tangente en S est précisément le rayon q du premier faisceau, dont le correspondant q_1 dans le second est la droite $S_1 S$.

Si nous supposons maintenant qu'un point quelconque, par exemple $A(aa_1)$, se meuve sur la courbe, les rayons mobiles a et a_1 engendreront les deux faisceaux. Quand A sera très-voisin de S, le rayon a_1 différera très-peu en position de q_1 et le rayon a très-peu de q, c'est-à-dire de la tangente en S. Ce résultat concorde avec la définition qui présente la tangente en S comme la droite de jonction du point S au point de la circonférence infiniment voisin. Pareillement, au rayon p de S correspondra, dans S_1, le rayon p_1 qui touche le cercle en S_1.

74. Réciproquement, si de deux points quelconques S, S_1 d'un cercle on

---

([1]) Voir en particulier : STEINER, *Systematische Entwickelung,* etc., Berlin, 1832, p. 134-137. — CHASLES, *Traité de Géométrie supérieure,* Paris, 1852, p. 465-467. — STEINER, *Vorlesungen über synthetische Geometrie,* II. Theil, Leipzig, 1867, p. 107-110. — CREMONA, *Elementi di Geometria projettiva,* Torino, 1873, p. 70-73.

projette autant de points que l'on veut, A, B, C, ..., du même cercle, au moyen des rayons projetants a, b, c, ... et a_1, b_1, c_1, ..., ces rayons forment entre eux des angles égaux, reposant deux à deux sur le même arc, c'est-à-dire qu'on a $\widehat{ab} = \widehat{a_1 b_1}$, $\widehat{ac} = \widehat{a_1 c_1}$, $\widehat{bc} = \widehat{b_1 c_1}$, ... Les faisceaux qui en résultent sont donc égaux (**58**) et par conséquent projectifs (**59**).

Le rayon qui projette de S le même point S, ou plus exactement le point du cercle infiniment voisin, est la tangente en S; d'où il suit que, dans les faisceaux projectifs $S(abc...)$, $S_1(a_1 b_1 c_1...)$, la tangente en S est le rayon du premier faisceau qui correspond au rayon $S_1 S$ du second.

75. On peut étudier pareillement, au moyen de deux ponctuelles projectives, la génération du faisceau de rayons du second ordre enveloppant un cercle, c'est-à-dire du système des tangentes au cercle.

Prenons deux tangentes au cercle, u et u_1 (*fig.* 26), comme lieux de deux ponctuelles, et attribuons à leur point d'intersection la double notation PQ_1. Soient P_1 et Q les points de contact des deux tangentes; A et B leurs points d'intersection avec une troisième tangente quelconque u_2. On reconnaît facilement la propriété projective des ponctuelles parcourues par A et B en cherchant les points D, E, qui correspondent aux points à l'infini (**54**), c'est-à-dire en déterminant les intersections de u et de u_1 avec les tangentes menées parallèlement aux lieux de ces ponctuelles. D'après une propriété connue du cercle, qu'on retrouvera d'ailleurs plus loin (**132**), le parallélogramme ainsi formé par quatre tangentes est un losange dont les diagonales se coupent à angle droit au centre du cercle. Les angles $\widehat{PDC}$, $\widehat{Q_1 EC}$ sont donc égaux, et il en est de même des angles supplémentaires $\widehat{ADC}$, $\widehat{CEB}$. Les angles en A, B et P ayant d'ailleurs respectivement pour bissectrices les rayons CA, CB, CP, et la somme des angles du triangle étant égale à 180 degrés, la somme des moitiés de ces angles est égale à 90 degrés et l'angle $\widehat{PDC}$ est égal à la somme des demi-angles en A et B. Conséquemment

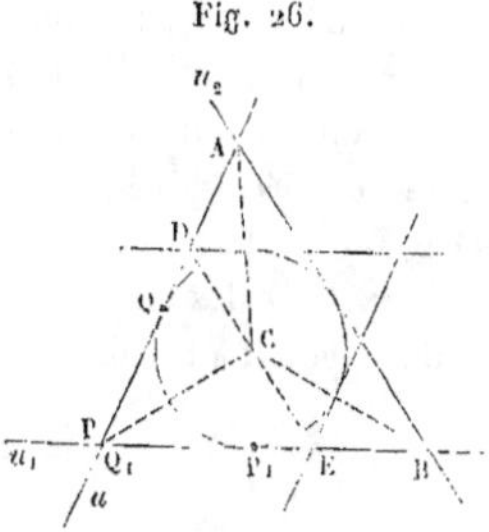

Fig. 26.

$$\widehat{ADC} = \widehat{ACB} = \widehat{CEB},$$

et les trois triangles ADC, ACB, CEB sont équiangles et semblables. La proportionnalité des côtés de ADC et de CEB fournit donc la relation

$$\frac{AD}{DC} = \frac{CE}{EB}$$

ou

$$DA.EB = CD.CE.$$

De la propriété du rectangle constant $DA.EB$ on déduit (54) que les ponctuelles décrites par A et B sont projectives. On voit d'ailleurs immédiatement que les triangles DCQ, EQ_1C sont semblables, ce qui fournit la relation

$$\frac{DC}{DQ} = \frac{EQ_1}{EC}$$

ou

$$DQ.EQ_1 = CD.CE.$$

Le point de contact Q a donc pour correspondant le point d'intersection Q_1 des deux lieux, et le point P a de même pour correspondant le point P_1.

Considérons maintenant la question inverse, qui consiste à déterminer les conditions nécessaires et suffisantes pour que deux ponctuelles projectives engendrent le faisceau du second ordre enveloppant un cercle, c'est-à-dire le système des tangentes à un cercle.

On doit avoir tout d'abord dans le cercle

$$PQ = Q_1P_1;$$

d'où il suit que les deux points P et Q_1, extrémités de deux segments correspondants égaux, doivent se trouver réunis à l'intersection des deux ponctuelles. On a vu d'ailleurs (54) que deux ponctuelles projectives quelconques contiennent deux systèmes de segments composés chacun d'une infinité de couples de segments correspondants égaux, et que les couples de l'un des systèmes comprennent les points D et E, tandis que ces points restent en dehors des couples de l'autre système. On choisira, pour la génération du cercle, l'un quelconque des couples de segments de la seconde espèce.

. L'angle formé par les lieux des ponctuelles génératrices est d'ailleurs déterminé. En effet, si nous le désignons par φ, nous aurons

$$PD \sin \frac{\varphi}{2} = DC,$$

$$Q_1E \sin \frac{\varphi}{2} = EC,$$

d'où

$$PD.Q_1E \sin^2 \frac{\varphi}{2} = DC.EC = DA.EB = DP.EP_1;$$

et puisque

$$EP_1 = DQ,$$

nous aurons

$$\sin^2 \frac{\varphi}{2} = \frac{DQ}{EQ_1}.$$

L'angle formé par les deux ponctuelles est ainsi exprimé en fonction des données de la relation projective. Mais cette relation fournit deux valeurs de l'angle φ. Dès lors, si l'on maintient fixe le point d'intersection et si l'on fait varier la direction des lieux, les ponctuelles engendreront deux fois un cercle. Nous concluons en disant que :

Deux ponctuelles projectives quelconques peuvent toujours être disposées de façon à engendrer un cercle.

Il faut pour cela choisir sur les deux ponctuelles un couple de segments correspondants égaux, appartenant au système des segments qui ne contiennent pas les points D et E (54), joindre deux extrémités non correspondantes des segments choisis à l'intersection des deux lieux, et déterminer l'inclinaison de ces lieux, de telle sorte que le carré de la demi-distance des points D et E soit égal au rectangle constant que nous avons désigné sous le nom de *puissance de la relation projective*.

La première partie de la même question, étudiée sous un autre point de vue, peut conduire à de nouvelles conséquences.

Si u et u_1 (*fig.* 27) sont deux tangentes fixes d'un cercle de centre C (c'est-à-dire deux rayons du faisceau du second ordre enveloppant le cercle), u_2 étant une tangente variable qui rencontre les tangentes fixes aux points A et B, l'angle ACB est constant. Si l'on désigne, en effet, par Q, P_1, T les points de contact, on a

Fig. 27.

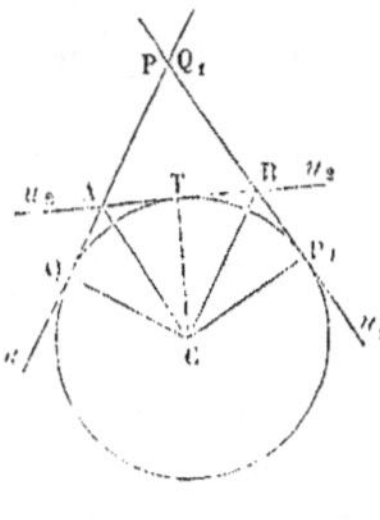

$$\widehat{ACB} = \widehat{ACT} + \widehat{TCB}$$

$$= \tfrac{1}{2}\widehat{QCT} + \tfrac{1}{2}\widehat{TCP_1} = \tfrac{1}{2}\widehat{QCP_1}.$$

Quand la droite u_2 se meut entre les deux tangentes u et u_1, les rayons CA, CB engendrent deux faisceaux projectifs (60); les points A, B engendrent donc deux ponctuelles projectives.

L'angle $\widehat{ACB}$ étant, comme on vient de le démontrer, égal à $\tfrac{1}{2}\widehat{QCP_1}$, égal par conséquent à $\overset{\frown}{QCQ_1}$ et à $\overset{\frown}{PCP_1}$, il s'ensuit que les points Q et Q_1, P et P_1 sont correspondants dans les deux ponctuelles projectives, c'est-à-dire qu'*à un point commun des ponctuelles correspondent les points de contact des tangentes fixes.*

Si nous imaginons maintenant que la tangente se mette en mouvement autour du cercle, les points A et B engendreront sur u et u_1 deux ponctuelles projectives; lorsque u_2 s'approchera de u jusqu'à coïncider avec cette droite, le point B ira s'approchant de plus en plus de Q_1 jusqu'à coïncider avec ce point; le point A viendra de même coïncider avec le point correspondant de Q_1, c'est-à-dire avec le point de contact de u. On est ainsi conduit à considérer le point de contact d'une tangente comme son point d'intersection avec la tangente infiniment voisine.

76. Si quatre points A, B, C, D d'un cercle sont projetés d'un cinquième point S par quatre rayons harmoniques, les rayons qui projettent les points A, B, C, D de tout autre point du cercle forment aussi un système harmonique. Le système constitué par la tangente en A et par les cordes AB, AC, AD est donc harmonique. On dit, en ce cas, que les quatre points A, B, C, D sont harmoniques.

Si quatre tangentes a, b, c, d à un cercle sont coupées par une cinquième tangente u en quatre points harmoniques, les intersections de a, b, c, d, avec toute autre tangente au cercle forment aussi un système harmonique. Le système constitué par le point de contact de a et par les points d'intersection ab, ac, ad est donc harmonique. On dit, en ce cas, que les quatre tangentes a, b, c, d sont harmoniques.

77. Soient A, B, C, ..., X autant de points du cercle qu'on voudra et a, b, c, ..., x les tangentes en ces points. Les rayons qui projettent du centre du cercle les points A_1, B_1, C_1, ... d'intersection de x avec a, b, c, ... sont respectivement perpendiculaires aux cordes XA, XB, XC, ... et forment par conséquent (**60**) un faisceau égal à celui qui projette de X les points A, B, C, ... Il en résulte que ce dernier faisceau et la ponctuelle formée sur x par les points d'intersection sont projectifs; en d'autres termes :

La ponctuelle déterminée par plusieurs tangentes au cercle sur l'une d'elles est projective au faisceau des rayons qui projettent, d'un point quelconque du même cercle, les points de contact de ces tangentes.

Il suit de là que : *Si quatre points d'un cercle sont harmoniques, les tangentes en ces points sont aussi harmoniques, et réciproquement.*

CHAPITRE VIII.

CONSÉQUENCES DES THÉORÈMES DE PASCAL ET DE BRIANCHON (¹).

Maclaurin, *De linearum geometricarum proprietatibus generalibus*. Londini, 1748, § 36-44. — Carnot, *Géométrie de position*. Paris, 1803, p. 453-456. — Poncelet, *Traité des propriétés projectives*, etc. Paris, 1822, n° 209. — Chasles, *Aperçu historique*, etc. Bruxelles, 1837, Note XXXII. — Chasles, *Traité des sections coniques*, Iʳᵉ Partie. Paris, 1865, p. 89 — Reye, *Die Geometrie der Lage*. Hannover, 1866, p. 65-74. — Steiner, *Vorlesungen über synthetische Geometrie*, II Theil. Leipzig, 1867, p. 128-137. — Fiedler, *Die darstellende Geometrie*, etc. Leipzig, 1871, § 27-28. — Hankel, *Die Elemente der projectivischen Geometrie*, etc. Leipzig, 1875, VI Abschn., § 5-9.

I. — Conception de la tangente et du point de contact.

78. Nous avons appelé tangente à la courbe du second ordre en un point S_1 (*fig.* 21) une droite p_1 qui n'a que le point S_1 commun avec la courbe, et nous avons trouvé qu'il n'existe qu'une seule tangente pour chaque point de la courbe (**64**).

(¹) La fécondité de l'*hexagramme mystique* est telle que Pascal a pu faire de cette propriété la base du Traité complet sur les coniques, dont nous avons précédemment parlé. Pascal, suivant le rapport du P. Mersenne, a ainsi déduit *quatre cents* corollaires d'un seul principe : « *Unica propositione universalissima, 400 corollariis « armata, integrum Apollonium complexus est.* » (*De mensuris, ponderibus*, etc., 1644).

Il est à remarquer que chacun des corollaires principaux exprimait une propriété déterminée de six points situés sur une conique. On comprend dès lors que Pascal ait pu déduire ces corollaires de l'*hexagramme mystique*, qui est lui-même une propriété générale de six points. Chacun des corollaires principaux se présentait d'ailleurs sous une forme distincte et servait de point de départ pour la déduction de toute une classe de propriétés des coniques. Cet art éminemment utile de déduire d'un seul principe un très-grand nombre de vérités constitue la supériorité de nos méthodes sur celles des géomètres anciens.

Il résulte de la courte Notice précédemment consacrée à l'hexagramme mystique (p. 69), que depuis 1640 jusqu'à 1806, c'est-à-dire depuis l'époque où le célèbre

Tout autre rayon a_1 passant par S_1 rencontre donc la courbe en un second point A. Quand on fait pivoter le rayon a_1 autour de S_1, le point A décrit la courbe, et il s'approche infiniment du point S_1 lorsque le rayon a_1 s'approche infiniment de la tangente p_1. La tangente représente donc la *position limite* de la droite qui joint

---

théorème a été découvert jusqu'à Brianchon, aucun géomètre n'a cherché à profiter d'une propriété si féconde. Dans le siècle présent, au contraire, un grand nombre de géomètres éminents se sont occupés du théorème de Pascal. Il nous paraît utile de signaler ici quelques-unes de leurs principales recherches.

L'attention des savants a été d'abord attirée sur ce sujet par Steiner (*Théorèmes sur l'hexagrammum mysticum*, dans les *Annales de Mathématiques pures et appliquées* de Gergonne, t. XVIII, 1827-28, p. 339. — *Théorèmes sur l'hexagrammum mysticum*, dans le *Journal für die reine und angewandte Mathematik*. Herausgegeben von A.-L. Crelle. Band 24, erstes Heft, p. 40. — *Systematische Entwickelung*, etc. Berlin, 1832, pag. 311-313). Steiner a démontré que, six points d'une conique pouvant donner lieu à soixante hexagones distincts, les soixante droites de Pascal correspondantes se coupent trois à trois en vingt points G, appelés points de Steiner. Il a cru de plus que ces vingt points étaient distribués quatre à quatre sur cinq droites concourantes.

Plücker a signalé l'inexactitude de cette dernière conclusion et affirmé que les vingt points G sont situés quatre à quatre sur quinze droites (*Ueber ein neues Princip der Geometrie und den Gebrauch allgemeiner Symbole und unbestimmter Coëfficienten*, dans le *Journal* de A.-L. Crelle, t. V, 1830, pag. 275).

Hesse a repris ces recherches et trouvé que les vingt points de Steiner sont conjugués deux à deux par rapport à la conique fondamentale des six points. Il a fait voir que la figure de Steiner est identique à celle que forment trois triangles, perspectifs deux à deux par rapport à un même centre. Les neuf côtés des trois triangles, les trois droites qui concourent au centre commun et les trois droites de perspective représentent les quinze droites des vingt points G (*Ueber das geradlinige Sechseck auf dem Hyperboloid*, dans le *Journal* de A.-L. Crelle, t. XIV, 1842, p. 40. — *Einige Bemerkungen zum Pascal'schen Theorem*, dans le *Journal* de A.-L. Crelle, t. XLI, 1851, p. 269).

Cayley a repris la figure de Steiner et s'est préoccupé surtout de représenter les droites par des notations abrégées (*Sur quelques théorèmes de la Géométrie de position*, dans le *Journal* de A.-L. Crelle, t. XXXI, 1846, p. 216, et t. XXXIV, 1847, p. 272).

Grossmann (*Ueber eine neue Eigenschaft der Steiner'schen Gegenpunkte des Pascal'schen Sechsecks*, dans le *Journal* de A.-L. Crelle, t. LVIII, 1861, p. 174-179) et Staudt (*Ueber die Steiner'schen Gegenpunkte, welche durch zwei in eine Curve zweiter Ordnung beschriebene Dreiecke bestimmt sind*, dans le *Journal* de A.-L. Crelle, t. LXII, 1863, p. 142-151) se sont aussi occupés des vingt points de Steiner, en partant l'un et l'autre de la considération de deux triangles inscrits dans la conique.

Kirkman a démontré que les soixante droites de Pascal, fournies par les soixante hexagones, non-seulement se coupent trois à trois aux vingt points G, mais se rencontrent encore trois à trois en soixante autres points, qu'on a nommés *points de Kirkman*. Il a démontré en outre que ces soixante points sont alignés deux à deux sur quatre-vingt-dix droites, qui concourent respectivement avec deux des quinze droites fournies par les six points de la conique fondamentale (*On the complete hexagon*

deux points de la courbe se rapprochant infiniment l'un de l'autre. Une définition aussi générale est applicable, non-seulement aux courbes du second ordre, mais à des courbes quelconques.

Le point P_1 (*fig.* 22), par lequel passe un seul rayon u_1 d'un faisceau K du second ordre, a reçu le nom de *point de contact du faisceau* sur le rayon u_1. On a vu que chaque rayon du faisceau K contient un seul point de contact (64), tandis qu'un second rayon a du faisceau passe encore par tout autre point A_1 de u_1. Quand on fait mouvoir A_1 sur u_1, a parcourt le faisceau K et s'approche infiniment du rayon u_1 quand A_1 devient infiniment voisin du point P_1. Le point de contact sur le faisceau de rayons représente donc la *position limite* du point d'intersection de deux rayons du faisceau qui vont se rapprochant infiniment l'un de l'autre.

Cela posé, si dans l'hexagone inscrit à une courbe du second ordre deux sommets quelconques se rapprochent infiniment l'un de l'autre, le côté qui les joint se trouvera remplacé par une tangente à la courbe. Et si, dans un hexagone dont les côtés sont

---

inscribed in a conic section, dans le *Cambridge and Dublin mathematical Journal*, t. V, 1850, p. 185).

Salmon et Cayley ont établi en même temps que les soixante points de Kirkman reposent trois à trois sur vingt droites (*Sur quelques théorèmes de la Géométrie de position*, dans le *Journal* de A.-L. Crelle, t. XLI, 1851, p. 66 et 84). — Salmon a démontré ensuite que ces vingt droites concourent quatre à quatre en quinze points, appelés *points de* Salmon, et que chacune d'elles passe par un seul point de Steiner (*A Treatise on conic sections*, fifth ed., London, 1869, p. 234, 268, 289, 307, 360, 362).

Dans un autre travail très-important [*Analytische Geometrie der Ebene. Bemerkung* (*Journal* de A.-L. Crelle, t. LXVIII, 1868, p. 193)], Hesse a signalé une certaine correspondance de réciprocité entre les soixante droites de Pascal et les soixante points de Kirkman; entre les vingt points de Steiner et les vingt droites indiquées par Salmon et Cayley; entre les quinze droites de Plücker et les quinze points de Salmon; mais il n'est pas arrivé à établir cette correspondance d'une manière complète.

Il convient de citer encore, à ce dernier point de vue, les travaux de Baur (*Ueber das Pascal'sche Theorem*, dans les *Abhandlungen der k. bayer. Akademie der Wissenschaften*, II Cl., t. III, 1874) et les recherches de Veronese (*Nuovi teoremi sull' hexagrammum mysticum*, dans les *Memorie della classe di Scienze fisiche, matematiche e naturali della Reale Accademia dei Lincei*, anno CCLXXIV (1876-77), vol. I, Roma, 1877).

Voir aussi : Chasles, *Aperçu historique*, etc. Bruxelles, 1837, p. 72 et Note XIII. — Weissenborn, *Die Projection in der Ebene*. Berlin, 1862, Vorrede, p. XI. — G. Salmon, *Traité de Géométrie analytique* (*sections coniques*), traduit par H. Resal et V. Vaucheret, Paris, Gauthier-Villars, 1870, p. 340, 530. — *Quarterly journal of pure and applied Mathematics*, t. IX, p. 348. — Cremona, *Teoremi stereometrici dai quali si deducono le proprietà dell'esagrammo di Pascal*, dans les *Atti della R. Accademia dei Lincei*, Roma, 1877.

des rayons d'un faisceau de second ordre, deux côtés voisins se rapprochent infiniment l'un de l'autre, le sommet sur lequel ils se coupent se trouvera remplacé par un point de contact du faisceau.

Suivant que un, deux ou trois couples d'éléments voisins coïncident, l'hexagone se transforme en un pentagone, en un quadrangle ou en un triangle.

II. — Modification des théorèmes pour le pentagone, le quadrangle et le triangle. Problèmes.

79. Pour le pentagone, les théorèmes de Pascal et de Brianchon s'énoncent ainsi :

Dans tout pentagone inscrit à une courbe du second ordre, les points d'intersection de deux couples de côtés non consécutifs et le point d'intersection du cinquième côté et de la tangente au sommet opposé sont trois points situés sur une même droite.

Dans tout pentagone dont les côtés sont des rayons d'un faisceau du second ordre, les diagonales qui joignent deux couples de sommets non consécutifs et la droite qui joint le cinquième sommet au point de contact du côté opposé sont trois droites qui se coupent en un même point.

Cette double proposition permet de résoudre les problèmes suivants :

Étant donnés cinq points quelconques d'une courbe du second ordre, construire les tangentes en ces points en ne faisant usage que de la règle.

Étant donnés cinq rayons quelconques d'un faisceau du second ordre, construire les points de contact sur ces rayons en ne faisant usage que de la règle.

80. Le quadrangle fournit les énoncés suivants :

Dans tout quadrangle inscrit à une courbe du second ordre, les points d'intersection des côtés opposés et les points de rencontre des tangentes menées par les sommets opposés sont quatre points en ligne droite.

Dans tout quadrilatère formé de rayons d'un faisceau du second ordre, les diagonales et les droites qui joignent les points de contact des côtés opposés sont quatre droites concourant en un même point.

81. On a enfin pour le triangle :

<table>
<tr><td>

Dans tout triangle inscrit à une courbe du second ordre, les points d'intersection des côtés avec les tangentes aux sommets respectivement opposés sont en ligne droite.

</td><td>

Dans tout triangle formé de rayons d'un faisceau du second ordre, les droites qui joignent les sommets aux points de contact des côtés respectivement opposés concourent en un même point.

</td></tr>
</table>

82. Les propositions précédentes (**79, 80, 81**), qu'on peut considérer comme des corollaires des théorèmes de Pascal et de Brianchon, servent à résoudre les problèmes suivants :

<table>
<tr><td>

Étant donnés, dans un plan, cinq points d'une courbe du second ordre, ou quatre points et la tangente en l'un de ces points, ou trois points et les tangentes en deux de ces points, construire la courbe.

</td><td>

Étant donnés, dans un plan, cinq rayons d'un faisceau du second ordre, ou quatre rayons et le point de contact sur l'un d'eux, ou trois rayons et les points de contact sur deux d'entre eux, construire le faisceau.

</td></tr>
</table>

III. — Application des théorèmes à la détermination des éléments correspondants dans les formes projectives simples.

83. On peut encore démontrer les théorèmes des n°s 79, 80 et 81 directement, sans recourir à l'hexagone.

Nous donnerons, à titre d'exemple, la démonstration directe pour le quadrangle.

Deux faisceaux projectifs de rayons S et S_1 (*fig.* 23) étant donnés, nous avons facilement déterminé le rayon du second, qui correspond à tout rayon du premier, en construisant un troisième faisceau de rayons S_2, perspectif à chacun des deux autres.

Nous rappelons qu'à cet effet (**66**) les faisceaux S et S_1 ont été respectivement coupés suivant les ponctuelles u et u_1, au moyen de deux droites qu'on a fait passer par le point d'intersection A de deux rayons correspondants a et a_1. Ces ponctuelles étant perspectives, le faisceau S_2, dont elles étaient des sections, représentait le faisceau cherché.

6.

Ces conclusions subsistent encore si u (*fig.* 28) coïncide avec a_1 et u_1 avec a, de telle sorte que les couples de points ba_1 et b_1a (B et B$_1$), ca_1 et c_1a (C et C$_1$), etc., où deux rayons correspondants a et a_1 sont mutuellement coupés par deux autres quelconques b_1 et b ou c_1 et c, se trouvent en ligne droite avec un point fixe S$_2$. Si nous faisons alors passer par S$_2$ une droite quelconque DD$_1$, qui coupe les rayons a_1 et a respectivement en D et D$_1$, SD et S$_1$D$_1$ seront des rayons correspondants des faisceaux S et S$_1$. Faisons maintenant coïncider D$_1$ avec S ; SD devient le rayon SS$_2$ ou q de S, auquel correspond, dans S$_1$, le rayon S$_1$S ou q_1 qui joint les centres des faisceaux S et S$_1$. La droite SS$_2$ est donc une tangente à la courbe du second ordre engendrée par S et S$_1$. Il en est de même de S$_1$S$_2$ ou p_1. Il suit de là que le point fixe S$_2$ est le point d'intersection des deux tangentes q et p_1 en S et S$_1$, c'est-à-dire des deux rayons qui correspondent, dans chacun des deux faisceaux S et S$_1$, au rayon commun SS$_1$. On parviendra donc toujours au même point S$_2$, soit que l'on fasse coïncider les droites u_1 et u respectivement avec les rayons a et a_1, soit qu'on mette ces droites en coïncidence avec tout autre couple (b et b_1 ou c et c_1) de rayons correspondants ; par conséquent, toute droite joignant deux points (bc_1 et b_1c) où se coupent mutuellement deux couples quelconques (bb_1 et cc_1) de rayons correspondants passe par le point S$_2$.

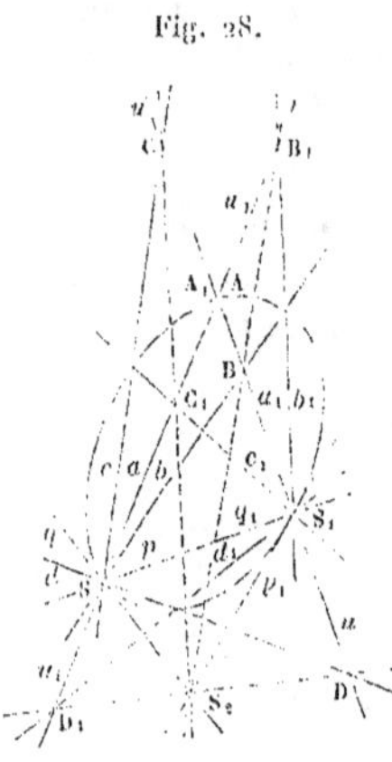

Deux ponctuelles projectives u et u_1 (*fig.* 24) étant données, nous avons facilement déterminé, pour chaque point de l'une, le point correspondant de l'autre (66) en construisant une troisième ponctuelle u_2, perspective à chacune des deux premières.

Nous avons projeté respectivement u et u_1, au moyen des faisceaux S et S$_1$, dont les centres étaient pris sur la droite a de jonction de deux points correspondants quelconques, A et A$_1$, des ponctuelles données. Ces faisceaux étant projectifs, la ponctuelle u_2, dont ils étaient des projections, résolvait le problème.

Faisons maintenant coïncider S avec A$_1$ (*fig.* 29) et S$_1$

avec A ; u_2 vient passer par les points de u et de u_1 qui correspondent au point d'intersection uu_1. Deux points correspondants quelconques, D et D_1, sont projetés, de A_1 et de A, par deux rayons, A_1D et AD_1, qui se coupent sur la droite u_2. Faisons ensuite coïncider D avec uu_1 ou Q_1, de telle sorte que u_2 vienne passer par l'un (et par conséquent aussi par l'autre) des deux points P_1 et Q, qui correspondent au point d'intersection PQ_1 de u et de u_1. Il est évident que le point d'intersection D_2 des rayons A_1D et AD_1 coïncidera alors avec le point u_1u_2 ou P_1. En d'autres termes, u_2 est la droite de jonction des points de contact, sur u et u_1, du faisceau de rayons du second

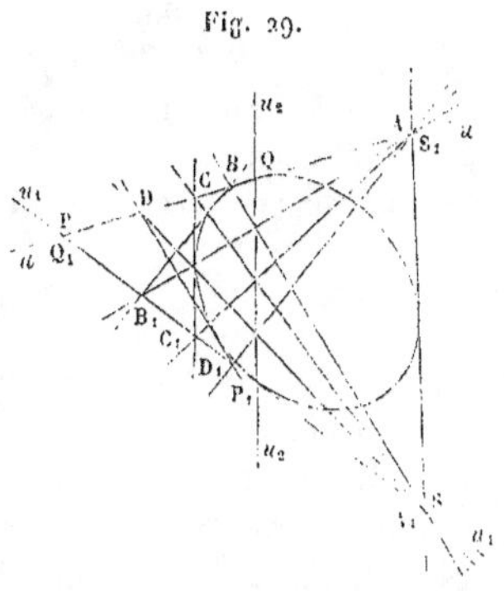

ordre engendré par ces deux ponctuelles. On parviendra donc toujours à la même droite u_2, soit que l'on fasse coïncider les centres S_1 et S respectivement avec les points A et A_1, soit que l'on mette ces points en coïncidence avec tout autre couple (B et B_1 ou C et C_1) de points correspondants ; par conséquent, tout point d'intersection de deux rayons (BC_1 et B_1C), au moyen desquels deux couples quelconques (B, B_1 et C, C_1) de points correspondants sont mutuellement projetés, est situé sur la droite u_2.

Les résultats que nous venons d'obtenir peuvent être formulés en deux propositions de la manière suivante :

Les deux points ab_1 et a_1b, où se coupent mutuellement deux couples quelconques, a, a_1 et b, b_1, de rayons correspondants des faisceaux projectifs S et S_1, et le point S_2, où se coupent les deux rayons qui correspondent au rayon commun SS_1 des deux faisceaux, sont trois points situés sur une même droite.

Les deux droites AB_1 et A_1B par lesquelles sont mutuellement projetés deux couples quelconques, A, A_1 et B, B_1, de points correspondants des ponctuelles projectives u et u_1 et la droite u_1, qui joint les deux points correspondant au point commun uu_1 des deux ponctuelles, sont trois droites qui se coupent au même point.

Il est aisé de voir que :

<table>
<tr><td>

Dans la courbe du second ordre engendrée par les faisceaux S et S_1, les points S, aa_1, S_1 et bb_1 forment un quadrangle inscrit dont a et b_1, a_1 et b sont les côtés opposés, S_2 étant le point de concours des deux tangentes qui touchent la courbe aux sommets opposés S et S_1.

</td><td>

Dans le faisceau de rayons du second ordre engendré par les ponctuelles u et u_1, les rayons u, AA_1, u_1 et BB_1 forment un quadrilatère circonscrit dont A et B_1, A_1 et B sont les sommets opposés, u_2 étant la droite qui joint les points de contact du faisceau de second ordre situés sur les côtés opposés u et u_1.

</td></tr>
</table>

84. Les précédentes propositions se prêtent à la détermination facile de l'élément qui, dans l'une des deux formes fondamentales simples projectives, correspond à un élément quelconque de l'autre forme. En effet, si l'on donne, par exemple, trois couples de points correspondants dans deux ponctuelles projectives u et u_1 (*fig.* 29), on peut construire immédiatement la ponctuelle u_2 qui permet de trouver très-simplement, pour tout point de u, le point correspondant de u_1.

IV. — Relations entre la courbe et le faisceau du second ordre.

85. Les propositions précédentes, relatives au quadrangle et au quadrilatère, dans la courbe et dans le faisceau de rayons du second ordre, peuvent être énoncées plus généralement dans la forme suivante :

<table>
<tr><td>

Quatre points K, L, M, N *d'une courbe de second ordre formant un quadrangle complet, et les tangentes* k, l, m, n *en ces points formant un quadrilatère complet, les sommets opposés du quadrilatère sont situés deux à deux sur les trois droites qui joignent deux à deux les trois points* X, Y, Z *où se coupent entre eux les côtés opposés du quadrangle.*

</td><td>

Quatre rayons k, l, m, n *d'un faisceau du second ordre formant un quadrilatère complet, et les points de contact* K, L, M, N *de ces rayons formant un quadrangle complet, les côtés opposés du quadrangle passent deux à deux par les points* X, Y, Z *où se coupent deux à deux les trois droites qui joignent entre eux les sommets opposés du quadrilatère.*

</td></tr>
</table>

Nous sommes autorisés à généraliser ainsi les propositions établies plus haut (**83**), parce que ces propositions s'appliquent respectivement à chacun des trois quadrangles ou quadrilatères contenus dans le quadrangle ou dans le quadrilatère complet.

86. Les deux propositions précédentes expriment que le triangle dont les côtés joignent deux à deux les sommets opposés du quadrilatère est identique au triangle sur les sommets duquel se coupent deux à deux les côtés opposés du quadrangle. Si l'on se donnait un quadrangle KLMN inscrit dans cette condition à un quadrilatère $klmn$, on serait en état de construire, tout ensemble, une courbe du second ordre qui toucherait les droites k, l, m, n aux points K, L, M, N, et un faisceau de rayons du second ordre dans lequel K, L, M, N seraient les points de contact sur les rayons k, l, m, n. En effet, d'après notre proposition, la courbe du second ordre qui passe aux points K, L, M, N et qui touche en K la droite k a aussi pour tangentes les droites l, m, n; et le faisceau du second ordre qui contient les rayons k, l, m, n et qui a sur k le point de contact K a aussi pour points de contact les points L, M, N. Donc :

Quatre tangentes à une courbe du second ordre, avec leurs quatre points de contact, peuvent toujours être considérées comme quatre rayons d'un faisceau du second ordre, avec leurs quatre points de contact.

87. Une courbe du second ordre qui passe par trois points de contact K, L, M d'un faisceau du second ordre et qui a pour tangentes en deux de ces points, K et L, les rayons correspondants k et l, passe par conséquent par tout quatrième point N de contact du faisceau et a pour tangente le rayon n correspondant à ce point.

Réciproquement, un faisceau du second ordre contient toutes les tangentes à une courbe du second ordre, pourvu qu'il en contienne trois et que les points de contact de deux d'entre elles soient situés sur la courbe.

On a donc les relations suivantes entre les courbes et les faisceaux du second ordre :

Toutes les tangentes à une courbe du second ordre forment un faisceau de rayons du second ordre.	*Tous les points de contact d'un faisceau de rayons du second ordre forment une courbe du second ordre.*

88. Cette double proposition peut encore être démontrée de la manière suivante :

Des quatre sommets K, L, M, N (*fig.* 3o) du quadrangle inscrit dans la courbe du second ordre nous supposons que l'un, K, se meut sur la courbe, pendant que les trois autres, et les tangentes *l*, *m*, *n* qui leur correspondent, restent fixes dans leurs positions. La tangente *k* du point K obéit au mouvement de ce point sur la courbe; les points d'intersection E, A de *k* avec les tangentes *n* et *l* se meuvent aussi et décrivent respectivement sur ces tangentes deux ponctuelles projectives, pendant que la tangente *k* décrit un faisceau de rayons du second ordre. Les deux diagonales EB et AD du quadrilatère *klmn* se coupent, en effet, constamment en un point variable Y de la droite fixe LN; elles décrivent donc deux faisceaux perspectifs de rayons autour des sommets fixes B, D, et les ponctuelles *n*, *l*, décrites par les points E et A, sont des sections de ces faisceaux.

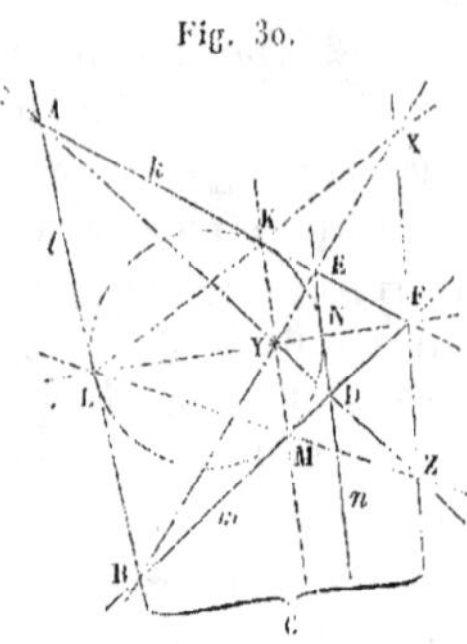

Fig. 3o.

On démontrerait la seconde proposition de la même manière.

La droite MK passe aussi par le point Y; elle décrit donc autour du point M, pendant le mouvement du point K sur la courbe, un faisceau de rayons qui est perspectif au faisceau décrit par BE et par conséquent projectif à la ponctuelle *n* décrite par E. Donc :

Étant donnés, dans une courbe du second ordre, un point fixe quelconque M et une tangente fixe aussi quelconque n, si l'on assigne comme correspondant à tout rayon de M, qui projette un point quelconque K de la courbe, le point de n par lequel passe la tangente k du point K, le faisceau M et la ponctuelle n sont projectifs.

Cette dernière proposition est réciproque à elle-même dans le plan, car, ainsi qu'on l'a vu (87), les tangentes à une courbe du second ordre forment toujours un faisceau du second ordre.

V. — Tangentes harmoniques.

89. *Les tangentes en quatre points harmoniques d'une courbe du second ordre sont harmoniques.*

Elles sont, en effet, coupées en quatre points harmoniques par une cinquième tangente quelconque, puisque leurs quatre points de contact sont projetés, d'un cinquième point quelconque de la courbe, par quatre rayons harmoniques.

VI. — Section de toutes les tangentes par deux d'entre elles.

90. Nous pouvons maintenant énoncer comme il suit la proposition en vertu de laquelle un faisceau de rayons du second ordre est coupé par deux quelconques de ses rayons suivant deux ponctuelles projectives :

Toutes les tangentes à une courbe du second ordre sont coupées par deux quelconques d'entre elles suivant deux ponctuelles projectives.

VII. — Autre énoncé du théorème de Brianchon.

91. Le théorème de Brianchon peut encore être rapproché de celui de Pascal sous la forme suivante :

Dans tout hexagone circonscrit à une courbe du second ordre (ou dont les côtés touchent la courbe) les trois diagonales principales concourent en un même point.

On pourra énoncer sous une forme analogue les propositions déduites de ce théorème pour le pentagone, pour le quadrangle et pour le triangle.

VIII. — Plan de contact et rayon de contact dans la surface conique et dans le faisceau de plans du second ordre.

92. On a vu (63) que toute courbe et tout faisceau de rayons du second ordre sont respectivement projetés, d'un point situé en dehors de leur plan, au moyen d'une surface conique et d'un faisceau de plans du second ordre. Toute tangente à la courbe est projetée au moyen d'un plan qui a un seul rayon commun avec la surface conique et qui, pour ce motif, est appelé *plan de contact*. De même, tout point de contact du faisceau de rayons du second ordre est projeté au moyen d'un rayon, dit *rayon de contact* du faisceau de plans, par lequel ne passe qu'un seul plan de ce faisceau.

Réciproquement, toute surface conique et tout faisceau de plans du second ordre sont coupés, par un plan qui ne contient pas leur centre, suivant une courbe et suivant un faisceau de rayons du second ordre ; il s'ensuit que :

Tous les plans de contact d'une surface conique du second ordre forment un faisceau de plans du second ordre.	*Tous les rayons de contact d'un faisceau de plans du second ordre forment une surface conique du second ordre.*
Tous les rayons d'une surface conique du second ordre sont projetés de deux quelconques d'entre eux au moyen de faisceaux projectifs de plans.	*Tous les plans de contact d'une surface conique du second ordre sont coupés par deux quelconques d'entre eux suivant des faisceaux projectifs de rayons.*

IX. — Systèmes harmoniques dans la surface et dans le faisceau.

93. Par analogie avec ce qui a été précédemment établi (**71**), nous dirons que :

Quatre rayons d'une surface conique du second ordre sont harmoniques, quand ils sont projetés d'un rayon quelconque, et par conséquent d'un cinquième rayon quelconque de la surface, au moyen de quatre plans harmoniques.	*Quatre plans de contact d'une surface conique du second ordre sont harmoniques, quand ils sont coupés par un plan quelconque, et par conséquent par un cinquième plan quelconque du faisceau, suivant quatre rayons harmoniques.*

X. — Théorèmes de Pascal et de Brianchon étendus aux surfaces coniques du second ordre.

94. Les théorèmes de Pascal et de Brianchon, pour les surfaces coniques du second ordre, s'énoncent ainsi :

Dans tout hexaèdre inscrit à une surface conique du second ordre, les trois couples de plans (faces) opposés se coupent suivant trois droites situées dans un même plan.	*Dans tout hexaèdre circonscrit à une surface conique du second ordre, les trois plans diagonaux principaux se coupent suivant une même droite.*

On pourra, par voie d'analogie, transporter dans la gerbe toutes les autres propositions que nous avons déduites, pour les formes planes, des théorèmes de Pascal et de Brianchon ([1]).

([1]) Chasles (*Aperçu historique,* etc. Bruxelles, 1837, p. 245-246) a signalé l'analogie qui doit exister entre quelques propriétés encore inconnues des surfaces du second ordre et le théorème de Pascal, comme une question d'où dépendent les progrès futurs de la théorie de ces surfaces. Abstraction faite des diverses transformations dont le même théorème est susceptible, Chasles le considère, d'après la forme et l'énoncé qui lui sont propres, sous deux aspects différents. On peut, en effet, le regarder comme exprimant une relation générale et constante entre six points quelconques d'une courbe du second ordre, c'est-à-dire *un point de plus* qu'il n'en faut pour déterminer la courbe; ou bien comme exprimant une propriété générale de la courbe, par rapport à un triangle tracé arbitrairement dans son plan. L'analogue du théorème de Pascal dans l'espace peut dès lors être conçu de deux manières. Dans le premier cas, il constitue une propriété générale de dix points appartenant à une surface du second ordre, soit *un point de plus* qu'il n'en faut pour déterminer la surface; dans le second cas, il exprime une propriété générale résultant du système d'une surface du second ordre et d'un tétraèdre situé d'une manière quelconque dans l'espace.

Dans la Note XXXII (p. 400-403) de son ouvrage précité, Chasles s'occupe, avec plus de développements, des *théorèmes analogues, dans les surfaces du second degré,* aux *théorèmes de* Pascal *et de* Brianchon *dans les coniques.*

CHAPITRE IX.

DIVERSES ESPÈCES DE COURBES DU SECOND ORDRE (¹).

Poncelet, *Traité des propriétés projectives*, etc. Paris, 1822, n° 112-115. — Steiner, *Systematische Entwickelung*, etc. Berlin, 1832, § 36-40. — Zech, *Die höhere Geometrie*, etc. Stuttgart, 1857, § 4. — Cremona, *Introduzione ad una teoria geometrica delle curve piane*. Bologna, 1862, Art. XI. — Reye, *Die Geometrie der Lage*. Hannover, 1866, p. 74-76. — Steiner, *Vorlesungen über synthetische Geometrie*, Leipzig, 1867, II Theil, § 25-26. — Staudigl, *Lehrbuch der neueren Geometrie*, Wien, 1870, p. 104-114. — Fiedler, *Die darstellende Geometrie*, etc., Leipzig, 1871, § 24-26. — Müller, *Leitfaden der ebenen Geometrie*, etc., Leipzig, 1875, IV Cursus. — Hankel, *Die Elemente der projectivischen Geometrie*, Leipzig, 1875, VI Abschn. § 3, 10.

I. — Distinction basée sur les éléments communs à la courbe et à la droite à l'infini de son plan.

95. On a vu (62) qu'une courbe du second ordre ne peut jamais avoir plus de deux points communs avec une droite. Nous allons déduire de cette propriété d'importantes conséquences

---

(¹) Les sections des divers cônes de rotation, faites au moyen d'un plan perpendiculaire à un côté, furent étudiées et classées par Menechme, peu de temps après Platon (voir Reimer, *Hist. dup. cubi*, p. 58). On n'a pas conservé les écrits d'Aristée et d'Euclide sur les coniques. Archimède connaissait ces courbes comme sections des cônes de rotation et l'on trouve dans ses écrits les noms d'*ellipse* et d'*hyperbole* (*Con. et sph.*, p. 8 et suiv.). Voir à ce sujet les éclaircissements donnés par Proclus (*Procli Diadochi in primum Euclidis elementorum librum commentaria*, ed. Barocius. Patavii, 1560, p. 264) et les appréciations différentes de Cantor (*Euclid und sein Jahrhundert*, Leipzig, 1867, p. 49) et de Hankel (*Zur Geschichte der Mathematik in Alterthum und Mittelalter*, Leipzig, 1874, p. 99).

Apollonius a démontré que les coniques sont des sections de tout cône sur lequel on peut placer un cercle et les a désignées sous le nom qu'elles portent encore aujourd'hui (*Conica I*). (Voir *Die Elemente der Mathematik* von Dr Richard Baltzer, zweiter Band, dritte Auflage, Leipzig, 1870, p. 157. — Chasles, *Aperçu historique*, etc., Bruxelles, 1837, p. 17 et 529-530).

relatives au nombre de points qui peuvent être communs à une telle courbe et à la droite à l'infini du plan dans lequel elle se trouve. Trois cas peuvent se présenter : il n'y a pas de points communs, ou il y a un seul point commun, ou enfin il y a deux points communs.

Dans le premier cas, tous les points de la courbe sont des points propres et toutes ses tangentes sont des rayons propres du plan ; la courbe prend alors le nom d'*ellipse*.

Dans le deuxième cas, la courbe s'étend à l'infini suivant deux rameaux qui tendent vers le point où elle touche la droite à l'infini ; elle prend alors le nom de *parabole*.

Dans le troisième cas, la courbe est formée de deux branches courbes, dont les doubles rameaux s'étendent vers les deux points à l'infini qui sont les points de jonction des deux branches entre elles ; la courbe prend alors le nom d'*hyperbole*.

L'hyperbole étant coupée par la droite à l'infini du plan, toutes ses tangentes sont des droites propres du plan. Tel est, en particulier, le cas des tangentes aux deux points à l'infini de la courbe : ces tangentes prennent le nom d'*asymptotes*.

II. — Distinction basée sur les sections planes d'une surface conique.

96. Nous pouvons encore obtenir les mêmes formes de courbes du second ordre en pratiquant des sections planes dans une surface conique quelconque du second ordre, dont le centre n'est pas situé à l'infini.

Un plan Σ, passant par le centre, n'a que ce point commun avec la surface conique, ou bien il touche cette surface suivant un rayon s, ou bien enfin il la coupe suivant deux rayons p et q.

Dans le premier cas, tout plan Σ_1, parallèle à Σ, rencontre tous les rayons de la surface conique en des points propres et coupe la surface conique elle-même suivant une *ellipse*.

Dans le deuxième cas, la courbe d'intersection est une *parabole*, puisque le rayon s, parallèle à Σ_1, est coupé par ce plan en un point à l'infini ; la droite d'intersection de Σ_1 avec le plan tangent Σ est précisément la tangente à l'infini de la parabole.

Dans le troisième et dernier cas, la courbe d'intersection est une *hyperbole,* puisque les rayons p et q sont coupés par le plan Σ_1 en leurs points à l'infini. Les plans tangents à la surface conique en p et q sont coupés par Σ_1 suivant les asymptotes de l'hyperbole et cette courbe se compose de deux branches, puisque les deux moitiés de la surface conique sont coupées par Σ_1. Nous pouvons concevoir l'hyperbole, aussi bien que toute autre courbe du second ordre, comme une courbe fermée rentrant en elle-même, car toute surface conique au moyen de laquelle elle se projette est une surface fermée rentrant en elle-même.

III. — Couples d'éléments parallèles dans les faisceaux générateurs. Cas particuliers.

97. Étant donnés, en général, deux faisceaux projectifs de rayons, S et S_1, imaginons que le premier reste fixe, pendant que le second, sans tourner autour de son propre centre, se transporte parallèlement à lui-même jusqu'à ce que le point S_1 vienne coïncider avec le point S (ou, ce qui revient au même, menons par le point S des parallèles à tous les rayons du faisceau S_1). Nous obtenons ainsi en S deux faisceaux de rayons concentriques et projectifs qui peuvent donner lieu aux trois cas suivants : les deux faisceaux n'ont aucun élément uni, ou ils en ont un, ou ils en ont deux. Nous ne considérons pas le cas où le nombre des éléments unis serait supérieur à deux, parce que, comme on l'a vu (43), les deux faisceaux seraient alors identiques.

Supposons maintenant que le faisceau S_1 soit de nouveau déplacé parallèlement à lui-même jusqu'à ce qu'il ait repris sa position primitive ; les rayons unis singuliers deviendront alors des couples de rayons parallèles entre eux et, selon que le nombre de rayons de cette sorte sera zéro, un ou deux, la courbe du second ordre engendrée par les faisceaux projectifs de rayons sera une *ellipse,* une *parabole* ou une *hyperbole.*

98. Il convient d'observer que le lieu du second ordre, engendré par deux faisceaux projectifs de rayons, peut encore se résoudre :

1° En deux droites distinctes, si les faisceaux sont perspectifs et non concentriques (les deux droites sont : le rayon correspondant commun et la droite sur laquelle se coupent les couples de rayons correspondants), ou en deux rayons unis, si les faisceaux sont concentriques ;

2° En deux droites coïncidentes, si les faisceaux sont concentriques et ont un seul rayon uni.

IV. — Courbe donnée par deux ponctuelles projectives.

99. Les recherches présentent plus de difficulté lorsque la courbe est donnée par des tangentes ou par deux ponctuelles projectives qui engendrent le faisceau enveloppant du second ordre.

La courbe du second ordre déterminée par deux ponctuelles projectives peut être une ellipse ou une hyperbole, mais ne peut pas, en général, être une parabole. La parabole ayant, en effet, un seul point à distance infinie, la droite à l'infini, qui n'a qu'un point commun avec la courbe, doit être un rayon de projection ou une tangente de celle-ci. Deux autres tangentes quelconques, considérées comme lieux de deux ponctuelles génératrices, seront rencontrées par la droite à l'infini en leurs points à l'infini, qui devront dès lors être correspondants. Mais deux ponctuelles dont les points à l'infini se correspondent sont nécessairement *projectives semblables* (57). Donc *une parabole ne peut être engendrée que par deux ponctuelles projectives semblables,* lesquelles, toutefois, ne doivent pas être perspectives ; et *vice versâ : Deux tangentes quelconques à une parabole sont rencontrées par toutes les autres suivant deux ponctuelles projectives semblables. A fortiori,* deux ponctuelles projectives égales (55-56), mais non perspectives, engendrent toujours une parabole.

La droite à l'infini étant tangente à la parabole, il ne passe par chaque point à l'infini du plan qu'une seule tangente à la parabole en un point propre. Toutes les tangentes situées à distance finie se coupent donc en des points qui sont eux-mêmes à distance finie ; en d'autres termes, *la parabole n'a aucun couple de tangentes parallèles.*

Deux ponctuelles projectives quelconques, non semblables, engendrent une ellipse ou une hyperbole, selon la position de leurs points correspondants.

Pour distinguer les diverses espèces de courbes du second ordre, considérées comme engendrées par deux faisceaux projectifs de rayons, nous avons été conduits (97) à rechercher si ces faisceaux avaient ou n'avaient pas des rayons parallèles.

Le cas de la génération par deux ponctuelles projectives ne comporte pas une solution aussi directe. En effet, la distinction des courbes du second ordre en ellipse, parabole et hyperbole, repose essentiellement sur les propriétés qui apparaissent lorsque, prenant ces courbes comme formes de points, on considère leurs intersections avec la droite à l'infini. Pour maintenir ici la même distinction, il faut considérer la courbe tout à la fois comme forme de points et comme forme de tangentes. Avant d'aller plus loin, et pour justifier cette remarque, nous devons faire observer qu'il n'est pas possible de classer les courbes du second ordre en se fondant sur une relation de dualité. Aucun point du plan ne possède, en effet, à l'exclusion des autres, des propriétés aussi caractéristiques que celles qui distinguent la droite à l'infini des autres droites du plan.

Le faisceau de rayons du second ordre enveloppe une ellipse, lorsque les points de contact situés sur ses éléments sont tous à distance finie. Le faisceau enveloppe une hyperbole, lorsque deux de ses rayons ont leurs points de contact respectifs sur la droite à l'infini.

Il nous reste à dire comment ces conditions peuvent être vérifiées immédiatement, d'après la position des deux ponctuelles projectives.

Représentons par u et u_1 les lieux de ces ponctuelles, par J le point de u qui correspond au point à l'infini de u_1 et par I_1 le point de u_1 qui correspond au point à l'infini de u. Les parallèles v_1 et v, menées par les points J et I_1, respectivement, aux droites u_1 et u, seront tangentes à la courbe, et les quatre droites u, u_1, v, v_1, formeront un parallélogramme circonscrit. Mais on aurait pu remplacer u ou u_1 par toute autre tangente à la courbe; d'où il suit que, *dans l'ellipse comme dans l'hyperbole, les tangentes sont parallèles deux à deux.*

Si les lieux des deux ponctuelles génératrices sont parallèles et se coupent conséquemment à l'infini, et si l'on représente par J et I_1 les points qui correspondent à leur intersection, considérée successivement comme un point de u et comme un point de u_1, il suffira, pour établir la relation projective, de se donner encore deux points correspondants, X et X_1. En vertu du théorème relatif aux triangles inscrits et circonscrits (81), on trouvera le point de contact du rayon XX_1, considéré comme variable, en menant par l'intersection des rayons $X_1 J$ et XI_1 une parallèle aux ponctuelles. Cette parallèle coupe XX_1 au point de contact cherché, et ce point est harmoniquement séparé des points X et X_1 par le point XX_1. JI_1. Le point de contact d'une tangente XX_1 est donc situé sur la droite à l'infini, lorsque la droite JI_1 coupe le segment XX_1 en son milieu, auquel cas le segment JI_1 est aussi coupé en son milieu par XX_1.

Projetons les ponctuelles u et u_1, du point M, milieu de JI_1. Si les deux faisceaux concentriques de rayons ainsi déterminés présentent deux éléments unis, il y aura deux rayons XX_1 jouissant de la propriété de passer par le milieu de JI_1 ; par contre, aucun rayon ne satisfera à cette condition si les faisceaux n'ont pas d'éléments unis. Mais nous savons (48) que la propriété d'avoir deux éléments unis appartient aux faisceaux de rayons projectifs opposés, et les faisceaux seront dans cette condition lorsque les ponctuelles u et u_1 seront projectives concordantes. Si, au contraire, les ponctuelles u et u_1 étaient projectives opposées, les faisceaux de rayons seraient projectifs concordants ; dans ce cas ils n'auraient pas d'éléments unis et aucun des rayons XX_1 ne passerait par M. Donc :

Deux ponctuelles dont les lieux sont parallèles engendrent une ellipse quand elles sont projectives opposées, et une hyperbole quand elles sont projectives concordantes.

Ce *criterium* en fournit un autre pour le cas où les ponctuelles ne sont pas parallèles.

Soient U et U_1 (*fig.* 31) les points de contact sur u et u_1 ; soient en outre J et J_1 les points de u et de u_1 qui correspondent respectivement aux points à l'infini. Par le point J on mène v_1 parallèle à u_1 et par le point J_1 on mène v parallèle à u. On obtient les points de contact V et V_1 des nouvelles tangentes v et v_1, en joignant les points U et U_1 au point de rencontre des diagonales du parallélogramme formé par les droites u, u_1, v, v_1.

Appliquons maintenant aux deux droites v_1, u_1, considérées comme ponctuelles génératrices de la courbe, le *criterium* que nous avons énoncé plus haut. Le point à l'infini de u_1 aura alors pour correspondant le point V_1 sur v_1, et *vice versâ,* le point à l'infini de v_1 aura pour correspondant le point U_1 sur u_1. Les droites v et u joindront chacune deux points correspondants, et les deux ponctuelles situées sur ces droites seront concordantes, si les points V_1 et U_1 sont en dehors du parallélogramme $uu_1\,vv_1$; les points V et U seront aussi, dans ce cas, en dehors du même parallélogramme,

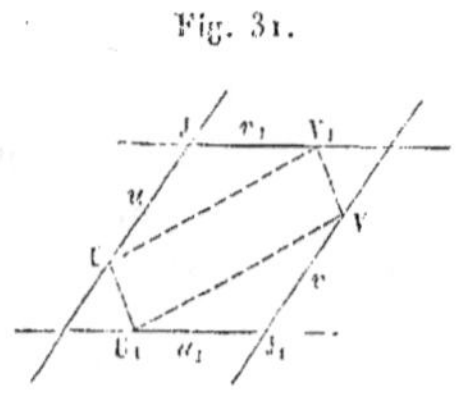

puisque les droites $U_1\,U$ et $V_1\,V$ sont parallèles aux diagonales. Les deux ponctuelles seront, au contraire, opposées, si les points V_1, U_1, et par suite aussi les points V, U, sont sur le parallélogramme des quatre tangentes. Donc :

Deux ponctuelles projectives, considérées en général, engendrent une ellipse lorsque les points de contact de leurs lieux sont situés sur les segments compris entre le point où ces lieux se coupent et les points où chacun d'eux est coupé par la tangente parallèle à l'autre. La courbe engendrée est une hyperbole lorsque les points de contact sont en dehors des mêmes segments.

Il y a cependant un cas limite, qui constitue la transition de l'ellipse à l'hyperbole et *vice versâ :* ce cas est celui où les points de contact sont situés sur les sommets du parallélogramme. Le point d'intersection des deux lieux correspond alors à lui-même et toute droite passant par ce point représente la ligne de jonction de deux points correspondants. Les ponctuelles sont d'ailleurs perspectives et il existe, comme nous le verrons bientôt (101), un second point par où passent collectivement les droites de jonction des points correspondants.

V. — Forme engendrée par le troisième côté d'un triangle dont deux côtés et les sommets sont assujettis à certaines conditions. — Cas particuliers.

100. *Si les sommets d'un triangle se meuvent sur trois droites dans un plan, de manière que deux côtés du triangle conservent*

leurs directions, le troisième côté décrit, soit un faisceau de rayons parallèles, soit un faisceau de rayons du second ordre qui enveloppe une parabole.

En effet, les deux premiers côtés du triangle décrivant des faisceaux de rayons parallèles, deux des trois ponctuelles situées sur les droites données sont projectives semblables à la troisième, et par conséquent projectives semblables entre elles.

Une ponctuelle u et un faisceau S de rayons étant situés dans le même plan et projectifs, si l'on mène par chaque point de u la parallèle au rayon correspondant de S, toutes ces droites se coupent en un point, ou bien elles enveloppent une parabole.

En coupant le faisceau S de rayons par la droite à l'infini du plan, on obtient une ponctuelle à l'infini projective à u. Si cette ponctuelle n'est pas perspective à u, elle engendre avec u un faisceau de rayons du second ordre qui contient la droite à l'infini et qui, par conséquent, enveloppe une parabole.

101. Le faisceau de rayons du second ordre, engendré par deux ponctuelles projectives, peut encore dégénérer :

1° En deux points distincts, si les ponctuelles sont superposées et ont deux éléments unis, ou si elles sont perspectives et non superposées (les deux points étant, en ce cas, le point uni et celui par lequel passent les droites qui joignent les couples de points correspondants).

2° En deux points coïncidents, si les ponctuelles sont superposées et ont un seul point uni.

VI. — Cas particuliers dans la surface conique.
Cylindres du second degré.

102. La surface conique et le faisceau de plans du second ordre ne donnent pas lieu à des distinctions aussi essentielles que leurs sections; mais ils présentent, dans un cas particulier, des dégénérescences qui méritent un examen spécial.

La surface conique du second ordre peut être considérée comme engendrée par deux faisceaux projectifs de plans, a, a_1 (63). Lorsque ces faisceaux deviennent perspectifs, la surface dégénère en deux plans, l'un contenant le faisceau de rayons dont les faisceaux de plans sont des projections, l'autre passant par les deux axes a, a_1.

Le faisceau de plans du second ordre peut être considéré comme engendré par deux faisceaux projectifs de rayons, S, S_1 (63). Lorsque ces faisceaux de rayons deviennent perspectifs, le faisceau de plans dégénère en un plan qui passe par leur axe de projection et par la droite d'intersection de leurs plans.

103. Étant donnés deux faisceaux de plans, a, a_1, si l'on modifie leur position relative jusqu'à ce que les axes a et a_1 deviennent parallèles, tous les rayons de la surface conique deviendront parallèles à ces axes, et le centre de la surface passera à l'infini. La figure engendrée ne s'appelle plus alors une surface conique, mais un cylindre, et plus spécialement un *cylindre* du *second degré*. Dans cette position particulière des faisceaux de plans a et a_1, on peut avoir deux couples de plans correspondants parallèles, ou un seul, ou enfin n'en avoir aucun; par suite, la surface cylindrique peut avoir deux rayons à l'infini, ou un seul, ou n'en avoir aucun. A ces trois cas correspondent respectivement trois espèces de cylindres : le cylindre *hyperbolique,* le *parabolique* et l'*elliptique*. Les conditions de génération de ces trois espèces de cylindres par les faisceaux de plans sont tout à fait analogues à celles que nous avons déjà établies pour les diverses espèces de courbes du second ordre engendrées par deux faisceaux projectifs de rayons.

Si le cylindre est coupé par un plan quelconque, les faisceaux de plans générateurs sont coupés suivant deux faisceaux de rayons, qui se trouvent nécessairement, par rapport aux rayons correspondants parallèles, dans les conditions où se trouvaient les faisceaux de plans par rapport aux plans correspondants parallèles. Le plan sécant coupera donc le premier cylindre suivant une hyperbole, le second suivant une parabole, le troisième suivant une ellipse. Quand le plan sécant est parallèle aux axes des faisceaux générateurs, et, par suite, aux rayons de la surface cylindrique, la section se réduit à deux de ces rayons.

On voit, d'autre part, que le faisceau de plans du second ordre enveloppant le cylindre ne peut être engendré que par deux faisceaux projectifs de rayons, dont les éléments sont parallèles.

Lorsque les formes génératrices deviennent perspectives, le cylindre engendré par deux faisceaux projectifs de plans et le faisceau de plans du second ordre enveloppant le cylindre, engendré par deux faisceaux projectifs de rayons, dégénèrent respectivement en deux plans ou en un plan, conformément à ce qu'on a déjà vu se produire pour la surface conique.

CHAPITRE X.

POLES ET POLAIRES PAR RAPPORT AUX COURBES DU SECOND ORDRE ([1]).

Poncelet, *Traité des propriétés projectives*, etc. Paris, 1822, Sect. II, Chap. II. — Möbius, *Der barycentrische Calcul.* Leipzig, 1827, Cap. IV. — Bellavitis, *Saggio di Geometria derivata* (*Nuovi Saggi dell' I. R. Accademia in Padova*, vol. IV). Padova, 1838, § V. — Bellavitis, *Lezioni di Geometria descrittiva*, etc. Padova, 1851, p. 220 et suiv. — Zech, *Die höhere Geometrie*, etc. Stuttgart, 1857, § 5. — Cremona, *Introduzione ad una teoria geometrica delle curve piane.* Bologna, 1862, art. XIII. — Chasles, *Traité des sections coniques.* Paris, 1865, Chap. V. — Reye, *Geometrie der Lage.* Hannover, 1866, p. 77-87. — Steiner, *Vorlesungen über synthetische Geometrie*, II Theil. Leipzig, 1867, § 30-31.

I. — Construction du pôle et de la polaire. Propriétés diverses.

104. Par un point U (*fig.* 32 et 33) pris arbitrairement dans le plan d'une courbe du second ordre, mais non situé sur la courbe,

Fig. 32.   Fig. 33.

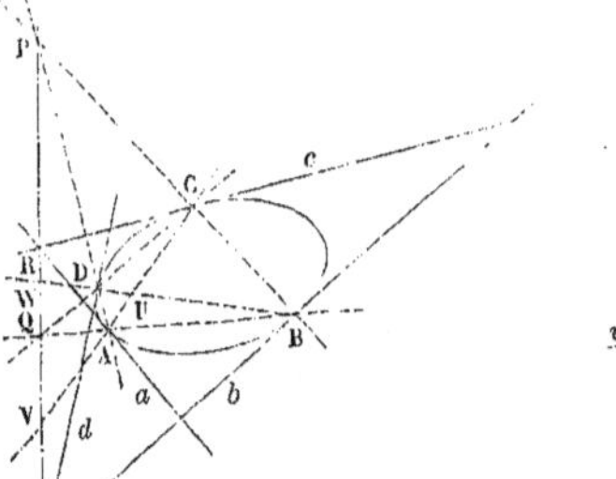
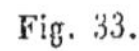
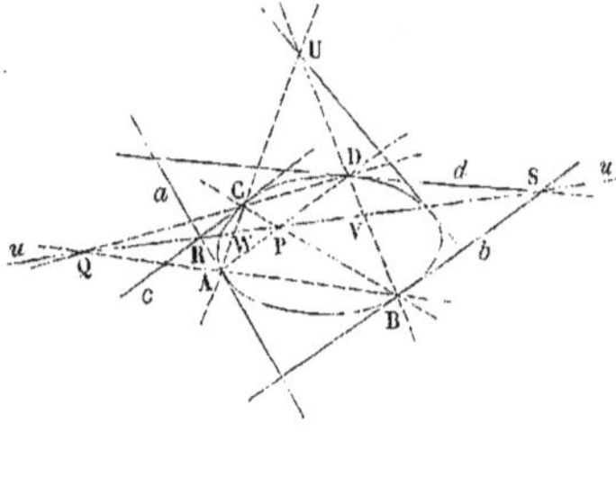

on mène deux transversales qui rencontrent la courbe en A et C, B et D. Le quadrangle ABCD étant inscrit (80), les points P, Q

([1]) La théorie des pôles et des polaires se trouve déjà, sous d'autres dénomina-

de concours des côtés opposés et les points R, S de concours des tangentes aux sommets opposés sont situés sur une même droite u.

---

tions, dans les œuvres de DESARGUES (*OEuvres réunies et publiées par M.* POUDRA. Paris, 1864, t. I, p. 164, 186, 190 et suiv.) et dans celles de LA HIRE (*Sectiones conicæ.* Parisiis, 1685, I, 21-28; II, 23-30.). Il convient de rappeler toutefois, en remontant aux origines, qu'on doit à APOLLONIUS le célèbre théorème que LA HIRE a pris pour fondement de sa théorie des coniques et qui s'énonce ainsi : « Si, par le point de concours de deux tangentes à une section conique, on mène une transversale qui rencontre la courbe en deux points et la corde qui joint les points de contact des deux tangentes en un troisième point, ce troisième point et le point de concours des deux tangentes seront conjugués harmoniques par rapport aux deux premiers. » (Liv. III, Prop. 37). Ainsi que nous l'avons déjà remarqué, on ne doit pas considérer comme dépourvue de fondement l'opinion suivant laquelle le *Traité complet des coniques* de PASCAL aurait contenu une théorie complète des pôles et des polaires. (Voir CHASLES, *Aperçu historique*, etc. Bruxelles, 1837, p. 19, 71, 123. — DESBOVES, *Étude sur Pascal et les géomètres contemporains*, Paris, 1878, p. 47.)

MONGE (*Géométrie descriptive*, Paris, 1795, n° 40) avait démontré que, quand le sommet d'un cône circonscrit à une surface du second ordre parcourt un plan, le plan de la courbe de contact passe toujours par un même point; et que, quand le sommet du cône parcourt une droite, le plan de contact passe toujours par une seconde droite. LIVET et BRIANCHON ont démontré ensuite que, quand le sommet du cône parcourt une surface du second ordre, le plan de contact enveloppe une autre surface du second ordre (XIII° Cahier du *Journal de l'École Polytechnique*, 1806). Dans le même Mémoire, BRIANCHON a fait usage de cette théorie pour déduire du théorème de PASCAL son théorème non moins élégant et non moins fécond. C'est la première application qui ait été faite des polaires, et la dualité des figures planes s'y présente sous une forme remarquable. ENCONTRE et DE STANVILLE se sont servis plus tard de la même théorie pour opérer une véritable transformation des figures. Il s'agissait de circonscrire à une conique un polygone dont les sommets fussent situés sur des droites. Ces géomètres ont observé qu'en vertu de la théorie des polaires le problème pouvait être ramené à cet autre, qu'on savait déjà résoudre : inscrire dans une conique un polygone dont les côtés passent par des points donnés. (Voir *Annales de Mathématiques*, t. I, p. 122 et 190. — CHASLES, *Aperçu historique*, etc. Bruxelles, 1837, Note XI.)

On trouve pour la première fois, dans les *Annales de Mathématiques*, les dénominations de *pôles, plans polaires* et *droites polaires*, qui ont facilité l'usage de cette théorie.

SERVOIS appela *pôle* d'une droite le point par lequel passent toutes les droites de contact des angles qui sont circonscrits à une conique et qui ont leurs sommets sur la droite. GERGONNE appela ensuite cette droite la *polaire* du point et étendit aux cas de l'espace ces dénominations, qui furent bientôt adoptées par tous les géomètres (voir *Annales de Mathématiques*, t. I, p. 337; t. III, p. 297).

Ajoutons enfin que PONCELET a tiré de la théorie des pôles et des polaires la théorie des figures polaires réciproques, qui est, en substance, la loi de dualité, appelée par lui *principe de réciprocité polaire*. Tous les écrits de PONCELET sur cette question ont été réunis dans les deux volumes du *Traité des propriétés projectives des figures*. Paris, 1865-1866.

Si l'on désigne par V et W les points d'intersection de la droite u respectivement avec AC et BD, on reconnaît facilement que V est harmoniquement séparé de U par les points A et C. En effet, dans le quadrangle PBQD, les côtés opposés se coupent deux à deux respectivement en A et C, la diagonale BD passe au point U et la diagonale PQ au point V. De même, U et W sont harmoniquement séparés par B et D.

On déterminera encore la droite u en faisant passer par U une sécante AC, en cherchant sur cette sécante le point V harmoniquement séparé de U par les points A, C de la courbe et en joignant le point V au point R d'intersection des tangentes en A et C. Et comme la seconde sécante passe aussi par U, on aura toujours les points suivants sur la droite u, déjà déterminée par la première sécante :

1° Les points d'intersection P et Q des côtés opposés du quadrangle ABCD ;

2° Le point d'intersection S des deux tangentes en B et D ;

3° Le point W, harmoniquement séparé de U par les points B et D.

Le point U prend le nom de *pôle* de la droite u ainsi déterminée, et, *vice versâ*, la droite u est appelée *polaire* du point U.

Nous conclurons donc, d'une manière générale, que *la polaire d'un point donné U, par rapport à une courbe du second ordre, est en même temps le lieu :*

1° *Des points de concours des couples de côtés opposés de tout quadrangle inscrit dont les diagonales passent par le pôle.*

2° *Des points de concours des couples de tangentes dont les points de contact sont en ligne droite avec le pôle.*

3° *Des points séparés harmoniquement du pôle par deux points de la courbe.*

Nous avons vu qu'on peut déterminer la polaire d'un point donné de plusieurs manières et par de simples constructions linéaires. On trouvera avec la même facilité le pôle U d'une droite donnée u, en menant de deux points quelconques, R et S, de la droite, deux couples de tangentes, a et c, b et d, à la courbe du second ordre.

Le pôle U est le point de concours :

1° De tout rayon harmoniquement séparé de la droite u par les deux tangentes issues d'un même point de cette droite;

2° Des diagonales de tout quadrilatère formé par les quatre tangentes issues de deux points de la droite u;

3° De toute droite joignant les points de contact des deux tangentes issues d'un même point de u.

La droite RU est harmoniquement séparée de u par les tangentes a et c, puisque le point U de cette droite est harmoniquement séparé du point V de u par les points de contact A et C des deux tangentes. De même, la droite SU est harmoniquement séparée de u par les tangentes b et d. La première partie de la proposition est ainsi démontrée.

La deuxième partie est une conséquence immédiate de la première. En effet, dans le quadrilatère formé par les quatre tangentes issues de deux points de la droite u, les diagonales se coupent au point d'intersection U des droites harmoniquement séparées de u par chaque couple de tangentes (**32**).

La troisième partie résulte du rapprochement de la deuxième et d'une propriété précédemment démontrée (**80**). On peut aussi la déduire directement de la deuxième.

Supposons, en effet, que le point S se déplace d'une manière continue sur la droite u et s'approche infiniment du point R. La diagonale qui joint les sommets ab et cd du quadrilatère pivotera en même temps autour du point U et s'approchera infiniment de la corde de contact AC des tangentes issues du point R. Cette corde, position limite de la diagonale, passe donc par le point U.

Si la polaire u d'un point U coupe la courbe du second ordre, les deux droites qui joignent le point U aux points d'intersection sont tangentes à la courbe.

En effet, si l'une de ces droites avait un second point commun avec la courbe, ce second point devrait être harmoniquement séparé du premier par U et u; le premier ne pourrait donc pas se trouver sur u. La droite u, qui joint, dans ce cas, les points de contact des deux tangentes menées du point U à la courbe, est dite *droite de contact* du point U.

105. Nous pouvons exprimer tous ces résultats par la double proposition suivante :

Si par un point U, *situé dans le plan d'une courbe k du second ordre, mais non sur la courbe, on mène à volonté des rayons, sur chacun desquels se trouvent deux points de k, et si l'on détermine :*

1° Dans tout quadrangle simple inscrit à la courbe, et dont les sommets sont deux couples de points situés sur deux rayons de U, *les points d'intersection des côtés opposés ;*

2° Sur chaque rayon de U, *le point qui est harmoniquement séparé de* U *par les deux points de la courbe ;*

3° Les points d'intersection des couples de tangentes qui touchent la courbe en ses points de rencontre avec chaque rayon de U ;

4° Les points de contact des deux tangentes menées par le point U *à la courbe, si ce point est extérieur ;*

Tous ces points sont situés sur une droite u, qui prend le nom de polaire *du point* U *par rapport à la courbe du second ordre.*

Si sur une droite u, située dans le plan d'une courbe k du second ordre, mais non tangente à la courbe, on prend à volonté des points, en chacun desquels concourent deux tangentes à k, et si l'on détermine :

1° Dans tout quadrilatère simple circonscrit à la courbe, et dont les côtés sont deux couples de tangentes concourant en deux points de u, les diagonales ;

2° Pour chaque point de u, la droite qui est harmoniquement séparée de u par les deux tangentes à la courbe ;

3° Les droites de jonction des couples de points où la courbe est touchée par les tangentes issues de chaque point de u ;

4° Les tangentes aux deux points d'intersection de la droite u avec la courbe, si cette droite est sécante ;

Toutes ces droites passent par un point U, *qui prend le nom de* pôle *de la droite u par rapport à la courbe du second ordre.*

106. Si l'on fait pivoter une transversale autour d'un point A, pris comme pôle sur la courbe du second ordre, l'un des points d'intersection se confond toujours avec ce pôle ; par suite, l'une des deux tangentes dont le point de concours doit engendrer la polaire est toujours la tangente au pôle. Donc :

Un point A de la courbe a pour polaire sa propre tangente a et, réciproquement, la tangente a a pour pôle son point de contact A.

Il résulte de là et de ce qui a été dit plus haut que, *par rapport à une courbe du second ordre, tout point du plan a sa polaire et toute droite son pôle.*

II. — Région interne et région externe du plan par rapport à la courbe du second ordre.

107. Une courbe du second ordre divise le plan dans lequel elle se trouve en deux régions : l'une contenant les pôles de toutes les droites qui ne coupent pas la courbe, l'autre contenant les pôles de toutes les droites qui la coupent. La limite des deux régions est la courbe elle-même, considérée comme lieu géométrique des pôles de ses tangentes. La première région est dite *interne* par rapport à la courbe, la seconde *externe*. Des points de la région interne on ne peut pas mener de tangentes à la courbe ; par chaque point de la courbe passe une seule tangente ; de chaque point de la région externe on peut mener deux tangentes.

Un point situé dans la région interne est harmoniquement séparé par la courbe de tout point de sa polaire, et toute droite passant par ce point coupe la courbe en deux points, tandis que la polaire ne rencontre pas la courbe.

Par contre, un point R, situé en dehors de la courbe, n'est pas séparé par celle-ci de tous les points de sa polaire ; mais les deux tangentes menées par R à la courbe limitent sur la polaire un segment dont tous les points sont harmoniquement séparés de R.

III. — Ponctuelles de pôles et faisceaux de polaires.

108. *Les polaires de tous les points d'une droite u passent par le pôle U de cette droite.*

Les pôles de tous les rayons d'un point U sont situés sur la polaire u de ce point.

Tout point Q de *u*, intérieur à la courbe du second ordre, est harmoniquement séparé du pôle (extérieur) U par les deux points d'intersection du rayon UQ et de la courbe (**105**). La polaire de Q passe donc par U.

Tout rayon *q* de U, ne rencontrant pas la courbe du second ordre, est harmoniquement séparé de la polaire (sécante) *u* par les deux tangentes menées du point *uq* à la courbe. Le pôle de *q* est donc sur *u*.

Tout point R de *u*, extérieur à la courbe, a pour polaire (sécante) la

Tout rayon *r* de U, rencontrant la courbe, a pour pôle (extérieur) le corde de contact des deux tangentes dont il est l'intersection, et l'on a démontré que cette corde passe par le pôle U de *u*.

Enfin, tout point de *u*, situé sur la courbe, a pour polaire sa propre tangente (106), qui passe par U.

point de concours des tangentes en ses deux points d'intersection, et l'on a démontré que ce point de concours est sur la polaire *u* de U.

Enfin, tout rayon de U, tangent à la courbe, a pour pôle son propre point de contact (106), qui est situé sur la droite *u*.

109. Soient P un point quelconque d'une droite *u*, *p* sa polaire, Q le point d'intersection de *u* et de *p* et *q* la polaire de Q. Les droites *p* et *q* passent (108) par le pôle U de *u*. Les points P, Q, U sont les sommets d'un triangle et les droites *p*, *q*, *u* sont les côtés du même triangle respectivement opposés à ces sommets. Ce triangle, dans lequel chaque sommet est le pôle du côté opposé, prend le nom de *triangle polaire de la courbe du second ordre*.

Les triangles polaires donnent lieu à la double proposition suivante (105) :

Dans tout quadrangle complet inscrit à une courbe du second ordre, les trois couples de côtés opposés se coupent aux sommets d'un triangle polaire de la courbe.

Dans tout quadrilatère complet circonscrit à une courbe du second ordre, les trois couples de sommets opposés sont situés sur les côtés d'un triangle polaire de la courbe.

110. A chaque triangle polaire PQU correspondent une infinité de quadrangles inscrits à la courbe, et dont les couples de côtés opposés se coupent aux points P, Q, U. Menons par le point P une sécante qui rencontre la courbe aux points B et C. Joignons ces points au point U et prolongeons les droites BU, CU jusqu'à ce qu'elles rencontrent une seconde fois la courbe, respectivement en D et A. On voit aisément que ABCD est l'un des quadrangles en nombre infini dont nous venons de parler.

Cela posé, si l'on maintient fixes le point U et les sommets A, C du quadrangle inscrit, et si l'on déplace le point P sur la polaire *u* de U, le sommet B se déplacera sur la courbe. Les droites PB, QB décriront par conséquent, autour des centres C, A, deux faisceaux projectifs de rayons ; les points P, Q décriront en même temps deux ponctuelles projectives, sections de ces faisceaux. Donc :

Si un point P *décrit une ponctuelle u, sa polaire p décrit en même temps un faisceau de rayons* U, *projectif à la ponctuelle.*

IV. — Éléments conjugués.

111. Une droite étant coordonnée, comme polaire, à chaque point du plan, par rapport à une courbe du second ordre, on est conduit à introduire les nouvelles dénominations ci-après :

Deux points du plan sont dits *conjugués* ou *réciproques* (¹) par rapport à la courbe du second ordre, quand l'un d'eux est situé sur la polaire de l'autre.

Deux droites du plan sont dites *conjuguées* ou *réciproques* par rapport à la courbe du second ordre, quand l'une d'elles passe par le pôle de l'autre.

D'où il suit que :

Si deux points sont réciproques, leurs polaires sont aussi réciproques, et vice versa.

Un point est donc réciproque à chaque point de sa polaire et une droite à toute droite passant par son pôle.

Un point situé sur la courbe du second ordre est réciproque à lui-même, puisqu'il est en même temps situé sur sa polaire, la tangente.

Une tangente à la courbe est réciproque à elle-même, puisqu'elle passe par son pôle, le point de contact.

Quand la droite qui joint deux points réciproques par rapport à la courbe du second ordre rencontre la courbe, un de ces points est toujours situé dans la région interne, l'autre dans la région externe.

112. *Si la droite a, qui joint deux points réciproques, rencontre la courbe*

Si le point A, *où se coupent deux droites réciproques, est extérieur à la*

(¹) La dénomination de *points conjugués* se trouve dans O. HESSE (*De Curvis et Superficiebus secundi ordinis.* — *Journal für die reine und angewandte Mathematik,* von A.-L. CRELLE ; t. XX, A. 1840); celle de *points réciproques* est due à PONCELET (*Traité des propriétés projectives des figures.* Paris, 1822, n° 82).

du second ordre, ces points sont harmoniquement séparés par les points d'intersection de la courbe et de la droite a.

En effet, la polaire de l'un des points passe par l'autre et contient tous les points qui sont harmoniquement séparés du premier par deux points de la courbe.

courbe du second ordre, ces droites sont harmoniquement séparées par les tangentes, à la courbe, issues du point A.

En effet, le pôle de l'une des droites est situé sur l'autre et par ce pôle passent tous les rayons qui sont harmoniquement séparés de la première par les tangentes à la courbe.

113. Il résulte, en outre, de la définition des points et des droites réciproques, que :

Si deux points A et B sont réciproques à un troisième C, la droite AB est la polaire de C.

Cette polaire doit en effet passer par A et par B.

Si deux droites a et b sont réciproques à une troisième c, le point ab est le pôle de la droite c.

Ce pôle doit, en effet, se trouver sur a et sur b.

114. Soient maintenant u et v deux droites du plan, non réciproques. Si à chaque point P de u on assigne comme correspondant le point P_1 de v qui lui est réciproque, les ponctuelles u et v sont rapportées projectivement l'une à l'autre.

La ponctuelle v est en effet une section du faisceau U de rayons, formé de toutes les polaires des points de u (108) et projectif à la ponctuelle u (110). Les droites qui joignent deux points réciproques quelconques, P et P_1, des droites u et v, forment donc un faisceau de rayons du premier ou du second ordre, selon que le point uv est ou n'est pas réciproque à lui-même, c'est-à-dire selon que uv est ou n'est pas situé sur la courbe du second ordre.

Le point P, réciproque aux points P_1 et U, a pour polaire la droite P_1U, et PP_1 est réciproque à P_1U (111). Nous obtenons donc aussi le faisceau de rayons du premier ou du second ordre en faisant passer par chaque point P_1 de v le rayon qui est réciproque à la droite P_1U.

Soient, d'autre part, U et V deux points du plan non réciproques. Si à chaque rayon p de U on assigne comme correspondant le rayon p_1 de V qui lui est réciproque, les faisceaux U et V sont rapportés projectivement.

En effet, U est une projection de la ponctuelle v, qui contient les pôles de tous les rayons de V (108) et qui est projective au faisceau V de rayons (110). Les faisceaux U et V se coupent donc suivant une ponctuelle ou suivant une courbe du second ordre, selon que le rayon commun UV est ou n'est pas réciproque à lui-même.

Le rayon p_1, réciproque aux rayons p et v, a pour pôle le point pv, et le point pp_1 est réciproque au point pv (111). Nous obtenons donc aussi la ponctuelle ou la courbe du second ordre en déterminant sur chaque rayon p de U le point réciproque au point pv.

Nous sommes ainsi conduits aux propositions suivantes :

Une droite v et un point U, non situé sur v, étant donnés dans le plan d'une courbe du second ordre :

Si l'on détermine sur chaque rayon de U le point réciproque au point d'intersection de ce rayon et de la droite v, on a une suite de points situés sur une courbe du second ordre qui passe par le pôle V de la droite v, par le point U et par les points de contact des deux tangentes menées du point U à la courbe donnée.

Dans le cas seulement où v passe par un de ces points de contact et où, par conséquent, la droite UV est tangente à la courbe donnée, on obtient une ponctuelle au lieu d'une courbe du second ordre.

La courbe du second ordre donnée et le point U restant fixes, à tout point du plan correspond un point réciproque, situé avec le premier sur un rayon de U ; à toute droite correspond, en général, une courbe du second ordre.

Si l'on fait passer par chaque point de v le rayon réciproque à la droite qui joint ce point au point U, on a une suite de rayons enveloppant une courbe du second ordre qui est touchée par la polaire u du point U, par la droite v et par les tangentes à la courbe donnée en ses deux points d'intersection avec la droite v.

Dans le cas seulement où U se trouve sur une de ces tangentes et où, par conséquent, le point uv appartient à la courbe donnée, on obtient un faisceau de rayons du premier ordre au lieu d'un système de tangentes à une courbe du second ordre.

La courbe du second ordre donnée et la droite v restant fixes, à tout rayon du plan correspond un rayon réciproque qui coupe le premier en un point de v ; à tout faisceau de rayons du premier ordre correspond, en général, un faisceau de rayons du second ordre.

115. *Quand trois points sont réciproques deux à deux, il y en a toujours un dans la région interne de la courbe et deux dans la région externe.*

Quand trois droites sont réciproques deux à deux, il y en a toujours deux qui rencontrent la courbe et une qui ne la rencontre pas.

En ce qui concerne la proposition à gauche, si l'on ne considère que deux des trois points, l'un des deux est toujours en dehors de la courbe (**111**). Sa polaire rencontre donc la courbe. Les deux autres points réciproques se trouvent sur cette polaire ; l'un de ces deux points est donc situé dans la région interne de la courbe.

116. Les deux propositions suivantes résultent de ce qui vient d'être démontré :

Si un triangle AMB₁ (*fig.* 34) *est inscrit à une courbe du second*

Si un triangle UVW (*fig.* 35) *est circonscrit à une courbe du second*

Fig. 34.

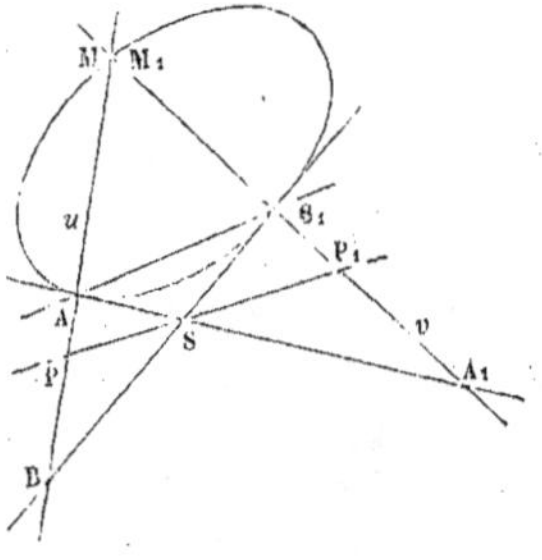

Fig. 35.

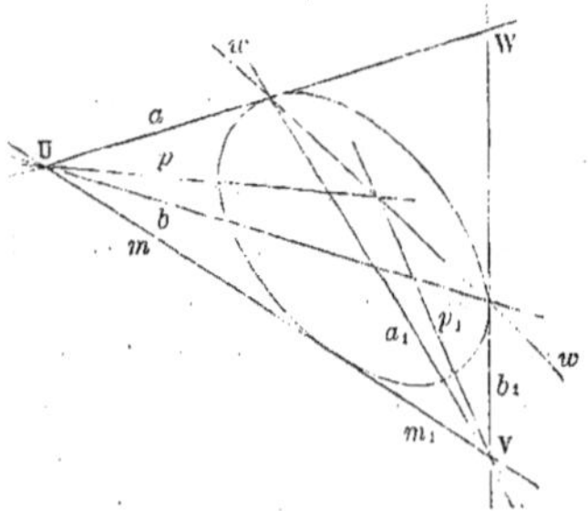

ordre, toute droite réciproque à l'un des côtés, AB₁, *coupe les deux autres côtés en deux points réciproques.*

ordre, tout point réciproque à l'un des sommets, W, *est projeté des deux autres sommets par deux rayons réciproques.*

Et *vice versâ* :

Toute droite coupée par deux côtés du triangle en deux points réciproques passe par le pôle du troisième côté.

Tout point projeté de deux sommets du triangle par deux rayons réciproques est situé sur la polaire du troisième sommet.

Les ponctuelles AM ou u, B,M ou v seront projectives, si l'on assigne comme correspondant à chaque point de u son réciproque sur v. Le point M de la courbe, commun à u et à v, étant d'ailleurs réciproque à lui-même (111), les deux ponctuelles engendreront un faisceau de rayons du premier ordre (114). Le centre S de ce faisceau de rayons doit se trouver sur la tangente en A, puisque le point d'intersection A_1 de cette tangente (polaire de A) avec v est réciproque au point A. Le centre S est de même sur la tangente en B_1. Donc S est le pôle de AB_1 et toute droite passant par S, c'est-à-dire toute droite réciproque au côté AB_1, coupe u et v en deux points réciproques.

On démontrerait de la même manière la proposition à droite, dont l'exactitude résulte d'ailleurs de la loi de réciprocité.

117. *Si une courbe du second ordre est coupée par deux rayons réciproques,* AC *et* BD *(fig. 36), les points d'intersection* A, B, C, D *sont quatre points harmoniques et les tangentes a, b, c, d en ces points sont quatre tangentes harmoniques à la courbe du second ordre.*

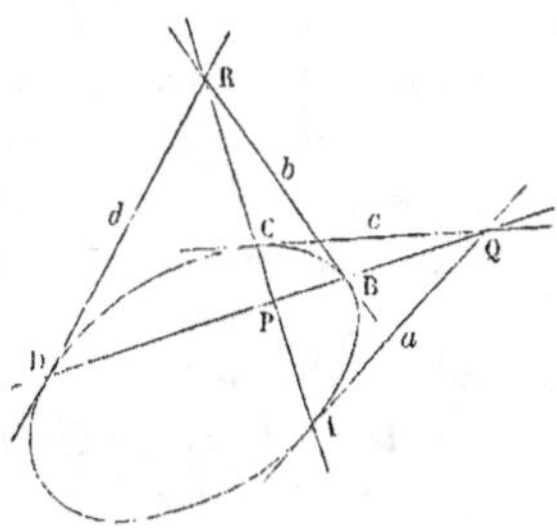

Fig. 36.

Le pôle Q de AC, où se coupent les tangentes a et c, doit se trouver sur la droite BD, puisque cette droite est réciproque à AC. De même le pôle R de BD, où se coupent les tangentes b et d, est sur AC.

Appelons P le point d'intersection de AC et de BD; P, B, Q, D sont quatre points harmoniques et RP, b, RQ, d quatre rayons harmoniques. Les rayons CA, CB, c, CD sont donc aussi harmoniques, et il en est de même des points ca, cb, C, cd. Les points A, B, C, D sont donc projetés de C, et par conséquent de tout point de la courbe, au moyen de quatre rayons harmoniques, et les tangentes a, b, c, d sont coupées par c, ou par toute autre tangente, en quatre points harmoniques.

V. — Plan polaire par rapport à la surface conique du second ordre.

118. Toutes les propositions qui viennent d'être établies pour les courbes du second ordre peuvent être étendues aux surfaces coniques du second ordre : ces surfaces sont en effet coupées, par un plan qui ne contient pas leur centre, suivant une courbe du second ordre.

Nous nous bornerons à indiquer ici les propositions suivantes :

Étant donnés, dans une gerbe, une surface conique du second ordre et un rayon s non situé sur la surface, si l'on coupe celle-ci par autant de plans que l'on voudra, passant tous par le rayon s, et si l'on détermine :

1° Dans chaque plan, la droite qui est harmoniquement séparée de s par la surface conique;

2° La droite commune aux deux plans qui touchent la surface suivant ses droites d'intersection avec le plan sécant considéré;

3° Dans tout tétraèdre inscrit à la surface conique, et dont les plans diagonaux sont deux quelconques des plans menés par s, les droites d'intersection des faces opposées;

4° Les droites de contact des deux plans qu'on peut mener par s tangentiellement à la surface conique,

Toutes ces droites sont situées dans un plan Σ, qui passe par le centre de la gerbe et qu'on appelle le plan polaire *du rayon s par rapport à la surface conique considérée.*

APPENDICE AUX CHAPITRES IX ET X.

DIAMÈTRES ET CENTRES DES COURBES DU SECOND ORDRE. CAS PARTICULIER DES THÉORÈMES GÉNÉRAUX (¹).

I. — Diamètres et centres.

119. *Des cordes parallèles (fig. 37), tracées à volonté dans une courbe du second ordre, ont leurs milieux sur une même droite, qu'on appelle un diamètre de la courbe.*

En effet, tous ces milieux, harmoniquement séparés, par la courbe, du point à l'infini des cordes parallèles, sont situés sur la polaire de ce point. *La polaire de tout point à l'infini est donc un diamètre de la courbe du second ordre.*

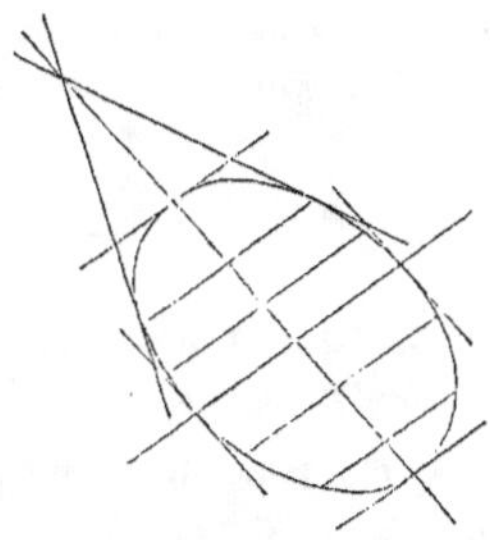

Fig. 37.

120. *Les tangentes aux extrémités d'un diamètre sont parallèles;* car elles passent par le point à l'infini, qui est le pôle du diamètre.

Réciproquement : *Quand deux tangentes sont parallèles, la corde de contact est un diamètre;* car le pôle de cette droite est à l'infini.

121. *Deux tangentes aux extrémités d'une corde se coupent en un point du diamètre relatif à cette corde;* car ce point et le point à l'infini de la corde sont réciproques. La corde est conjuguée au diamètre.

122. *La polaire du point d'intersection de deux diamètres est située à*

(¹) Voir, en particulier : CHASLES, *Traité des sections coniques.* Paris, 1865, Chap. VI. — REYE, *Geometrie der Lage.* Hannover, 1866, p. 88-96. — STAUDIGL, *Lehrbuch der neueren Geometrie.* Wien, 1870, p. 152-156. — CREMONA, *Elementi di Geometria projettiva,* § 21. Torino, 1873.

8.

distance infinie. Toute autre droite menée par ce point est aussi un diamètre. Ce point est le milieu de chaque diamètre.

En effet, les deux diamètres ont leurs pôles à l'infini (**120**); par suite, la polaire de leur point d'intersection est à l'infini.

Toute droite menée par ce point a donc son pôle à l'infini; elle est par conséquent un diamètre.

Chacun des deux diamètres rencontre la polaire en un point à l'infini. Ce point est le conjugué harmonique du point commun d'intersection par rapport aux extrémités du diamètre. Le point d'intersection est donc le point milieu du diamètre.

123. *Tous les diamètres passent par un même point.*

Tous les diamètres ont en effet leurs pôles sur la droite à l'infini. Ils passent donc par le pôle de cette droite.

124. On nomme *centre* d'une courbe du second ordre le point par lequel passent tous les diamètres de la courbe. On peut dire encore que *le centre d'une courbe du second ordre est le pôle de la droite à l'infini de son plan.*

II. — Parabole. Hyperbole. Ellipse.

125. *Dans la parabole, tous les diamètres sont parallèles entre eux et par conséquent la courbe n'a pas de centre.*

En effet, la parabole a un point à l'infini et la tangente en ce point est la droite à l'infini (**95**). La polaire d'un point quelconque de cette tangente, polaire qui est un diamètre (**119**), passe par le point de contact (**106**, **108**). Ainsi, tous les diamètres de la parabole passent par le point à l'infini de la courbe et sont par conséquent parallèles entre eux. La courbe n'a donc pas de centre.

Les cordes perpendiculaires à la direction commune des diamètres ont leurs milieux sur un diamètre. La courbe est symétrique par rapport à ce diamètre qui prend le nom d'*axe* de la parabole. Le point où l'axe rencontre la courbe est appelé *sommet* de la parabole.

126. Si la courbe du second ordre est une hyperbole, elle est coupée par la droite à l'infini; dès lors (**107**) *le centre est un point extérieur où concourent les tangentes aux points à l'infini, c'est-à-dire les asymptotes.*

Si la courbe est une ellipse, la droite à l'infini ne la rencontre pas; par suite, *le centre est un point intérieur.*

III. — Diamètres conjugués.

127. Deux diamètres, tels que le pôle de l'un se trouve sur l'autre, sont dits *conjugués* (¹). Ces pôles sont à l'infini; d'où il suit que *chacun des deux diamètres est le lieu des milieux des cordes parallèles à l'autre*. En effet, ces cordes, passant par un même point à l'infini, ont leurs milieux sur la polaire de ce point, c'est-à-dire sur le diamètre conjugué.

128. *La polaire d'un point quelconque* A, *pris sur un diamètre, est parallèle au diamètre conjugué.*

Car cette polaire passe par le pôle du diamètre sur lequel est le point A (**108**), c'est-à-dire par le point à l'infini du diamètre conjugué. La polaire est donc parallèle à ce diamètre conjugué. Il suit de là que la corde menée par le point A, parallèlement à la polaire, a son milieu en ce point.

129. *Les tangentes menées par les extrémités d'un diamètre sont parallèles au diamètre conjugué.*

Leur point de rencontre, situé à l'infini, est en effet le pôle du premier diamètre (**120**); ce point est donc sur le diamètre conjugué.

130. 1° *Dans tout parallélogramme inscrit à une courbe du second ordre, les côtés sont parallèles à deux diamètres conjugués.*

2° *Dans tout parallélogramme circonscrit à une courbe du second ordre, les diagonales sont deux diamètres conjugués.*

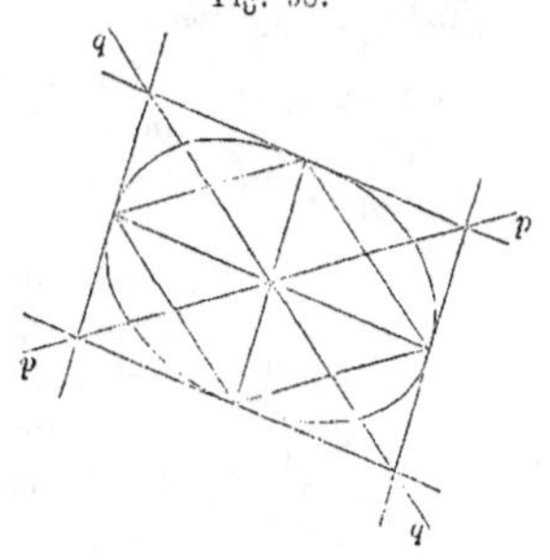

1° Les diagonales du parallélogramme inscrit et celles du parallélogramme circonscrit sont des diamètres de la courbe, car leur point d'intersection a pour polaire la droite à l'infini (**105, 124**). Si nous menons par ce point d'intersection deux parallèles p, q (*fig.* 38) aux côtés du parallélogramme inscrit, chacune des droites p et q passe par le milieu des

---

(¹) Les principales propriétés des diamètres conjugués étaient déjà connues d'Apollonius. Nous nous bornerons à citer ici les deux beaux théorèmes contenus dans les propositions 12, 29, 3o, 31 du Livre VII.

côtés qui sont parallèles à l'autre : p et q sont donc deux diamètres conjugués (**127**).

2° Les pôles des quatre côtés du parallélogramme inscrit sont situés sur les diamètres p et q (**121**). En d'autres termes, p et q sont les diagonales du quadrangle circonscrit dont les côtés touchent la courbe aux sommets du parallélogramme inscrit. Ce quadrangle circonscrit est aussi un parallélogramme, puisque les tangentes aux extrémités d'un diamètre sont parallèles (**120**).

131. On peut encore énoncer de la manière suivante la proposition (1°) du numéro précédent :

Deux cordes menées d'un point quelconque d'une ellipse ou d'une hyperbole aux extrémités d'un diamètre sont parallèles à deux diamètres conjugués de la courbe.

Dès lors, si l'on se donne les directions de deux couples de diamètres conjugués et un point P d'une courbe du second ordre, on peut déterminer facilement cinq autres points de la courbe.

On mène le diamètre qui passe par le point donné P et l'on détermine le second point de rencontre Q de ce diamètre avec la courbe, en se fondant sur ce que le centre est le milieu de PQ. Sur PQ comme diagonale on construit deux parallélogrammes dont les côtés soient parallèles respectivement à chacun des deux systèmes de diamètres conjugués. Les deux couples de nouveaux sommets de ces parallélogrammes sont quatre nouveaux points de la courbe du second ordre.

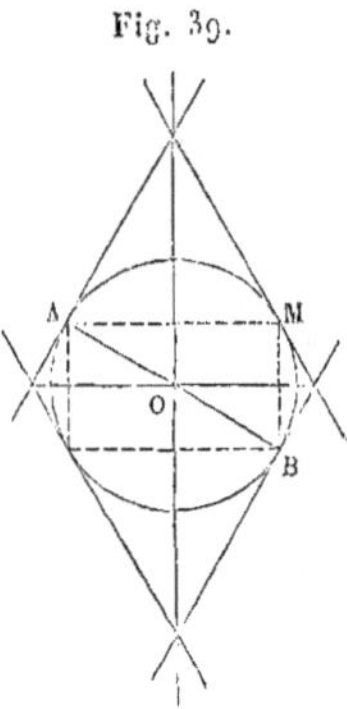
Fig. 39.

On obtient avec la même facilité cinq tangentes à une courbe du second ordre, quand on connaît déjà deux couples de diamètres conjugués et une tangente.

132. Si la courbe du second ordre proposée est un cercle, c'est-à-dire le lieu du sommet d'un angle droit AMB (*fig.* 39), dont les côtés AM, BM pivotent autour de deux points fixes A et B, les côtés mobiles engendrent deux faisceaux égaux et, par suite, projectifs (**59**). La tangente en A est donc le rayon du premier faisceau qui correspond au rayon BA du second (**73**). Cette tangente doit, dès lors, faire avec BA un angle droit. La tangente en B sera pareillement perpendiculaire à AB. Les tangentes en A et B étant parallèles, AB est un diamètre, et le point O, milieu de AB, est le centre de la courbe proposée (**123, 124**).

AB étant un diamètre, les droites **AM**, **BM** auront, pour toutes les positions de **M**, les directions de deux diamètres conjugués (**130**). Donc, *deux diamètres conjugués du cercle sont toujours perpendiculaires entre eux.*

Comme les diagonales de tout parallélogramme circonscrit au cercle sont deux diamètres conjugués, elles se coupent à angle droit. *Tout parallélogramme circonscrit au cercle est donc un losange.*

Dans le losange, la distance de deux côtés opposés est égale à la distance des deux autres côtés; dès lors, si dans le losange circonscrit nous maintenons deux côtés fixes en faisant varier les deux autres, nous pourrons conclure que la distance de deux tangentes parallèles est constante.

La distance de deux tangentes parallèles est mesurée par la droite qui joint leurs points de contact, car cette droite, qui est un diamètre, coupe à angle droit le diamètre conjugué et les tangentes qui lui sont parallèles; donc *tous les diamètres du cercle sont égaux.*

Les diagonales de tout parallélogramme inscrit étant des diamètres et les diamètres étant tous égaux, *tous les parallélogrammes inscrits sont des rectangles.*

IV. — Axes et sommets.

133. Quand deux diamètres conjugués d'une courbe du second ordre sont rectangulaires, on leur donne le nom d'*axes*; on appelle *sommets* les points où la courbe est rencontrée par les axes.

134. Un axe peut encore être défini comme un diamètre de la courbe du second ordre, perpendiculaire aux cordes qui lui sont conjuguées et qu'il divise en parties égales. Tout axe divise une courbe du second ordre en deux parties symétriques.

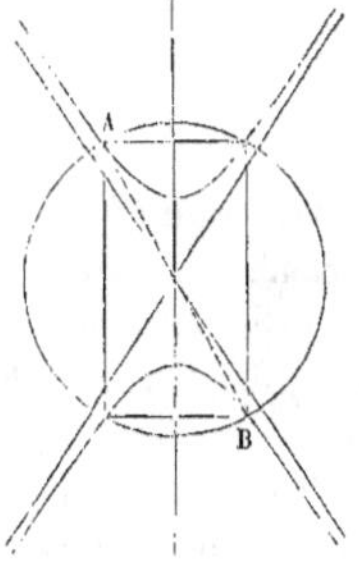

Fig. 40.

135. Pour construire les axes d'une hyperbole ou d'une ellipse, on procède de la manière suivante :

Sur un diamètre **AB** de la courbe (*fig.* 40) et de son centre, on décrit un cercle qui coupe les tangentes et la courbe elle-même aux extrémités A et B. Chacun des deux demi-cercles séparés par le diamètre est en partie à l'intérieur de la courbe, en partie à l'extérieur, et coupe dès lors la courbe en un point. Les quatre points d'intersection du cercle avec la courbe sont les sommets d'un rectangle inscrit, aux côtés duquel les axes cherchés sont parallèles.

Il résulte de cette construction que l'ellipse et l'hyperbole ont deux axes.

L'hyperbole est coupée par un seul de ses axes en deux sommets. L'ellipse a quatre sommets, car elle est coupée par ses deux axes. La parabole n'a qu'un sommet propre, car elle est coupée la seconde fois par son axe au point à l'infini.

136. Deux droites conjuguées sont harmoniquement séparées par les deux tangentes qui peuvent être menées de leur point d'intersection à la courbe du second ordre (**112**). Donc :

Deux diamètres conjugués de l'hyperbole sont harmoniquement séparés par les asymptotes.

Un seul de ces diamètres coupe la courbe.

Les axes de l'hyperbole sont les bissectrices des angles formés par les asymptotes (**36**).

Les asymptotes limitent, sur toute droite parallèle à l'un des deux diamètres conjugués, un segment dont le milieu est sur l'autre diamètre (**36**). Si la droite coupe la courbe, ou si elle la touche, le point milieu de la corde, ou le point de contact de la tangente, coïncide avec le milieu du segment (**127**). Donc :

Les deux segments de toute sécante à une hyperbole, compris entre la courbe et ses deux asymptotes, sont égaux.

Cette propriété permet de construire très-simplement l'hyperbole, quand on donne les asymptotes et un point propre. On peut trouver, en effet, le second point de la courbe, situé sur toute sécante qui passe par le point donné.

Le segment d'une tangente à l'hyperbole compris entre les asymptotes est divisé en deux parties égales par le point de contact.

V. — Hyperbole équilatère.

137. On dit qu'une hyperbole est *équilatère* quand ses asymptotes sont perpendiculaires entre elles.

L'hyperbole équilatère présente, à certains points de vue, quelque analogie avec le cercle. En effet, le cercle est engendré par deux faisceaux de rayons égaux et projectifs concordants (**48**), et l'hyperbole équilatère peut être considérée comme engendrée par deux faisceaux de rayons égaux et projectifs opposés. Toutefois, l'hyperbole équilatère peut encore être engendrée par deux faisceaux projectifs quelconques, et il n'en est pas de même du cercle.

VI. — Propriété de la parabole et de l'hyperbole.

138. La droite qui joint le milieu D (*fig.* 41) d'une corde parabolique AB au point d'intersection C des tangentes en A et B est un diamètre de la parabole. Cette droite est, en effet, la polaire du point à l'infini de AB (**119**). Mais C et D sont harmoniquement séparés par les deux points d'intersection de CD avec la parabole et l'un de ces points est à l'infini ; l'autre E divise donc le segment CD en deux parties égales. En d'autres termes :

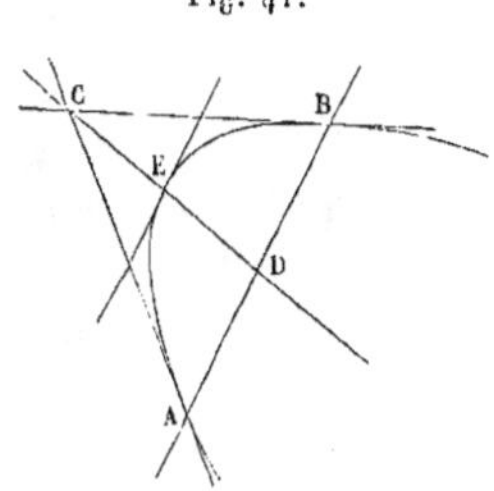

Fig. 41.

La droite qui joint le pôle d'une corde parabolique au milieu de cette corde est divisée en deux parties égales par la parabole.

On reconnaît de la même manière que :

Dans une hyperbole, les deux droites menées, parallèlement aux asymptotes, d'un point quelconque du plan à la polaire de ce point, sont divisées par la courbe en deux parties égales.

VII. — Tangentes à la parabole.

139. *Deux tangentes quelconques, u et u_1, à une courbe du second ordre, sont coupées par toutes les autres suivant deux ponctuelles projectives (90), et au point commun de u et de u_1 correspond, dans chaque ponctuelle, le point de contact.*

Si la courbe est une parabole, les deux ponctuelles u et u_1 sont projectives *semblables* (**57**), car leurs points d'intersection avec la tangente à l'infini de la parabole se correspondent entre eux. Soient C et C_1 ces points à l'infini. On a

$$\frac{CB}{CD} = 1, \qquad \frac{C_1 B_1}{C_1 D_1} = 1,$$

et de l'égalité (4) (**52**) il résulte

$$\frac{AB}{AD} = \frac{A_1 B_1}{A_1 D_1}.$$

Deux tangentes u et u_1 à une parabole sont donc divisées proportionnellement par les autres tangentes AA_1, BB_1, DD_1, ...

VIII. — Asymptotes de l'hyperbole.

140. Soient u et u_1 (*fig.* 42) les asymptotes d'une hyperbole, C le point de contact à l'infini de u, A_1 celui de u_1. Les points C_1 et A, qui corres-

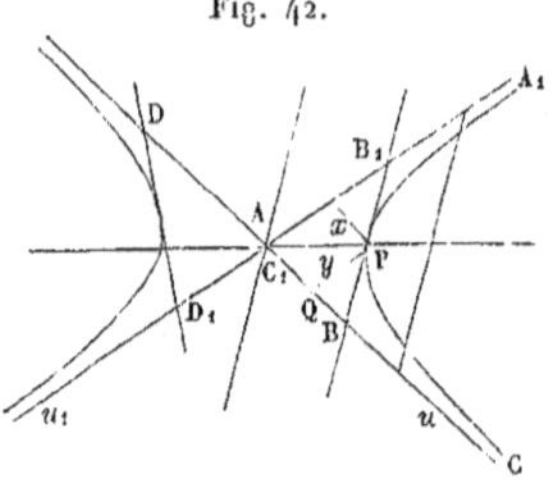

Fig. 42.

pondent aux précédents, sont à l'intersection des asymptotes. On a donc, dans l'équation (4) (52)

$$\frac{CB}{CD} = 1, \qquad \frac{A_1 B_1}{A_1 D_1} = 1,$$

et par conséquent

$$\frac{AB}{AD} = 1 : \frac{C_1 B_1}{C_1 D_1}$$

ou

$$AB \cdot C_1 B_1 = AD \cdot C_1 D_1.$$

En multipliant les deux membres de cette dernière équation par le sinus de l'angle compris entre les asymptotes, nous obtenons, de part et d'autre, le double de l'aire des deux triangles que les asymptotes forment avec les deux tangentes BB_1 et DD_1. Donc :

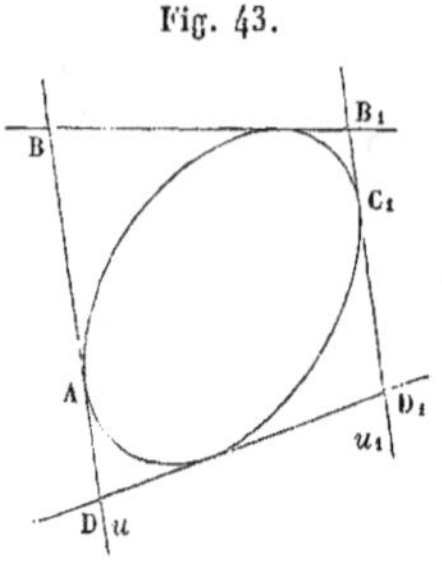

Fig. 43.

Les triangles formés par les asymptotes d'une hyperbole et par deux tangentes quelconques à la courbe ont des aires égales.

Si P est le point de contact de la tangente BB_1, nous avons (**136**)

$$BP = PB_1.$$

Menons par P une parallèle PQ à u_1 et appelons Q son point de rencontre avec u ; nous aurons évidemment

$$QP \text{ ou } y = \tfrac{1}{2} C_1 B_1 \quad \text{et} \quad AQ \text{ ou } x = \tfrac{1}{2} AB.$$

Le produit $AB \cdot C_1 B_1$ ne changeant pas de valeur, quelle que soit la position de la tangente BB_1, le produit xy reste aussi constant, quelle que soit la position du point P sur l'hyperbole.

IX. — Tangentes à l'ellipse et à l'hyperbole.

141. Soient u et u_1 (*fig.* 43) deux tangentes parallèles à une ellipse ou à une hyperbole, A et C_1 les points de contact respectifs de ces tangentes. Les points A_1 et C, qui correspondent aux précédents, coïncident avec le point d'intersection de u et de u_1 à l'infini, et dans l'équation (4) (**52**), on a de nouveau

$$\frac{CB}{CD} = 1 \quad \text{et} \quad \frac{A_1 B_1}{A_1 D_1} = 1$$

et par conséquent

$$AB . C_1 B_1 = AD . C_1 D_1 .$$

CHAPITRE XI.

SURFACES DOUBLEMENT RECTILIGNES ([1]).

STEINER, *Systematische Entwickelung*, etc. Berlin, 1832, p. 182-210. — CHASLES, *Aperçu historique*, etc. Bruxelles, 1837, Note IX. — STAUDT, *Geometrie der Lage*. Nürnberg, 1847, p. 56-57, § 25. — BELLAVITIS, *Lezioni di Geometria descrittiva*. Padova, 1851, p. 89-97. — CREMONA, *Preliminari di una teoria geometrica delle superficie*. Bologna, 1866, § 23, 24, 26, 48. — REYE, *Die Geometrie der Lage*. Hannover, 1866, p. 96-102. — STAUDIGL, *Lehrbuch der neueren Geometrie*, etc. Wien, 1870, p. 292-300. — FIEDLER, *Die darstellende Geometrie*. Leipzig, 1871, § 91-93.

I. — Formes engendrées par les éléments correspondants de deux formes fondamentales simples projectives.

142. Pour épuiser les recherches relatives aux formes qui peuvent être engendrées par les éléments correspondants des formes fondamentales simples projectives, il nous reste à considérer ces formes quand elles sont situées d'une manière quelconque dans l'espace. Les trois formes que nous connaissons peuvent, à ce point de vue, se trouver dans l'un des six cas suivants :

1° Une ponctuelle et un faisceau de plans ;

2° Deux faisceaux de rayons ;

3° Un faisceau de plans et un faisceau de rayons ;

4° Un faisceau de rayons et une ponctuelle ;

5° Deux ponctuelles ;

6° Deux faisceaux de plans.

([1]) Nous empruntons à BELLAVITIS (*Lezioni di Geometria descrittiva*, Padova, 1851, p. 90) cette dénomination qui a l'avantage de rappeler, avec plus de précision, la double génération de cette catégorie de surfaces du second ordre. On nomme encore *gobbe* en italien les surfaces non développables engendrées par le mouvement d'une droite. On les appelle en français *surfaces réglées* ou *surfaces gauches* et en allemand *Regelflächen* ou *windschiefen Flächen*.

1° Une ponctuelle et un faisceau de plans qui lui est projectif n'engendrent, en général, aucune forme nouvelle, puisqu'un point de la ponctuelle ne détermine pas immédiatement un troisième élément avec le plan correspondant du faisceau.

2° Deux faisceaux projectifs de rayons, situés d'une manière quelconque dans l'espace, n'engendrent (au moins immédiatement) aucune forme nouvelle, puisque deux rayons correspondants quelconques ne sont généralement pas situés dans le même plan et n'ont dès lors aucun point commun.

3° Un faisceau u de plans et un faisceau S de rayons, projectif au premier, engendrent la ponctuelle ou la courbe du second ordre qui seraient engendrées par le faisceau S et par le second faisceau de rayons suivant lequel u est coupé par le plan de S ; le point d'intersection d'un plan quelconque de u et du rayon correspondant du premier faisceau S, est en effet situé sur le rayon correspondant du second faisceau.

4° Un faisceau S de rayons et une ponctuelle u, projective à ce faisceau, engendrent le faisceau de plans du premier ou du second ordre qui serait engendré par S et par le second faisceau de rayons au moyen duquel u est projetée du centre S ; le plan qui joint un point quelconque de u au rayon correspondant du premier faisceau passe aussi, en effet, par le rayon correspondant du second faisceau.

Mais on obtient de nouvelles formes si l'on considère, d'une manière quelconque dans l'espace, deux ponctuelles projectives ou deux faisceaux projectifs de plans (5° et 6°).

II. — Génération des surfaces doublement rectilignes.

143. Soient u et u_1 deux ponctuelles projectives non situées dans un même plan. Le système continu des droites qui joignent les couples de points correspondants constitue une surface courbe. Cette surface doit à l'une de ses propriétés caractéristiques le nom de *surface doublement rectiligne*.

144. *Deux droites quelconques du système continu de génératrices d'une surface doublement rectiligne ne sont jamais dans un même plan.*

En effet, le plan qui contiendrait deux de ces droites contiendrait deux points de chacune des ponctuelles u et u_1 et par suite ces ponctuelles elles-mêmes, ce qui est contre l'hypothèse.

La surface doublement rectiligne engendrée par un système V *de droites peut aussi l'être par un second système* U, *et toute droite de l'un des systèmes est coupée par chaque droite de l'autre.*

Soient, en effet, v, v_1, v_2 trois rayons quelconques du système V, qui joignent chacun deux points correspondants de u et de u_1, et soit u_2 une droite qui rencontre ces trois rayons. Projetons les ponctuelles u et u_1 de l'axe u_2. Nous obtenons ainsi deux faisceaux projectifs de plans qui ont trois plans unis, $u_2 v$, $u_2 v_1$, $u_2 v_2$, et par conséquent tous leurs plans unis (43). Deux points correspondants quelconques de u et de u_1 sont dès lors situés dans un même plan du faisceau u_2; en d'autres termes, la droite u_2 est coupée par tout rayon du système V. Il en est de même pour toute autre droite u_3 qui rencontre les trois rayons v, v_1, v_2. Le système U de droites est donc composé de toutes les droites qui coupent trois rayons quelconques du système V. De même, le système V est formé de toutes les droites qui coupent trois rayons u, u_1, u_2 du système U.

Toute droite d'un système est dite *directrice* de l'autre; chacun des deux systèmes est *directeur* de l'autre. Donc :

Une surface doublement rectiligne peut être engendrée de deux manières par une droite qui se meut en s'appuyant sur trois droites fixes, telles que deux quelconques d'entre elles ne soient jamais dans un même plan.

Les trois droites fixes sont des directrices du système décrit par la droite mobile. Celle-ci rencontre une fois chacun des points de toute directrice et se trouve une fois dans chacun des plans qu'on peut faire passer par toute directrice.

Il résulte immédiatement de la démonstration précédente que :

Tout point situé sur un rayon de l'un des systèmes est aussi sur un rayon de l'autre.	*Tout plan passant par un rayon de l'un des systèmes contient aussi un rayon de l'autre.*

145. *Deux faisceaux projectifs de plans, dont les axes u et u_1*

ne sont pas dans un même plan, engendrent une surface double-
ment rectiligne, qui est le lieu des droites communes aux couples
de plans correspondants.

Les faisceaux u et u_1 coupent respectivement les droites u_1 et u
suivant deux ponctuelles projectives et toute droite située dans
deux plans correspondants des deux faisceaux réunit deux points
correspondants des deux ponctuelles; donc les deux faisceaux et
les deux ponctuelles engendrent la même surface doublement rectiligne.

III. — Propriété d'un système de droites.

146. *Un système de droites est* | *Un système de droites est projeté,*
coupé, par deux quelconques de ses | *de deux quelconques de ses direc-*
directrices, suivant des ponctuelles | *trices, au moyen de faisceaux pro-*
projectives. | *jectifs de plans.*

Soient, en effet (à gauche), w, w_1, w_2 trois directrices du
système, c'est-à-dire trois droites qui ont chacune un point commun avec chaque génératrice. On obtient autant de rayons qu'on
veut du système de génératrices, soit en faisant passer une suite
de plans par w_2 et en joignant, dans chacun de ces plans, les deux
points d'intersection qu'il détermine sur w et w_1, soit en prenant
une suite de points sur w_2 et en cherchant les droites d'intersection
des couples de plans que ces points déterminent avec w et w_1. Le
système de génératrices est ainsi coupé par les directrices w_1 et w_2
suivant deux ponctuelles qui sont perspectives au faisceau w_2 de
plans et par conséquent projectives. Le même système est projeté
de w et de w_1 au moyen de deux faisceaux de plans qui sont perspectifs à la ponctuelle w_2 et par conséquent projectifs.

IV. — Éléments harmoniques.

147. Quatre génératrices d'un même système sont dites *harmo-*
niques quand elles sont coupées par une directrice en quatre points
harmoniques.

Deux directrices, w, w_1, sont coupées par le système de génératrices suivant deux ponctuelles projectives (**146**); dès lors :

Si quatre génératrices rencontrent w en quatre points harmoniques, elles rencontreront toutes les autres directrices en quatre points harmoniques.

Les quatre plans qui projettent de w_1 les quatre génératrices considérées sont harmoniques, car ils sont rencontrés par w en quatre points harmoniques ; donc, *quatre génératrices harmoniques sont projetées d'une directrice quelconque par quatre plans harmoniques.*

Trois rayons a, b, c, dont deux quelconques ne sont pas dans un même plan, déterminent un quatrième rayon harmonique d, qui est séparé de l'un des trois premiers, de b par exemple. Si, sur l'une quelconque des droites qui coupent les trois rayons donnés, nous déterminons le quatrième point harmonique aux trois points d'intersection, ce quatrième point sera sur d. En général, d est un quatrième rayon du système de droites auquel appartiennent les rayons a, b, c, et il est, dans ce système, harmoniquement séparé de b par a et c.

V. — Plan tangent.

148. *Quand une droite a plus de deux points communs avec une surface doublement rectiligne, elle appartient entièrement à la surface.*

En effet, cette droite, rencontrant plus de deux génératrices d'un même système, est une directrice de ce système et appartient par conséquent à l'autre.

Un plan coupant la surface suivant une droite u d'un système, et par suite aussi suivant une droite v de l'autre, ne peut contenir aucun point P de la surface, qui ne soit situé sur u ou sur v.

Car, s'il en était autrement, toute droite menée par le point P et coupant chacune des droites u et v en un point appartiendrait à la surface, c'est-à-dire que le plan tout entier coïnciderait avec la surface, ce qui est absurde.

Une transversale menée arbitrairement dans le plan des droites u et v rencontre ces droites, et par conséquent la surface, en deux points : ces points coïncident quand la transversale passe par l'intersection *uv* ; donc : *toute droite menée dans le plan par le point uv est tangente en ce point à la surface,* ce qui revient à dire que :

Tout plan contenant une droite u de l'un des systèmes et une droite v de l'autre est tangent à la surface au point uv.

149. *Le nombre des plans tangents qu'on peut mener à la surface par une transversale est égal au nombre des points de rencontre de la transversale avec la surface.*

En effet, chacun de ces plans tangents contenant une génératrice de l'un des systèmes (et une de l'autre), la transversale aura un point commun avec la génératrice considérée. Mais deux points de cette sorte ne peuvent pas coïncider, car deux génératrices du même système ne sont jamais situées dans un même plan ; donc, si plus de deux plans tangents se coupaient sur la transversale, cette droite aurait plus de deux points communs avec la surface et serait par conséquent tout entière dans la surface (**148**).

VI. — Propriétés inhérentes à la génération des surfaces doublement rectilignes.

150. *Un système de droites est coupé par tout plan Σ, qui ne contient aucun rayon, suivant une courbe du second ordre.*

Tous les plans qui touchent la surface rectiligne aux points d'une telle courbe forment un faisceau de plans du second ordre.

Un système de droites est projeté de tout point S, qui n'est situé sur aucun rayon, suivant un faisceau de plans du second ordre.

Tous les points où la surface rectiligne est touchée par les plans d'un tel faisceau sont situés sur une courbe du second ordre.

La surface doublement rectiligne étant considérée comme engendrée par deux faisceaux projectifs de plans, si l'on coupe ces plans par un plan transversal quelconque Σ, on obtient sur ce dernier deux faisceaux projectifs de rayons, et chaque point d'intersection de deux rayons correspondants de ces faisceaux est situé sur un rayon du système.

La surface doublement rectiligne étant, d'autre part, considérée comme engendrée par deux ponctuelles projectives, si l'on projette ces ponctuelles d'un point quelconque S, on obtient deux faisceaux de rayons projectifs concentriques, et tout plan de jonction de deux rayons correspondants de ces faisceaux passe par un rayon de la surface doublement rectiligne.

On a ainsi démontré la première partie (à droite et à gauche) des deux propositions énoncées.

Pour démontrer la seconde partie de la proposition à droite, faisons passer un plan par trois des points de contact. Ce plan coupe le faisceau de plans suivant un faisceau de rayons du second ordre, dont les trois points choisis sont des points de contact, et qui enveloppe une courbe du second ordre. Mais cette courbe est identique à celle suivant laquelle la surface rectiligne est coupée par le plan, car les deux courbes ont en commun les trois points de contact et leurs trois tangentes.

On démontrerait la seconde partie de la proposition à gauche d'une manière tout à fait analogue, en faisant passer par le point d'intersection de trois plans tangents quelconques tous les plans tangents à la surface rectiligne.

VII. — Hyperboloïde simple et paraboloïde hyperbolique. Cône asymptote et plan asymptote.

151. On donne à la surface doublement rectiligne le nom d'*hyperboloïde simple* ou d'*hyperboloïde à une nappe,* quand aucune de ses droites n'est située à distance infinie; la surface est alors coupée par le plan à l'infini suivant une courbe du second ordre.

Si le plan à l'infini contient une génératrice de l'un des systèmes, et par conséquent aussi une génératrice de l'autre système, c'est-à-dire si le plan à l'infini est tangent à la surface, celle-ci prend le nom de *paraboloïde hyperbolique* (¹).

(¹) La double génération de l'hyperboloïde à une nappe et du paraboloïde hyperbolique par une droite mobile a été exposée pour la première fois par Monge et par Hachette (*Journal de l'École Polytechnique*, t. 1, p. 5). Cette propriété de l'hyperboloïde ne fut démontrée d'abord, et pendant longtemps, que par l'Analyse. Chasles, le premier, en a donné une démonstration géométrique, quand il était encore élève à l'École Polytechnique (voir Vallée, *Traité de Géométrie descriptive*, p. 86, et Leroy, *Traité de Géométrie descriptive*, p. 267). Quand nous disons que la double génération de l'hyperboloïde à une nappe est due aux géomètres précités, nous n'entendons parler

152. Chacun des systèmes de droites du paraboloïde hyperbolique ayant une droite à l'infini, les ponctuelles projectives, suivant lesquelles les droites d'un système rencontrent deux droites quelconques de l'autre, sont *semblables* (57).

Un paraboloïde hyperbolique est encore décrit par une droite qui se meut en s'appuyant sur deux droites u et u_1 (non situées dans le même plan) et en restant parallèle à un plan fixe, qui ne contient pas les directions de u et de u_1.

En effet, la droite mobile rencontrera non-seulement u et u_1, mais encore la droite à l'infini du plan donné; elle engendrera donc une surface rectiligne qui contiendra un rayon, et par suite un second rayon à l'infini.

Le paraboloïde hyperbolique est en général coupé suivant une hyperbole par tout plan qui ne passe par aucun rayon; il est coupé suivant une parabole dans le cas seulement où le plan contient une direction parfaitement déterminée.

---

que de l'hyperboloïde à axes inégaux, car la double génération, par une droite, de l'hyperboloïde de révolution à une nappe, est due à Wren. Ce géomètre la fit connaitre par une Note très-courte, insérée dans les *Philosophical transactions* (1669, p. 961) sous le titre : *Generatio corporis cilindroidis hyperbolici, elaborandis lentibus hyperbolicis accommodati.* Wren indique dans cette Note l'usage qu'on pourra faire du mode de génération par une droite, pour la construction des lentilles hyperboliques.

En 1698, Parent a aussi trouvé cette propriété de l'hyperboloïde de révolution et il l'a démontrée dans deux Mémoires différents, par l'Analyse et par de simples considérations de Géométrie (*Essais et recherches de Mathématiques et de Physique*, t. II, p. 643. et t. III, p. 470). Cette propriété, que n'ont pas les autres surfaces engendrées par la révolution d'une conique autour d'un de ses axes principaux, fait dire à Parent que l'hyperboloïde à une nappe est la plus complète de ces surfaces, puisqu'on y peut faire six sections différentes qu'il spécifie. Ce géomètre appelle cette surface *cylindroïde hyperbolique,* de même que Wren, et se sert aussi de sa propriété d'être engendrée par une droite, pour la construction, sur le tour, des moules hyperboliques propres à la dioptrique.

Sauveur avait aussi démontré cette propriété de l'hyperboloïde de révolution, ainsi que plusieurs autres propositions concernant les volumes et les surfaces des conoïdes, dont Parent avait communiqué les énoncés à ce géomètre (*Essais et recherches de Mathématiques et de Physique*, t. III, p. 526). Voir Chasles, *Aperçu historique*, etc. Bruxelles, 1837, p. 241-243.

On trouve encore une remarquable démonstration de la double génération de l'hyperboloïde à une nappe, au moyen d'une droite, dans un Mémoire de Coriolis intitulé : *Sur la théorie des moments considérés comme analyse des rencontres des lignes droites* (XXIVe Cahier du *Journal de l'École Polytechnique*). Voir aussi, au sujet de la convenance des noms choisis pour désigner ces surfaces : Müller, *Beiträge zur Terminologie der griechischen Mathematiker.* Leipzig, 1860, p. 37.

La courbe d'intersection du second ordre passe, en effet, par les deux points où les droites à l'infini de la surface sont rencontrées par tout plan sécant qui ne contient aucun rayon ; et ces deux points ne coïncident que si le plan passe par le point commun aux deux droites à l'infini.

153. *L'hyperboloïde simple n'est pas touché, comme le paraboloïde hyperbolique, par le plan à l'infini, mais il est coupé par ce plan suivant une courbe du second ordre* (**151**).

Tous les plans tangents aux points à l'infini de l'hyperboloïde sont, d'après cela, des plans propres qui se coupent en un point S et forment un faisceau de plans du second ordre (**150**). La surface conique S, enveloppée par ce faisceau, peut être considérée comme tangente à l'hyperboloïde tout le long de sa section à l'infini. Cette surface est nommée *cône asymptote*. Chaque rayon (génératrice) du cône asymptote est parallèle au rayon de chacun des deux systèmes de droites qui contient son point à l'infini.

Un plan quelconque, ne passant par aucun rayon de l'hyperboloïde simple, le coupe suivant une hyperbole, suivant une parabole ou suivant une ellipse, selon qu'il rencontre la courbe à l'infini de l'hyperboloïde en deux points, ou en un point, ou qu'il ne la rencontre pas; ou, ce qui revient au même, selon qu'il est parallèle à deux rayons ou à un rayon du cône asymptote, ou qu'il n'est parallèle à aucun de ces rayons.

154. Si, par un point donné quelconque, on mène des parallèles aux rayons d'un système de droites, ces parallèles forment un plan ou une surface conique du second ordre, selon que le système de droites appartient à un paraboloïde hyperbolique ou à un hyperboloïde simple. Dans le premier cas, le plan est appelé *plan asymptote* ([1]).

([1]) Les modes de génération indiqués ne sont pas les seuls qui puissent conduire aux surfaces rectilignes ; pour le paraboloïde en particulier, les modes de génération se multiplient quand on considère cette surface comme engendrée par le mouvement d'hyperboles ou de paraboles. Voir Steiner, *Systematische Entwickelung*, etc. Berlin, 1832, p. 210.

APPENDICE AU CHAPITRE XI.

CAS PARTICULIER [1].

Paraboloïde hyperbolique équilatère.

154. Le paraboloïde hyperbolique présente un cas particulier qui est au cas général ce que l'hyperbole équilatère est à l'hyperbole ordinaire. Ce cas est celui où les plans asymptotes des deux systèmes de droites génératrices du paraboloïde hyperbolique sont perpendiculaires entre eux. On dit alors que la surface rectiligne est un *paraboloïde hyperbolique équilatère*.

Les deux ponctuelles projectives semblables qui engendrent (**152**) le paraboloïde hyperbolique doivent, en ce cas, être disposées, dans l'espace, de façon à rester perpendiculaires à un même rayon de projection.

Si l'on considère la surface comme engendrée par deux faisceaux projectifs de plans, l'un de ces faisceaux sera formé de plans parallèles, et l'axe de l'autre faisceau sera parallèle à ces plans.

---

[1] Steiner, *Systematische Entwickelung*, etc. Berlin, 1832, p. 210-213.

CHAPITRE XII.

PROJECTIVITÉ DES FORMES ÉLÉMENTAIRES.

STEINER, *Systematische Entwickelung*, etc. Berlin, 1832, n° 59. — STAUDT, *Beiträge zur Geometrie der Lage*. Nürnberg, 1856, § 1. — REYE, *Die Geometrie der Lage*. Hannover, 1866, p. 102-115.

I. — Énumération des formes élémentaires.

156. Nous avons vu (**62, 63, 145**) que les formes fondamentales simples projectives engendrent cinq formes du second ordre, savoir : la courbe du second ordre, le faisceau de rayons et le faisceau de plans du second ordre, la surface conique du second ordre et le système de droites génératrices d'une surface doublement rectiligne. Il convient de réunir ces cinq formes du second ordre et les trois formes fondamentales simples sous la dénomination commune de *formes élémentaires*.

Les formes élémentaires comprennent donc :

Deux formes de points : la ponctuelle et la courbe du second ordre ;

Deux formes de plans : les faisceaux de plans du premier et du second ordre ;

Quatre formes de rayons : les faisceaux de rayons du premier et du second ordre, la surface conique du second ordre et le système de droites génératrices d'une surface doublement rectiligne.

Ces formes élémentaires peuvent être rapportées entre elles de la même manière que les formes fondamentales.

II. — Formes élémentaires projectives.

157. Nous avons dit, pour chacune des formes considérées, ce qu'on doit entendre par groupe de quatre éléments harmoniques. Nous pouvons donc étendre aux formes élémentaires la définition de projectivité des formes fondamentales (41) et dire :

Deux formes élémentaires sont projectives quand elles sont rapportées entre elles, de telle manière que quatre éléments harmoniques de l'une correspondent à quatre éléments harmoniques dans l'autre.

Il résulte immédiatement de cette définition que deux formes élémentaires sont projectives entre elles si chacune d'elles est projective à une troisième forme.

III. — Formes élémentaires perspectives.

158. La notion de perspectivité des formes fondamentales simples peut aussi être étendue aux formes élémentaires en général.

Deux formes élémentaires projectives d'espèces différentes sont dites perspectives quand tout élément de l'une est situé sur l'élément correspondant de l'autre.

Par exemple, une courbe du second ordre est perspective à une surface conique qui la contient, si à tout rayon de la surface correspond le point de la courbe situé sur ce rayon.

Une courbe du second ordre est projetée, de l'un quelconque de ses points, au moyen d'un faisceau de rayons qui lui est perspectif. Un faisceau de rayons du second ordre est coupé, par l'un quelconque de ses rayons, suivant une ponctuelle qui lui est perspective. Un système de droites génératrices d'une surface doublement rectiligne est coupé dans les mêmes conditions par l'une quelconque de ses directrices, et ainsi de suite.

Deux formes élémentaires, dont l'une est ainsi engendrée au moyen de l'autre, sont projectives; car à quatre éléments harmoniques quelconques de l'une correspondent quatre éléments harmoniques dans l'autre.

Si à chaque point de la courbe du second ordre correspond la tangente en ce même point, la courbe est rapportée perspectivement au faisceau de rayons qui l'enveloppe, et quatre points harmoniques de la courbe sont les points de contact de quatre rayons harmoniques du faisceau. Par suite :

Deux courbes du second ordre sont projectives, si les deux faisceaux de rayons qui les enveloppent sont projectifs.

IV.— Relation entre les formes du second ordre et les formes fondamentales simples projectives qui les engendrent.

159. Une forme du second ordre est engendrée par deux formes fondamentales simples projectives entre elles. Ces deux formes fondamentales sont elles-mêmes projectives et perspectives à la forme du second ordre, pourvu qu'un élément quelconque de celle-ci soit assigné comme correspondant aux deux éléments qui l'engendrent.

Quand deux formes du second ordre sont projectives, chacune des formes de la première espèce qui engendrent l'une est projective à chacune de celles qui engendrent l'autre.

Les deux formes projectives du second ordre sont, en effet, respectivement perspectives aux deux formes de la première espèce, projectives entre elles, qui les engendrent. Il suit de là (47) que *deux formes élémentaires projectives peuvent toujours être considérées comme la première et la dernière d'une série de formes élémentaires dont chacune est perspective à la suivante.*

Il en résulte aussi que, quand on établit la relation de projectivité entre deux formes élémentaires, on peut prendre arbitrairement trois couples d'éléments correspondants; mais alors tout élément de l'une des formes a pour correspondant un élément unique et déterminé dans l'autre. Conséquemment :

Quand deux formes élémentaires projectives de la même espèce, par exemple deux courbes du second ordre, sont superposées, elles ont tous leurs éléments unis, ou deux éléments unis au plus.

V. — Courbes du second ordre rapportées projectivement. Éléments correspondants communs.

160. *Deux courbes du second ordre, qui sont dans un même plan et qui ont un point S commun, sont rapportées projectivement entre elles si deux de leurs points, alignés avec S, se correspondent.*

En effet, les deux courbes sont perspectives au faisceau S.

Les deux courbes ont, comme élément uni, chacun des points communs autres que S ; le point S devient aussi un élément uni, lorsque les courbes ont une tangente commune en S et, par suite, se touchent mutuellement en ce point.

Deux courbes du second ordre, qui sont dans un même plan et qui ont une tangente s commune, sont rapportées projectivement entre elles, si deux de leurs tangentes, concourant avec s, se correspondent.

En effet, les faisceaux du second ordre qui enveloppent les courbes sont perspectifs à la ponctuelle s.

Les deux courbes ont, comme élément uni, chacune des tangentes communes autres que s ; la tangente s devient aussi un élément uni, lorsque les courbes la touchent en un même point et, par suite, se touchent mutuellement en ce point.

Deux courbes du second ordre, rapportées entre elles suivant le mode indiqué à gauche, ont tout au plus trois éléments unis ; car, si elles avaient, outre le point S, quatre points communs, ou trois points communs et une tangente commune en S, elles seraient identiques (**72**).

Pareillement, les courbes considérées à droite peuvent avoir, tout au plus, trois tangentes unies.

VI. — Courbes projectives identiques.

161. *Si deux courbes projectives du second ordre ont quatre points A, B, C, S unis, elles ont tous leurs points unis et sont par conséquent identiques.*

Si deux courbes projectives du second ordre ont quatre tangentes unies, elles ont toutes leurs tangentes unies et sont par conséquent identiques.

Il n'y a qu'une seule manière de rapporter entre elles les deux courbes (à gauche) pour que trois points A, B, C de l'une correspondent aux trois mêmes points A, B, C de l'autre. On réalise cette condition en rapportant perspectivement les deux courbes au faisceau S de rayons. Si les courbes doivent avoir encore le point S uni, elles seront touchées en S par la même droite et seront par conséquent identiques (72).

La proposition à droite donnerait lieu à une démonstration analogue ; elle résulte d'ailleurs immédiatement de la loi de réciprocité que nous avons déjà démontrée pour le plan.

VII. — Surfaces coniques projectives identiques.

162. Si les courbes sont projetées d'un centre quelconque par deux surfaces coniques projectives, on a pour celles-ci une double proposition analogue à la précédente.

Une courbe du second ordre étant projective à une surface conique, ou à l'un des systèmes de droites génératrices d'une surface rectiligne, si plus de trois points de la courbe sont situés sur les rayons correspondants de la surface conique ou du système de droites, la courbe est perspective à l'une de ces dernières formes.

Si l'on coupe, en effet, la surface conique, ou le système de droites, par le plan de la courbe, on obtient une courbe du second ordre projective à la proposée. Les deux courbes ont d'ailleurs plus de trois éléments unis ; donc elles sont identiques (161).

Pareillement, un faisceau de plans du second ordre est en position perspective par rapport à un faisceau projectif de rayons du second ordre, ou à un système projectif de droites, si plus de trois de ses plans passent par les rayons correspondants du faisceau du second ordre ou du système de droites.

Si l'on projette, en effet, le faisceau de rayons ou le système de droites du centre (63) du faisceau de plans, on obtient (150) un faisceau de plans du second ordre qui est projectif au proposé. Les deux faisceaux de plans ont d'ailleurs plus de trois éléments unis ; donc ils sont identiques.

VIII. — Section de deux surfaces coniques du second ordre suivant une courbe du second ordre et position de deux courbes du second ordre sur une surface conique du même ordre.

163. *Deux surfaces coniques du second ordre, qui ont des centres différents et qui sont touchées par un même plan suivant la droite de jonction s de leurs centres, se coupent suivant une courbe du second ordre.*

Rapportons les surfaces coniques perspectivement au faisceau de plans s. Elles ont le rayon s uni, et deux autres rayons correspondants quelconques ont un point commun, puisqu'ils sont dans un même plan du faisceau s. Le plan qui contient trois quelconques de ces points communs aux couples de rayons correspondants coupe les surfaces coniques suivant deux courbes projectives du second ordre, qui sont identiques, puisqu'elles ont, comme éléments unis, non-seulement ces trois points, mais encore un point de s.

Deux courbes du second ordre placées dans des plans différents et touchées en un même point par la droite d'intersection s de leurs plans, sont situées sur une surface conique du second ordre.

Rapportons les faisceaux de rayons du second ordre qui enveloppent les courbes, perspectivement à la ponctuelle s. Ils ont le rayon s uni, et deux autres rayons correspondants quelconques ont un plan commun, puisqu'ils passent par un même point de la ponctuelle s. Les faisceaux de rayons sont projetés, du point d'intersection de trois quelconques de ces plans communs aux couples de rayons correspondants, au moyen de deux faisceaux projectifs de plans du second ordre, qui sont identiques, puisqu'ils ont, comme éléments unis, non-seulement ces trois plans, mais encore un plan passant par s.

La démonstration peut être conduite plus simplement de la manière suivante :

Faisons passer à gauche un plan par trois points communs aux surfaces coniques. Les deux courbes d'intersection ainsi déterminées ont en commun ces trois points et le point d'intersection de s avec leur plan ; elles sont d'ailleurs touchées en ce dernier point par la droite suivant laquelle le plan tangent commun aux surfaces coniques est rencontré par le plan sécant. Les courbes d'intersection coïncident dès lors dans tous leurs points (**72**).

On démontrerait le théorème à droite d'une manière analogue.

IX. — Identité des courbes du second ordre et des sections coniques.

164. Nous déduisons incidemment de ce qui précède que toute courbe du second ordre peut être considérée comme section d'un cône circulaire. On peut en effet placer, d'une infinité de manières, un cercle et une courbe du second ordre donnée, en telle position que ces deux courbes se touchent l'une l'autre et soient dans des plans différents, tout en reposant sur une même surface conique. *Les courbes du second ordre sont donc identiques aux sections coniques* (**62**), et nous pourrons, par la suite, leur appliquer cette dernière dénomination.

X. — Faisceau de rayons du premier ordre et courbe du second; ponctuelle et faisceau de rayons du second ordre, projectifs, mais non perspectifs.

165. *Si une courbe s du second ordre est projective, mais non perspective, à un faisceau S de rayons du premier ordre, situé dans son plan, trois rayons au plus du faisceau, mais un au moins, passent par les points de la courbe qui leur correspondent.*

Si un faisceau de rayons du second ordre est projectif, mais non perspectif, à une ponctuelle située dans son plan, trois points au plus de la ponctuelle, mais un au moins, sont situés sur les rayons du faisceau qui leur correspondent.

Tout faisceau de rayons S_1, perspectif à la courbe *s*, et, par suite, projectif au faisceau S, engendre généralement avec celui-ci une deuxième courbe du second ordre, et tout point de *s*, situé sur le rayon de S qui lui correspond, est évidemment commun aux deux courbes.

Si plus de trois points de *s* reposaient sur les rayons correspondants de S, les deux courbes auraient, outre le point S_1, quatre points communs au moins; elles seraient par conséquent identiques et S serait perspectif à *s*, ce qui est contraire à l'hypothèse. Donc, trois rayons au plus du faisceau S passent par les points de la courbe *s* qui leur correspondent.

Toute courbe du second ordre divisant le plan qui la contient en deux parties distinctes (107), les deux courbes considérées doivent se toucher au point commun S_1, ou bien se couper au point S_1 et, par suite, au moins en un second point P, car chacune d'elles se trouve alors, partie au dedans et partie au dehors de l'autre. Dans le premier cas, au rayon SS_1 de S correspond la tangente commune en S_1 et par conséquent le point S_1 de la courbe s situé sur SS_1. Dans le second cas, les rayons SP, S_1P se correspondent et SP passe conséquemment par le point P de la courbe s qui lui correspond. Donc un rayon du faisceau S passe par le point correspondant de la courbe s.

166. Les formes du premier et du second ordre, dans la gerbe, donnent lieu à des propositions tout à fait analogues. On en déduit que :

Si une forme fondamentale simple et une forme du second ordre sont projectivement rapportées entre elles, et si plus de trois éléments de l'une passent par leurs correspondants de l'autre, les deux formes sont perspectives, et tout élément de l'une passe par son correspondant de l'autre.

Si la forme du second ordre est un système de droites génératrices d'une surface doublement rectiligne, et celle du premier ordre une ponctuelle ou un faisceau de plans, on dit qu'elles sont en position perspective lorsque trois rayons du système de droites passent par les trois points correspondants de la ponctuelle, ou reposent sur les trois plans correspondants du faisceau de plans. Le lieu de la ponctuelle, ou l'axe du faisceau de plans, est une génératrice du système, car il coupe trois rayons de celui-ci.

XI. — Courbe plane et courbe gauche du troisième ordre. Faisceau de rayons et faisceau de plans du troisième ordre.

167. On reconnaîtra l'importance des précédentes propositions aux conséquences qui s'en déduisent :

Si une ponctuelle u et une courbe s du second ordre, qui lui est projective, sont situées dans un même plan,

Si un faisceau de rayons du premier ordre et un faisceau de rayons du second ordre, qui lui est projec-

les droites de jonction des couples de points correspondants forment un FAISCEAU DE RAYONS DU TROISIÈME ORDRE K, *qui a au moins un rayon commun, au plus trois rayons communs avec tout faisceau du premier ordre ne faisant pas partie du faisceau* K.

tif, sont situés dans un même plan, les points d'intersection des couples de rayons correspondants forment une COURBE DU TROISIÈME ORDRE k, *qui a au moins un point commun, au plus trois points communs avec toute droite du plan ne faisant pas partie de la courbe* k.

En effet (à gauche), si S est une faisceau quelconque du premier ordre, perspectif à *u* et conséquemment projectif à *s*, tous les rayons de S, ou trois rayons au plus, ou un rayon au moins, passent par les points correspondants de *s* (165).

Une surface conique du second ordre, ou un système de droites, engendrent, avec un faisceau de plans du premier ordre qui leur est projectif, une COURBE GAUCHE DU TROISIÈME ORDRE *dont un point au moins, trois points au plus, sont situés sur tout plan donné.*

Un faisceau de rayons du second ordre, ou un système de droites, engendrent, avec une ponctuelle qui leur est projective, UN FAISCEAU DE PLANS DU TROISIÈME ORDRE *dont un plan au moins, trois plans au plus, passent par tout point donné.*

En effet (à gauche) tout plan coupe la surface conique, ou le système de droites, suivant une courbe du second ordre qui leur est perspective et dont un point au moins, trois points au plus, sont situés, en général, sur les plans correspondants du faisceau (166).

168. Si la ponctuelle *u* et la courbe *s* du second ordre ont un point uni, chacun des rayons passant par ce point doit être considéré comme la droite de jonction de deux points correspondants en coïncidence, et l'ensemble de ces rayons constitue un faisceau du premier ordre, qui est contenu tout entier dans le faisceau de rayons du troisième ordre. Les propositions suivantes doivent donc être considérées comme des cas particuliers de celles qu'on vient de démontrer.

Si une ponctuelle u et une courbe s du second ordre, qui lui est projective, ont deux points A, B *unis, elles*

Si un faisceau de rayons du premier ordre et un faisceau de rayons du second, qui lui est projectif, ont

engendrent un faisceau de rayons du premier ordre.

deux rayons unis, ils engendrent une ponctuelle.

Soit C_1 le point de s qui correspond au point C de u, et soit S le point de s qui est projeté de C par le rayon $C_1 C$. Rapportons u et s perspectivement au faisceau de rayons S; ces deux formes sont alors rapportées projectivement entre elles, de telle sorte qu'aux trois points A, B, C de u correspondent respectivement les trois points A, B, C_1 de s. Mais la projectivité de u et de s est déjà complétement déterminée (159) par trois couples de points correspondants; les droites de jonction de tous les couples de points correspondants forment donc effectivement un faisceau de rayons S du premier ordre, dont le centre est sur la courbe s.

XII. — Relations entre formes élémentaires.

169. *Une courbe du second ordre et deux droites a, b, qui ont chacune un point commun avec la courbe, mais qui ne sont, ni dans le plan de la courbe, ni dans un même plan, déterminent un système de droites perspectif à la courbe et dont les deux droites données sont directrices.*

Un faisceau de plans du second ordre et deux droites a, b, qui sont projetées du centre du faisceau par deux de ses plans, mais qui ne se rencontrent pas, déterminent un système de droites perspectif au faisceau et dont les deux droites données sont directrices.

Les faisceaux de plans a et b, perspectifs à la courbe, engendrent le système de droites.

Les deux ponctuelles a et b, perspectives au faisceau de plans, engendrent le système de droites.

Le système de directrices, qui contient les droites a et b, est de même perspectif, respectivement, à la courbe et au faisceau de plans du second ordre.

170. *Si une ponctuelle et une courbe du second ordre, situées dans des plans différents, sont projectives et ont un point uni A, elles engendrent un système de droites qui leur est perspectif.*

Si un faisceau de plans du premier ordre et un autre du second ordre, dont le centre ne se trouve pas sur l'axe du précédent, sont projectifs et ont un plan uni, ils engendrent un système de droites qui leur est perspectif.

Aux trois points A, B, C de la ponctuelle (à gauche) correspondent les trois points A_1, B_1, C_1 de la courbe; et le système de droites, perspectif à la courbe, auquel appartiennent les droites BB_1, CC_1, est aussi perspectif à la ponctuelle, car les trois points A, B, C de celle-ci sont sur les rayons qui leur correspondent dans le système de droites (122). On démontre de même la proposition à droite.

171. D'un point quelconque, pris hors du plan de la courbe, on projette cette courbe au moyen d'une surface conique du second ordre et le système de droites au moyen d'un faisceau de plans du premier ou du second ordre. Le faisceau de plans du second ordre est coupé, par un plan quelconque, suivant un faisceau de rayons du second ordre, et le système de droites suivant une ponctuelle ou suivant une courbe du second ordre; donc :

Une ponctuelle et une surface conique du second ordre étant projectives, si un point de la ponctuelle est situé sur le rayon correspondant de la surface, les deux formes engendrent un faisceau de plans du premier ou du second ordre, qui leur est perspectif.	*Un faisceau de plans du premier ordre et un faisceau de rayons du second étant perspectifs, si un plan du premier faisceau passe par le rayon correspondant du second, les deux faisceaux engendrent une forme de points du premier ou du second ordre, qui leur est perspective.*

Cette proposition conduit immédiatement à la suivante, si l'on remarque que toute courbe du second ordre peut être considérée comme section d'une surface conique du second ordre (164) :

Si une ponctuelle et une courbe du second ordre, situées dans un plan, sont projectives et ont un point uni, elles engendrent un faisceau de rayons, du premier ou du second ordre, qui leur est perspectif.	*Si deux faisceaux de rayons, l'un du premier ordre, l'autre du second ordre, situés dans un plan, sont projectifs et ont un rayon uni, ils engendrent une forme de points, du premier ou du second ordre, qui leur est perspective.*

172. *Deux systèmes de droites, a, b, c et a_1, b_1, c_1, projectifs entre eux, et constituant chacun un système de directrices de l'autre, engendrent en même temps une courbe du second ordre* *qui leur est perspective et un faisceau de plans du second ordre qui leur est aussi perspectif.*

Les deux systèmes de droites ne peuvent être rapportés entre eux que d'une seule manière, les rayons a, b, c de l'un correspondant respectivement aux rayons a_1, b_1, c_1 de l'autre. Mais cette condition est remplie quand on fait correspondre deux à deux les rayons qui coupent en un même point le plan des trois points aa_1, bb_1, cc_1, ou qui sont projetés par un même plan du point d'intersection des trois plans aa_1, bb_1, cc_1.

XIII. — Formes projectives situées l'une sur l'autre.

173. *Quand deux courbes du second ordre, projectives* ([1]), *sont placées l'une sur l'autre, ou bien elles engendrent un faisceau de rayons du second ordre qui leur est perspectif, ou bien leurs couples de points correspondants sont alignés sur un même point.*

Quand deux faisceaux de rayons du second ordre, projectifs, sont placés l'un sur l'autre, ou bien ils engendrent une courbe du second ordre qui leur est perspective, ou bien leurs couples de rayons correspondants se coupent sur une même droite.

Tout système de droites, perspectif à l'une des courbes, engendre avec son système directeur, rapporté perspectivement à l'autre courbe, un faisceau de plans du second ordre, qui est perspectif aux quatre formes (**172**); et l'on se trouve dans le premier ou dans le second cas de la proposition, selon que le centre du faisceau est placé en dehors du plan des courbes ou sur ce plan. Si donc, parmi les droites qui joignent deux à deux les points correspondants des courbes, trois quelconques passent par un même point U (*fig.* 44 et 45), toutes les autres se coupent en ce point.

([1]) La considération de deux séries projectives de points, sur une même courbe du second ordre, a été nettement énoncée par Bellavitis dans son *Saggio di Geometria derivata* (*Nuovi saggi dell' I. R. Accademia di Scienze, Lettere ed Arti in Padova*, vol. IV. Padova, 1838, p. 270. Nota). Ce géomètre les a d'abord distinguées en les appelant coniche. Il leur a ensuite donné le nom de *ditome punteggiate*, réservant celui de *diatomene radiate* aux formes corrélatives dans les mêmes conditions (IVᵉ Partie de la XIIᵉ *Rivista dei giornali*, dans les *Atti del R. Istituto Veneto*, etc., 1873-74, p. 358).

XIV. — Formes dans des plans différents.

174. *Deux courbes projectives du second ordre,* ABCD *et* ABC_1D_1, *non situées dans le même plan, mais ayant deux points unis* A *et* B, *engendrent une forme de rayons du second ordre (système de droites ou surface conique) qui leur est perspective.*

Deux faisceaux de plans projectifs du second ordre, non concentriques, mais ayant deux plans unis, engendrent une forme de rayons du second ordre (système de droites ou faisceau de rayons) qui leur est perspective.

En effet la forme de rayons du second ordre à laquelle appartiennent les rayons CC_1 et DD_1, perspective à la courbe ABCD, l'est aussi à la courbe ABC_1D_1 (162).

Les deux courbes engendrent une surface conique quand leurs

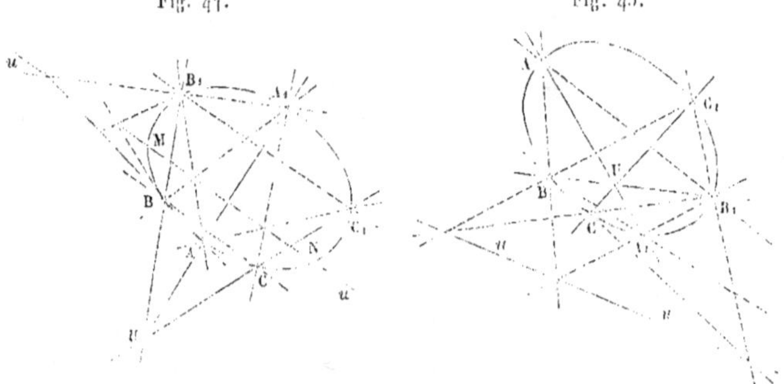

Fig. 44.   Fig. 45.

tangentes en C et en C_1 coupent la droite AB au même point. En effet, si les courbes engendraient dans ce cas un système de droites, le plan des deux tangentes contiendrait, outre le rayon CC_1 du système de droites, une directrice du même système (144); il aurait donc, sur cette directrice, un point, différent de C et de C_1, commun avec chacune des deux courbes, ou avec l'une d'elles, ce qui est impossible.

175. *Si deux courbes du second ordre, situées dans deux plans différents, passent par deux mêmes*

Si deux surfaces coniques du second ordre, non concentriques, sont inscrites entre deux mêmes plans,

points, A et B, *de la droite d'inter-* | *passant par la droite qui joint leurs*
section de ces plans, elles sont simul- | *centres, elles se coupent mutuelle-*
tanément projetées l'une sur l'autre | *ment suivant deux courbes du second*
par deux surfaces coniques du second | *ordre.*
ordre.

En effet, les deux courbes peuvent être rapportées projectivement entre elles de deux manières : soit que les extrémités A et B
de leur corde commune constituent des éléments unis, soit que les
tangentes en deux autres points correspondants, C et C$_1$, se coupent en un point de AB.

XV. — Cas de perspectivité.

176. *Si deux formes telles qu'une courbe et un faisceau du*
second ordre, ou une surface conique et un faisceau de plans du
second ordre, sont projectives, et si cinq éléments de l'une re-
posent sur les éléments qui leur correspondent dans l'autre, les
deux formes sont perspectives.

Nous considérerons seulement le cas d'une courbe du second
ordre *u*, projective à un faisceau de plans du second ordre S, et
dont cinq points, A, B, C, D, E, sont respectivement sur les plans
correspondants α, β, γ, δ, ε du faisceau; tous les autres cas peuvent être aisément ramenés à celui-là. Il suffira d'établir qu'on peut
construire une forme de rayons qui soit en même temps perspective
à la courbe et au faisceau de plans; car il sera ainsi démontré que
tout point de la courbe est dans le plan du faisceau qui lui correspond.

Si le plan *u* de la courbe est un élément du faisceau S, la section
de S par ce plan est un faisceau de rayons du premier ordre
$u(\alpha\beta\gamma\delta\varepsilon)$, perspectif à S, et perspectif aussi à la courbe u(ABCDE);
car plus de trois de ses rayons passent par les points de la courbe
qui leur correspondent (**166**).

Le point S est, dans ce cas, sur la courbe, et *vice versâ,* si S est
un point de la courbe, le plan *u* est un élément du faisceau S de
plans. La courbe est, en effet, projetée du point S au moyen d'un
faisceau de rayons du premier ordre, S(ABCDE), qui est perspectif

au faisceau de plans S $(\alpha\beta\gamma\delta\varepsilon)$, puisque plus de trois de ses rayons sont situés sur les plans de S qui leur correspondent.

Supposons maintenant que le point S ne soit pas situé sur la courbe, et que par conséquent le plan u de celle-ci n'appartienne pas au faisceau S de plans. Soit A_1 le point de la courbe qui est projeté de A par le plan α, c'est-à-dire le second point d'intersection de α avec la courbe (ce point coïncide avec A lorsque la courbe est touchée par α). Menons par A_1, dans le plan α, une droite g, autre que AA_1, et projetons de cette droite la courbe du second ordre, au moyen d'un faisceau de plans du premier ordre, $g(ABCDE)$. Ce faisceau et le faisceau de plans S du second ordre sont projectifs et ils ont le plan α uni ; ils engendrent donc un système de droites qui leur est perspectif (**170**) et qui est aussi perspectif à la courbe du second ordre, puisque quatre rayons du système passent par les points de la courbe qui leur correspondent (**162**).

177. *Une courbe du second ordre* **ABCDE** *et un système de droites* abcde *étant projectifs, sans être perspectifs, si deux points* **A, B** *de la courbe sont sur les rayons correspondants* a, b *du système de droites, les deux formes engendrent un faisceau de plans du premier ou du second ordre, qui leur est perspectif.*	*Un faisceau de plans du second ordre et un système de droites étant projectifs, sans être perspectifs, si deux plans du faisceau passent par les rayons correspondants du système de droites, les deux formes engendrent une ponctuelle, ou une courbe du second ordre, qui leur est perspective.*

Les trois plans Cc, Dd, Ee, qui joignent les points C, D, E de la courbe aux rayons correspondants c, d, e du système de droites, se coupent suivant une droite ou en un point, et le faisceau de plans qui projette, de cette droite ou de ce point d'intersection, le système de droites abcde, est aussi perspectif à la courbe ABCDE (**176**).

178. *Quand deux courbes projectives du second ordre, situées dans un même plan, ont deux points unis, ou bien elles engendrent un faisceau de rayons du premier ou du second ordre, qui leur est perspectif, ou*	*Quand deux faisceaux projectifs de rayons du second ordre ont deux rayons unis, ou bien ils engendrent une ponctuelle ou une courbe du second ordre, qui leur est perspective, ou bien il existe une droite qui n'ap-*

bien il existe un point qui n'est situé sur aucune des deux courbes et qui est en ligne droite avec deux points correspondants quelconques de celles-ci.

partient à aucun des deux faisceaux et qui est coupée au même point par deux rayons correspondants quelconques de ceux-ci.

En effet (à gauche) tout système de droites, perspectif à l'une des courbes, engendre avec l'autre (**177**) un faisceau de plans du premier ou du second ordre, qui est en général coupé par le plan des courbes, suivant un faisceau de rayons du premier ou du second ordre.

Le dernier cas considéré dans la proposition ne se produit que si le faisceau de plans est du second ordre et s'il a son centre sur le plan des courbes.

CHAPITRE XIII.

INVOLUTION ([1]).

PONCELET, *Traité des propriétés projectives*, etc., Paris, 1822, N. 178-183. — CHASLES, *Aperçu historique*, etc. Bruxelles, 1837, Note X. — STAUDT, *Geometrie der Lage.* Nürnberg, 1847, § 16-17. — CHASLES, *Traité de Géométrie supérieure.* Paris, 1852, Chap. IX-XIII. — STAUDT, *Beiträge zur Geometrie der Lage.* Nürnberg, 1856, § 4-6. — WITZSCHEL, *Grundlinien der neueren Geometrie.* Leipzig, 1858, IV Kap. — BLUM-BERGER, *Grundzüge einiger Theorieen aus der neueren Geometrie*, etc. Halle, 1858, II Abschn. — CREMONA, *Introduzione ad una teoria geometrica delle curve piane.* Bologna, 1862, art. IV. — PONCELET, *Traité des propriétés projectives des figures*, etc. 1866, t. II, section IV. — REYE, *Die Geometrie der Lage.* Hannover, 1866, p. 115-126. — STEINER, *Vorlesungen über synthetische Geometrie.* II Theil. Leipzig, 1867, § 16-17. — GEISER, *Einleitung in die synthetische Geometrie.* Leipzig, 1869, § 10-11.

I. — Définition générale.

179. Considérons deux ponctuelles projectives superposées, n'ayant pas tous leurs éléments unis, et telles que, si un point A, pris comme élément de l'une, correspond à un point A_1 de l'autre, le point A_1, considéré comme élément de la première, corresponde

---

([1]) Plusieurs cas particuliers de la théorie de l'involution étaient déjà connus des géomètres grecs. Quarante lemmes environ du livre VII des *Mathematicæ collectiones* de PAPPUS sont relatifs au Traité *De determinata sectione* d'APOLLONIUS, et rentrent aujourd'hui dans les nouvelles doctrines de la Géométrie. Ce sont des relations entre les segments faits sur une droite par des systèmes de points. On n'aperçoit pas, au premier abord, la vraie signification de ces propositions, ni les rapports qui peuvent les rattacher à une même question ; mais on reconnaît, par un plus ample examen, qu'elles sont toutes relatives à la théorie de l'*involution* de six points, créée par DESARGUES, et devenue d'un usage si fréquent dans la Géométrie moderne. Ce ne sont pas les propriétés de la relation d'involution la plus générale, qui a lieu entre six points ; mais ce sont des propriétés de plusieurs relations que l'on peut aujourd'hui considérer comme des cas particuliers de cette relation générale.

Les propositions 22, 29, 30, 32, 34, 35, 36 et 44, par exemple, concernent une invo-

encore au point A, pris comme élément de la seconde. On dit
alors que les points A et A₁ se *correspondent doublement*.

---

lution de cinq points. On y considère deux systèmes de deux points *conjugués*, et
leur point *central*; et l'on en déduit une autre relation entre les cinq points.

Pour conclure cette relation de la relation plus générale entre six points, il faut
observer que le conjugué du cinquième point ou point central est à l'infini.

Les propositions 37 et 38 concernent une involution de quatre points, qui sont deux
points conjugués, un point double et le point central.

La 39ᵉ et la 40ᵉ roulent sur une même propriété d'une involution de cinq points.
On y considère deux systèmes de points conjugués et un point double.

Les 41ᵉ, 42ᵉ et 43ᵉ sont une relation entre deux systèmes de deux points conjugués
et leur point central; relation nouvelle, différente des relations connues de l'involution de six points.

Les douze propositions 45, 46, ... et 56 expriment une autre relation générale
entre deux systèmes de deux points conjugués, leur point central et un autre point
quelconque. Les propositions 41, 42 et 43 ne donnent que des corollaires de cette
relation générale.

DESARGUES est aujourd'hui reconnu, malgré ces précédents anciens, comme le véritable auteur de la théorie de l'involution. On lui doit le théorème suivant :

« Le produit des segments compris sur la transversale, entre un point de la conique
et deux côtés opposés du quadrilatère, est au produit des segments compris entre le
même point de la conique et les deux autres côtés opposés du quadrilatère, dans un
rapport égal à celui des produits semblablement faits avec le second point de la conique situé sur la transversale. »

PASCAL, dans son *Essai pour les coniques*, donne ce théorème « dont le premier
inventeur est M. DESARGUES, un des grands esprits de ce temps, et des plus versés aux
Mathématiques et entre autres aux coniques ». (*OEuvres de Pascal*, t. IV, p. 408).

Le même théorème est énoncé par BEAUGRAND dans une lettre critique sur l'Ouvrage
de DESARGUES mis au jour en 1636 sous le titre de : *Brouillon proiect d'une atteinte
aux événemens des rencontres d'un cône avec un plan*. Cette lettre nous apprend que
DESARGUES désignait sous le nom d'*involution de six points* la relation qui constitue
son beau théorème.

L'examen de la méthode de DESARGUES a été facilité, dans ces derniers temps, par la
publication de ses *OEuvres*, dont on est redevable à M. POUDRA (*OEuvres de DESARGUES,
précédées d'une nouvelle biographie de DESARGUES, suivies de l'analyse des Ouvrages de
Bosse, élève et ami de DESARGUES ; de Notices sur DESARGUES extraites de la vie de DES-
CARTES par BAILLET ; de lettres de DESCARTES ; de Notices diverses sur DESARGUES, par le
P. COLONIA, PERNETTY, PONCELET et CHASLES ; ... et d'un recueil très-rare de divers
libelles publiés contre DESARGUES*. 2 vol. in-8. Paris, 1864 et 1875). Le *Brouillon proiect*
cité plus haut, qui constitue l'œuvre principale de DESARGUES (vol. I, p. 103-230) a été
découvert en 1845 par CHASLES, dans un manuscrit de LA HIRE, daté de 1679. On igno-
rait, avant cette découverte, jusqu'à quel point DESARGUES avait poussé ses recherches
de Géométrie moderne. La perte du Traité des coniques de DESARGUES et, bientôt après,
la disparition du Traité des coniques de PASCAL, fondé sur des considérations em-
pruntées à DESARGUES lui-même, ont causé un grand dommage aux progrès de la Science
et à la connaissance historique des travaux du xviiᵉ siècle. — Voir CHASLES. *Aperçu
historique*, etc. Bruxelles, 1837, p. 39-41, 77-79; *Comptes rendus de l'Académie des
Sciences*, t. XX, 1845, p. 1550-1554; *Rapport sur les progrès de la Géométrie*. Paris,
1870, p. 303-306. — HOEFER, *Histoire des Mathématiques*. Paris, 1874, p. 438.

Lorsque, dans deux ponctuelles projectives, u et u_1, deux points distincts, A et A_1, se correspondent doublement, tous les autres couples de points correspondants se trouvent dans la même condition.

Soit, en effet, B un troisième point quelconque de u et B_1 son correspondant dans u_1. Les deux formes de points AA_1BB_1 et A_1AB_1B sont projectives (52) et le point B, pris comme élément de la seconde, a pour correspondant le point B_1, considéré comme élément de la première.

Deux ponctuelles dont les éléments se correspondent ainsi doublement sont dites ponctuelles *involutoires* ou en *involution*.

La même définition s'applique, non-seulement à deux formes de la même espèce (faisceaux de rayons concentriques, faisceaux de plans coaxés, etc.) qui répondent aux conditions du précédent énoncé, mais encore à deux formes projectives d'espèces différentes, lorsque les éléments de l'une sont en double correspondance avec les éléments de la section ou de la projection de l'autre.

II. — Courbes et faisceaux de rayons du second ordre en involution.

180. *Deux courbes du second ordre, projectives et superposées, sont en involution lorsque deux quelconques de leurs points, A et A_1, se correspondent doublement.*

Soient B et B_1 (*fig.* 44 et 45) deux points correspondants quelconques, U le point d'intersection des droites AA_1, BB_1, et u la polaire de ce point par rapport au lieu des deux courbes du second ordre superposées.

Aux points A, A_1, B de l'une des courbes correspondent respectivement les points A_1, A, B_1 de l'autre. Les deux faisceaux de rayons B_1 (AA_1B) et B (A_1AB_1), qui projettent respectivement, des points B_1 et B, les courbes AA_1B et A_1AB_1, sont perspectifs à la ponctuelle u. Ils sont, en effet, projectifs aux courbes et, par conséquent, projectifs entre eux; de plus ils ont comme élément uni le rayon B_1B ou BB_1, et sont dès lors des projections d'une même ponctuelle. Cette ponctuelle est d'ailleurs située sur u;

car les couples de rayons correspondants $B_1 A$ et BA_1, $B_1 A_1$ et BA se coupent sur la droite u.

Deux autres points de la courbe, C et C_1, alignés avec U, sont projetés de la même manière par deux couples de rayons correspondants des faisceaux B et B_1, perspectifs à u, et sont, par suite, deux points doublement correspondants des courbes.

Il suit de là et des théorèmes précédemment établis (105) que :

Si deux courbes projectives du second ordre sont en involution, les droites qui joignent deux points correspondants quelconques se coupent en un même point U, *et les points d'intersection de deux tangentes correspondantes quelconques sont situés sur la polaire* u *de* U.

La droite u est nommée l'*axe d'involution* et le point U le *centre d'involution* des courbes.

181. *Les deux faisceaux de rayons du second ordre qui enveloppent deux courbes involutoires du second ordre sont aussi en involution.*

En effet, les tangentes en deux points doublement correspondants quelconques sont elles-mêmes doublement correspondantes.

Les faisceaux sont dès lors coupés, par chacun de leurs rayons, suivant deux ponctuelles involutoires ; et pareillement :

Deux courbes du second ordre en involution sont projetées, de chacun de leurs points, au moyen de deux faisceaux de rayons du premier ordre en involution, et de tout point pris hors de leur plan, au moyen de deux surfaces coniques en involution.

Un système de droites, perspectif à l'une des deux courbes, est en involution avec l'autre, et ainsi de suite.

III. — Formes élémentaires en involution.

182. Nous pouvons étendre à toutes les formes élémentaires le théorème établi au n° **180**, en disant que :

Deux formes élémentaires de la même espèce, projectives et situées l'une sur l'autre, sont en involution lorsque deux quelconques de leurs éléments se correspondent doublement.

Si les deux formes élémentaires sont deux faisceaux de rayons situés l'un sur l'autre, on construit deux courbes du second ordre, situées aussi l'une sur l'autre et perspectives aux faisceaux considérés. Ces courbes sont en involution, car deux de leurs points se correspondent doublement. Les deux formes de rayons sont donc aussi en involution.

Si les deux formes élémentaires sont deux faisceaux de plans ou deux ponctuelles, on construit deux formes de rayons, situées l'une sur l'autre et perspectives aux formes données. Ces formes de rayons étant, d'après ce qu'on a vu, en involution, il en sera de même des formes données.

IV. — Éléments conjugués et doubles.

183. Deux formes de la même espèce en involution sont ordinairement considérées comme une seule forme dont les éléments sont dits *conjugués deux à deux* ou *accouplés involutoirement.*

Deux formes élémentaires étant perspectives, si les éléments de l'une sont conjugués deux à deux, les éléments de l'autre le sont aussi.

184. *Pour accoupler involutoirement les éléments d'une forme élémentaire, il suffit d'accoupler arbitrairement deux couples d'éléments, (A, A_1) et (B, B_1).*

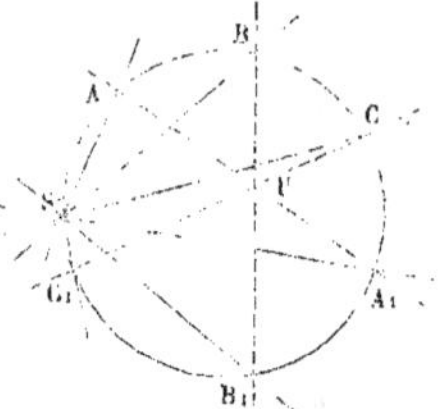

Fig. 46.

Si la forme élémentaire involutoire est une courbe du second ordre, on trouve facilement (*fig.* 46) le conjugué C_1 d'un cinquième point quelconque C, au moyen du centre d'involution U, où se coupent les droites AA_1, BB_1 et où doit passer aussi la droite CC_1 (180). L'axe d'involution peut également servir à cette détermination.

Le même raisonnement s'applique à la surface conique du second ordre.

S'il s'agit d'accoupler involutoirement les rayons d'un système de droites, on coupe le système suivant une courbe du second ordre et l'on procède comme pour celle-ci.

S'il s'agit des rayons d'un faisceau S du premier ordre (*fig.* 46), il suffit de construire une courbe du second ordre perspective au faisceau (par exemple un cercle passant par le centre S), et d'accoupler les points de cette courbe.

On procédera d'une manière analogue pour toute autre forme élémentaire.

185. *Deux formes élémentaires de la même espèce en involution (deux courbes par exemple) sont projectives, concordantes ou opposées (48) selon que deux éléments conjugués, A et A_1, sont ou ne sont pas séparés par deux autres, B et B_1.*

Dans le premier cas, deux éléments correspondants se meuvent simultanément dans le même sens, l'un décrivant la forme AA_1B, l'autre la forme A_1AB, et ne se rencontrent jamais.

Dans le second cas, les deux éléments correspondants se meuvent en sens opposés et doivent tomber deux fois l'un sur l'autre.

On donne à tout élément correspondant commun de deux formes en involution le nom d'*élément double* de la forme involutoire composée des deux premières formes ensemble.

Une forme élémentaire involutoire n'a aucun élément double, ou elle a deux éléments doubles, selon que deux de ses éléments conjugués sont ou ne sont pas séparés par deux autres.

Sur chaque élément double coïncident deux éléments conjugués de la forme en involution.

Si le centre d'involution U d'une courbe involutoire du second ordre est situé en dehors de la courbe, celle-ci a deux points doubles, M et N, qui sont les points de contact des deux tangentes issues du point U.

L'axe u d'involution, qui est la polaire du point U, coupe la courbe en ces points doubles.

186. *Les éléments doubles d'une forme élémentaire en involution sont harmoniquement séparés par deux éléments conjugués.*

Il suffira de démontrer cette propriété pour les courbes du second ordre en involution, puisque tout autre cas peut être ramené à celui-là.

Soient M et N (*fig.* 44) les éléments doubles ; A et A_1 les conjugués proposés ; B, B_1 un second couple de points conjugués. Les côtés opposés du quadrangle simple $A B A_1 B_1$ se coupent en deux points conjugués (109, 111) qui sont séparés harmoniquement l'un de l'autre par M et N. Les rayons BA, BM, BA_1, BN, qui projettent quatre points harmoniques, sont donc quatre rayons harmoniques. Par suite, les points doubles M et N sont harmoniquement séparés, sur la courbe, par les points A et A_1.

187. On peut accoupler involutoirement les éléments d'une forme élémentaire, en prenant arbitrairement deux éléments doubles, M et N, ou un élément double M et un couple d'éléments conjugués, A et A_1. Le conjugué d'un élément quelconque est alors déterminé.

Dans le premier cas, deux éléments quelconques sont conjugués s'ils sont harmoniquement séparés par les points M et N. Dans le second cas, le deuxième élément double N peut être immédiatement déterminé, puisqu'il est harmoniquement séparé de M par A et A_1. Ce cas est donc ramené au précédent.

V. — Involution de ponctuelles avec des faisceaux de rayons.

188. *Une ponctuelle u et un faisceau de rayons* S, *projectifs l'un à l'autre, et tels que la droite u ne passe pas par le point* S, *sont en involution lorsque deux points quelconques,* P *et* P_1, *de u, sont situés chacun sur le rayon du faisceau qui correspond à l'autre.*

En effet, les points P et P_1 se correspondant doublement, la section du faisceau par la droite est projective à *u* et en involution avec *u*.

On reconnaît de la même manière l'involution d'un faisceau de plans avec une ponctuelle, ou avec un faisceau de rayons.

189. *Les polaires de tous les points d'une ponctuelle u, par rapport à une courbe du second ordre qui ne rencontre pas cette* *droite, concourent au pôle* U *de* u *et forment un faisceau de rayons* (108) *en involution avec la ponctuelle.*

'Si, dans ces conditions, deux points conjugués quelconques de la ponctuelle u et deux rayons conjugués du faisceau U sont accouplés involutoirement, tous les points de u et tous les rayons de U seront accouplés de la même manière. En particulier :

Tous les couples de diamètres conjugués d'une courbe du second ordre forment un faisceau de rayons en involution.

190. Nous pouvons maintenant démontrer de la manière suivante le théorème du n° 186 :

Considérons la forme involutoire M. N. AA_1 (*fig.* 47), qui est une ponctuelle résultant de deux formes projectives en involution. Aux points M, A, N, A_1 de l'une de ces formes, correspondent les points M, A_1 N, A de l'autre, car M et N sont des points correspondants communs aux deux formes, et A, A_1 se correspondent doublement. $MANA_1$ et MA_1 NA sont donc des formes projectives. Projetons maintenant $MANA_1$, d'un point quelconque S, sur une droite passant par M. La projection MRKT est projective à $MANA_1$ et, par suite, à MA_1 NA. Donc les formes MRKT, MA_1 NA sont projectives. Mais ces formes ont le point M uni ; conséquemment elles sont perspectives, ce qui revient à dire que les droites RA_1, KN, TA, concourent en un même point Q. On obtient ainsi le quadrangle QRST, dans lequel deux couples de côtés opposés se coupent respectivement en A et A_1, tandis que les diagonales passent par M et N. Donc M, A, N, A_1 sont effectivement quatre points harmoniques.

Fig. 47.

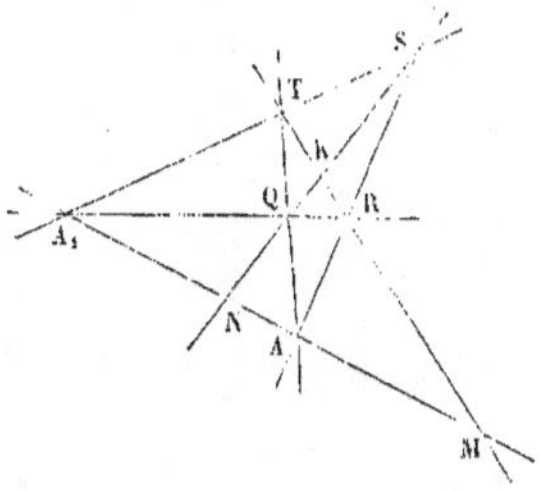

VI. — Éléments conjugués dans une involution.

191. Trois couples d'éléments conjugués, AA_1, BB_1, CC_1 d'une forme élémentaire involutoire constituent ce qu'on appelle une *involution*.

Les six éléments d'une involution ne sont pas indépendants les uns des autres, ainsi qu'il résulte immédiatement d'une relation établie plus haut (183).

Un élément double, M ou N, peut occuper dans l'involution la position d'un couple d'éléments. Par exemple, $M.AA_1.BB_1$ est une involution lorsque les formes MAA_1B et MA_1AB_1 sont projectives. Pareillement, $M.N.AA_1$ est une involution lorsque $MANA_1$ est un système harmonique, projectif par conséquent au système MA_1NA.

192. Nous pouvons établir maintenant les propositions suivantes :

Les trois couples de côtés opposés d'un quadrangle plan complet sont coupés par une droite quelconque de leur plan, ne passant par aucun des quatre sommets, en trois couples de points conjugués d'une ponctuelle en involution.

Les trois couples de sommets opposés d'un quadrilatère plan complet sont projetés, d'un point quelconque de leur plan, n'appartenant à aucun des quatre côtés, par trois couples de rayons conjugués d'un faisceau en involution.

Soit (à gauche) QRST (*fig.* 48) un quadrangle complet dont les couples de côtés opposés, RT et QS, ST et QR, QT et RS sont coupés, par la droite u, respectivement aux points A et A_1, B et B_1, C et C_1 ; et soit O le point d'intersection de QS et RT. La forme ATOR est la projection de ACA_1B_1, du centre Q, aussi bien que la projection de ABA_1C_1, du centre S. La forme ACA_1B_1 est donc projective à ABA_1C_1 et par suite à A_1C_1AB (41). Donc $AA_1.BB_1.CC_1$ est une involution.

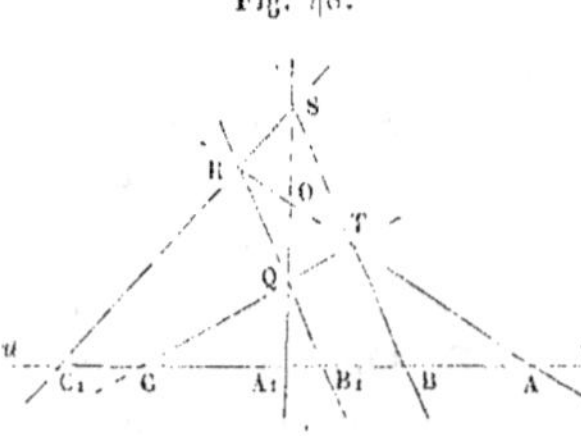

Fig. 48.

193. *On donne deux couples de points,* A, A_1 *et* B, B_1, *d'une ponctuelle involutoire, et l'on demande de déterminer le point* C_1, *conjugué à un cinquième point quelconque* C.

Nous pouvons éviter de recourir à la forme du second ordre, en construisant un quadrangle complet, dont deux côtés opposés passent par A et A_1, deux autres par B et B_1 et un cinquième côté par C ; le sixième côté déterminera le point cherché C_1.

194. *Une droite quelconque, ne passant par aucun des sommets d'un quadrangle simple, inscrit à une courbe du second ordre, rencontre la courbe et les deux couples de côtés opposés du quadrangle en trois couples de points conjugués en involution* ([1]).

Soit, en effet, u (*fig.* 49) une droite qui rencontre les côtés QT, RS, QR, TS du quadrangle QRST, respectivement en A, A_1, B, B_1 et la courbe en P, P_1. Les deux faisceaux de rayons qui projettent, de Q et de S, les points P, R, P_1, T de la courbe sont projectifs. Les ponctuelles PBP_1A et $PA_1P_1B_1$, suivant lesquelles la droite u coupe ces faisceaux, sont donc aussi projectives. Les formes $PA_1P_1B_1$ et $P_1B_1PA_1$ étant d'ailleurs projectives (**28, 41**), les formes PBP_1A et $P_1B_1PA_1$ le sont aussi. Donc $PP_1.AA_1.BB_1$ est une involution.

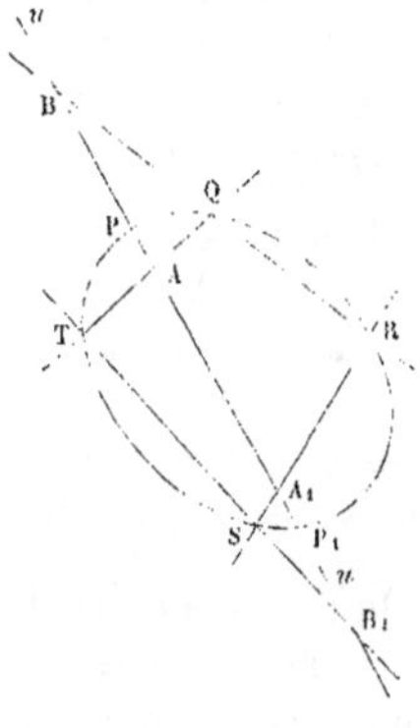

Fig. 49.

Cette involution est complétement déterminée par les couples de points AA_1, BB_1. Toute autre courbe

---

([1]) Cet énoncé est celui du célèbre théorème de DESARGUES, dont nous avons déjà parlé dans une précédente note. DESARGUES ne s'est pas borné à considérer ce cas, qu'il a désigné sous le nom d'*involution de six points*. Il y a étudié aussi le cas où deux points accouplés viennent à coïncider (involution de cinq points) et celui où, deux autres points accouplés coïncidant aussi, on n'a plus à considérer que quatre points ; la relation d'involution se réduit alors à un rapport harmonique. (*Brouillon proiect*, etc., dans les *OEuvres de Desargues réunies et analysées* par M. POUDRA. Paris, 1864, p. 171-176.)

La troisième des cinq propositions que FERMAT a laissées comme exemple ou spécimen des porismes (*Varia opera mathematica*. Tolosæ, 1679) n'est autre que le fameux théorème de l'involution de six points. On ne peut douter que l'illustre géomètre toulousain ne soit parvenu à cette proposition sans avoir connaissance de l'énoncé de DESARGUES ; mais on ne doit pas moins reconnaître à celui que PONCELET appelait très-justement *le Monge de son siècle* le double mérite d'avoir découvert son théorème vingt-cinq années avant FERMAT et d'en avoir mis toutes les ressources à profit dans sa théorie des coniques.

On sait d'ailleurs quel parti PASCAL a su tirer du théorème de DESARGUES. (Voir CHASLES, *Aperçu historique*, etc. Bruxelles, 1837, p. 67, 77-90, 331-341.)

du second ordre, circonscrite au quadrangle, coupera donc la droite *u* en deux points conjugués de la même involution.

Les courbes du second ordre inscrites dans un quadrilatère simple donnent lieu à une proposition tout à fait analogue.

Nous pouvons donc énoncer ces deux propositions générales :

Toutes les courbes du second ordre circonscrites à un quadrangle sont coupées par une droite u, située dans leur plan, mais ne passant par aucun des sommets du quadrangle, en des couples de points conjugués d'une ponctuelle involutoire u.

Toutes les courbes du second ordre inscrites dans un quadrilatère sont projetées d'un point S, situé dans leur plan, mais n'appartenant à aucun des côtés du quadrilatère, par des couples de rayons conjugués d'un faisceau involutoire S.

Si l'une des courbes circonscrites est tangente à la droite *u*, le point de contact est un point double de l'involution. Il y aura donc deux courbes satisfaisant à cette condition, ou il n'y en aura aucune.

Si l'une des courbes inscrites passe par le point S, la tangente en ce point est un rayon double de l'involution. Il y aura donc deux courbes satisfaisant à cette condition, ou il n'y en aura aucune.

On peut appliquer les précédents résultats à la construction des courbes du second ordre, par points ou par tangentes, quand on connaît cinq points ou cinq tangentes. Cette application est analogue à celle que nous avons faite des théorèmes de Pascal et de Brianchon (79).

195. Le premier théorème du n° 194 se transforme comme il suit pour le triangle :

Une droite quelconque, ne passant par aucun des trois sommets d'un triangle inscrit à une courbe du second ordre, rencontre la courbe, deux côtés du triangle, le troisième côté et la tangente au sommet opposé, en trois couples de points conjugués en involution.

Les courbes du second ordre inscrites dans un triangle, ou qui en touchent les côtés, donnent lieu à une proposition tout à fait analogue.

APPENDICE AUX CHAPITRES IX ET XIII.

RELATIONS MÉTRIQUES ENTRE LES FORMES EN INVOLUTION. FOYERS DES COURBES DU SECOND ORDRE [1].

I. — Relations métriques entre les éléments d'une ponctuelle et d'un faisceau de rayons en involution.

196. Soient A, A_1; B, B_1; C, C_1 (*fig.* 50 et 51) trois couples de points d'une ponctuelle en involution. Les formes AA_1BC_1 et A_1AB_1C sont pro-

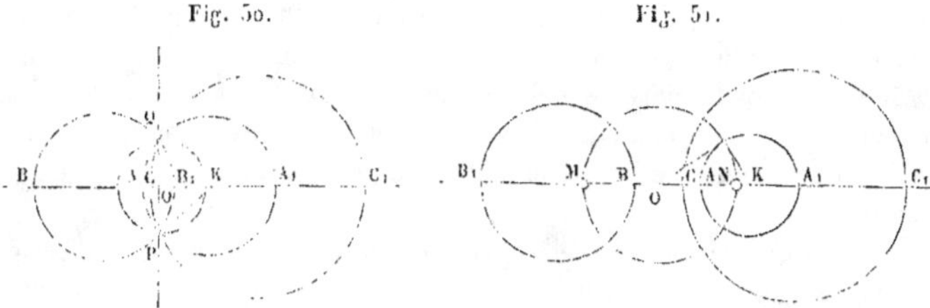

Fig. 50. Fig. 51.

jectives, et l'on a, entre les segments déterminés par les six points, la relation

$$\frac{AA_1}{AC_1} : \frac{BA_1}{BC_1} = \frac{A_1A}{A_1C} : \frac{B_1A}{B_1C},$$

qui peut être remplacée par cette autre

$$\frac{AA_1}{AC_1} : \frac{BA_1}{BC_1} = \frac{AA_1}{CA_1} : \frac{AB_1}{CB_1},$$

car

$$A_1A = -AA_1, \quad A_1C = -CA_1, \ldots.$$

---

[1] Voir en particulier : CHASLES, *Traité des sections coniques*. Paris, 1865, Chap. X. — REYE, *Die Geometrie der Lage*. Hannover, 1866, p. 120-136. — STEINER, *Vorlesungen über synthetische Geometrie*. Leipzig, 1867, p. 199-214.

11

On a donc finalement

$$(1) \qquad AB_1 . BC_1 . CA_1 = AC_1 . BA_1 . CB_1.$$

La relation de projectivité indiquée plus haut ne cesse pas d'exister quand on permute entre eux deux points conjugués, C et C_1 par exemple, dans les deux formes projectives. L'équation (1) devient, après cette permutation,

$$(\mathbf{I}) \qquad AB_1 . BC . C_1 A_1 = AC . BA_1 . C_1 B_1.$$

Des permutations analogues permettent d'exprimer encore la relation d'involution entre les six points considérés par l'une des équations suivantes :

$$AB . B_1 C_1 . CA_1 = AC_1 . B_1 A_1 . CB,$$
$$AB . B_1 C . C_1 A_1 = AC . B_1 A_1 . C_1 B.$$

Pour former l'une quelconque de ces quatre équations, la dernière par exemple, on prendra d'abord un segment AB ; puis le segment $B_1 C$, compris entre le conjugué B_1 de B et l'un des deux points du troisième couple ; puis le segment $C_1 A_1$, compris entre le conjugué C_1 du point C et le conjugué A_1 du point A du premier couple. Le produit de ces trois segments, $AB . B_1 C . C_1 A_1$, forme le premier membre de l'équation. Pour former le second membre, il suffit de renverser chacun des trois segments du premier, de permuter les indices et de faire le produit des nouveaux segments ainsi obtenus.

On peut établir des relations analogues entre les sinus des angles formés par les six éléments d'une involution dans un faisceau de rayons du premier ordre. Nous nous bornerons à indiquer une de ces relations, à titre d'exemple :

$$\sin \widehat{ab} . \sin \widehat{b_1 c} . \sin \widehat{c_1 a_1} = \sin \widehat{ac} . \sin \widehat{b_1 a_1} . \sin \widehat{c_1 b}.$$

II. — Centre de la ponctuelle involutoire.

197. Les équations (1) et $(\mathbf{I})$ deviennent beaucoup plus simples si l'un des six points, C_1 par exemple, passe à l'infini. Son conjugué C coïncide alors avec le point O, qui est le conjugué du point à l'infini, et qu'on nomme *centre de la ponctuelle en involution*. Dans ce cas, les rapports

$$\frac{BC_1}{AC_1} = \frac{AC_1 - AB}{AC_1} = 1 - \frac{AB}{AC_1},$$
$$\frac{C_1 A_1}{C_1 B_1} = \frac{C_1 B_1 - A_1 B_1}{C_1 B_1} = 1 - \frac{A_1 B_1}{C_1 B_1}$$

diffèrent infiniment peu de l'unité, puisque AC_1 et C_1B_1 croissent à l'infini, tandis que AB et A_1B_1 sont des segments finis.

Les équations (1) et (I) deviennent donc les suivantes :

$$AB_1 . OA_1 = BA_1 . OB_1,$$
$$AB_1 . BO = AO . BA_1,$$

et, divisant,

$$\frac{OA_1}{BO} = \frac{OB_1}{AO}.$$

Cette relation peut être mise sous la forme

$$(2) \qquad OA . OA_1 = OB . OB_1.$$

D'où il suit que :

Deux points correspondants quelconques d'une ponctuelle en involution forment, avec le centre de la ponctuelle, deux segments dont le produit est constant.

III. — Points doubles.

198. Si la ponctuelle a deux points doubles, M et N ($fig.$ 51), en chacun desquels deux points conjugués coïncident, on déduit de (2)

$$(3) \qquad OA . OA_1 = \overline{OM}^2 = \overline{ON}^2.$$

Le centre O d'une ponctuelle en involution est donc le point milieu du segment MN compris entre les points doubles.

Cette équation exprime aussi que M et N sont harmoniquement séparés par A et A_1 (**38**), ce que, du reste, nous savions déjà d'autre part (**186**, **190**).

Selon que le produit $OA . OA_1$ est positif ou négatif, il existe des points doubles ou il n'en existe pas. Donc :

Deux points conjugués quelconques A et A_1 d'une ponctuelle en involution sont situés d'un même côté, par rapport au centre O, si la ponctuelle a des points doubles, et de part et d'autre du centre si la ponctuelle n'a pas de points doubles.

199. Décrivons ($fig.$ 50, 51) sur les segments AA_1, BB_1, CC_1, limités par deux points conjugués d'une ponctuelle en involution, des cercles qui aient ces segments pour diamètres. Désignons par r le rayon de l'un quelconque de ces cercles, par exemple de celui qui est décrit sur AA_1, et par d la distance de son centre K au point O. Nous aurons

$$OA = OK - AK = d - r,$$
$$OA_1 = OK + KA_1 = d + r,$$

et, par conséquent,

$$OA . OA_1 = d^2 - r^2.$$

Si la ponctuelle en involution a deux points doubles, M et N, le point O est en dehors du cercle K (198) et $d^2 - r^2$ représente le carré de la tangente t qu'on peut mener du point O à ce cercle; car t et r sont les côtés de l'angle droit d'un triangle rectangle dont d est l'hypoténuse.

D'après l'équation (2), la longueur de la tangente t est constante pour tous les cercles construits sur les segments AA_1, BB_1, ... D'après l'équation (3), cette longueur est égale à la moitié du segment MN, compris entre les points doubles. Donc :

Les circonférences décrites sur les segments AA_1, BB_1, ..., limités par les couples de points conjugués d'une ponctuelle en involution, sont coupées orthogonalement par la circonférence décrite du centre O sur le segment des points doubles.

On voit aussi que :

Les circonférences décrites sur AA_1, BB_1, ... coupent orthogonalement toute circonférence passant par les points doubles.

Quand la ponctuelle en involution n'a pas de points doubles, son centre O est à l'intérieur du cercle décrit sur AA_1 et $d^2 - r^2$ est négatif.

Menons dans le cercle, par le point O, la corde PQ perpendiculaire à AA_1. Chacune des moitiés, OP, OQ, de cette corde est l'un des côtés de l'angle droit d'un triangle rectangle ayant pour second côté d et pour hypoténuse r. On a donc

$$d^2 + \overline{OP}^2 = r^2,$$

ou

$$d^2 - r^2 = -\overline{OP}^2 = -\overline{OQ}^2.$$

D'après l'équation (2), la longueur de la demi-corde doit rester la même pour tous les cercles décrits sur les segments AA_1, BB_1, CC_1, ... Il suit de là que tous ces cercles passent par les points P et Q, et que les angles $\widehat{APA_1}$, $\widehat{BPB_1}$, $\widehat{CPC_1}$, ... sont droits.

Nous pouvons donc énoncer successivement les propositions suivantes :

Quand une ponctuelle en involution n'a pas de points doubles, toutes les circonférences décrites sur les segments AA_1, BB_1, ..., *limités par les couples de points conjugués, passent par les deux points où se coupent deux quelconques d'entre elles.*

Quand une ponctuelle en involution n'a pas de points doubles, il y a, dans tout plan qui la contient, deux points, P *et* Q, *de chacun desquels le système est projeté par un faisceau en involution, dont les couples de rayons conjugués sont rectangulaires.*

Un faisceau de rayons en involution est rectangulaire lorsque deux couples quelconques de rayons conjugués se coupent à angle droit.

Si l'on inscrit dans une courbe du second ordre une suite de triangles rectangles, disposés de telle sorte que les sommets des angles droits soient tous en un point S, *les hypoténuses se coupent toutes en un même point.*

Les points de la courbe sont en effet involutoirement accouplés par le faisceau rectangulaire S (180).

IV. — Foyers.

200. On nomme *foyer* d'une courbe du second ordre un point tel que les couples de rayons qui en sont issus, et qui sont conjugués (111) par rapport à la courbe, se coupent toujours à angle droit. En d'autres termes, un foyer est un point tel que les côtés de tout angle droit ayant son sommet en ce point sont des droites conjuguées par rapport à la courbe.

Le faisceau en involution des rayons conjugués qui se croisent en un foyer ne peut pas avoir de rayons doubles.

Tout rayon est, en effet, perpendiculaire à son conjugué. On ne peut donc pas mener du foyer des tangentes à la courbe, ce qui revient à dire *qu'un foyer est toujours situé dans la région interne de la courbe* (185).

Tout foyer F *est situé sur un axe de la courbe. En d'autres termes, le diamètre passant par un foyer est un axe de la courbe;* car il est perpendiculaire à la corde conjuguée qui passe par le même foyer (134).

La droite qui joint deux foyers F, F_1 *d'une courbe du second ordre est un axe de la courbe.*

Cette droite est, en effet, conjuguée aux deux perpendiculaires qu'on peut élever sur elle en F et en F_1, et son pôle coïncide avec le point à l'infini des deux perpendiculaires.

Dans le cercle, le centre peut être considéré comme un foyer. Deux rayons conjugués par rapport à un cercle ne sont perpendiculaires entre eux que si l'un d'eux ou chacun d'eux est un diamètre. Par où l'on voit aisément que *le cercle n'a d'autre foyer que son centre.*

Le cercle doit être considéré comme exclu des recherches suivantes.

201. Toute droite p (*fig.* 52), située dans le plan d'une courbe du second ordre, est conjuguée à la perpendiculaire p_1, abaissée sur p de son pôle. Soit a un axe de la courbe du second ordre, coupé par p et p_1 en P

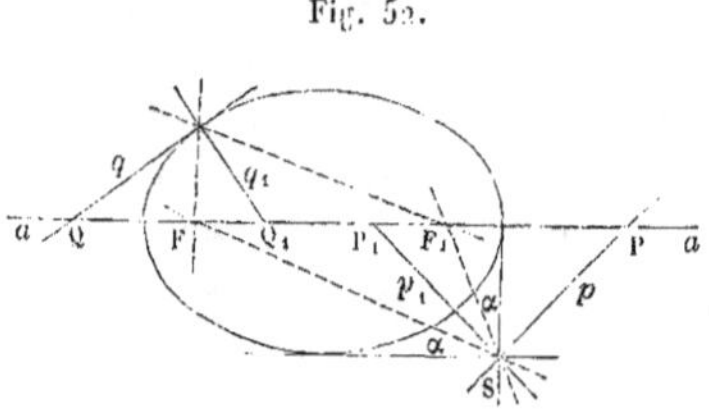

Fig. 52.

et P_1, sous des angles aigus. Tout rayon du faisceau P est alors perpendiculaire à son conjugué du faisceau P_1. Rapportons, en effet, les faisceaux P et P_1 projectivement entre eux, en assignant à tout rayon de l'un, comme correspondant, le rayon conjugué de l'autre. Représentons par A le pôle à l'infini de l'axe a. Les trois rayons a, PA, p de P sont respectivement perpendiculaires à leurs correspondants conjugués P_1A, a et p_1 de P_1. Par suite, les faisceaux P et P_1 engendrent un cercle qui a PP_1 pour diamètre, et deux rayons conjugués quelconques de ces faisceaux sont perpendiculaires entre eux. Donc :

A tout point P, pris sur l'un des axes d'une courbe du second ordre, correspond, sur le même axe, un autre point P_1, tel que deux rayons conjugués quelconques, passant respectivement par P et par P_1, sont perpendiculaires entre eux.

Lorsque deux points, dans la condition de P et de P_1, sont conjugués l'un à l'autre, les points de l'axe a sont accouplés involutoirement.

Rapportons, en effet, projectivement entre eux les deux faisceaux de rayons parallèles qui ont respectivement les directions des rayons p et p_1, en assignant comme correspondant, à chaque rayon de l'un, le rayon qui lui est conjugué dans l'autre. La droite a est coupée par les deux faisceaux suivant deux ponctuelles projectives, et ces ponctuelles sont en involution, car deux quelconques de leurs points, tels que P et P_1, se correspondent doublement.

Si la ponctuelle en involution a présente deux points doubles, chacun de ces points est un foyer de la courbe du second ordre.

Si la ponctuelle n'a pas de points doubles, chacun des deux points d'où elle est projetée par un faisceau rectangulaire de rayons est un foyer de la courbe.

En effet, deux rayons rectangulaires quelconques, issus d'un tel point, sont conjugués.

Dans le dernier cas, les foyers sont situés sur l'axe de la courbe du second ordre différent de a. Ils constituent les points doubles d'une ponctuelle involutoire formée, sur ce second axe, de la même manière que la ponctuelle située sur a dans le premier cas.

202. *Aucune courbe du second ordre n'a plus de deux foyers.*

En effet, la droite qui joint deux foyers est un axe de la courbe (200), e le cercle, qui seul a plus de deux axes (135), n'a qu'un seul foyer (200).

L'axe a d'une ellipse ou d'une hyperbole, sur lequel sont les deux foyers, est appelé *axe principal* de la courbe.

L'hyperbole est coupée par son axe principal.

En effet, les foyers situés dans la région interne (200) ne peuvent pas se trouver sur l'axe qui ne rencontre pas la courbe.

Les foyers d'une ellipse ou d'une hyperbole sont symétriquement placés par rapport au centre de la courbe.

En effet (35, 36), dans la ponctuelle involutoire a, dont les points doubles sont les foyers, le centre est conjugué au point à l'infini, le second axe de la courbe étant conjugué à toutes les droites qui lui sont perpendiculaires.

En général, les foyers sont harmoniquement séparés par deux droites conjuguées rectangulaires.

Si la courbe du second ordre est une parabole ayant pour axe la ponctuelle a, les deux faisceaux projectifs de rayons parallèles considérés plus haut (201) ont pour élément correspondant commun la droite à l'infini, car cette droite est conjuguée à elle-même comme tangente à la parabole. Dès lors, un point double de la ponctuelle involutoire a coïncide avec le point à l'infini, qui doit être considéré comme foyer de la parabole. Donc :

La parabole a un seul foyer propre, lequel (comme second point double de a) *divise en deux parties égales le segment compris entre deux points conjugués quelconques,* P *et* P_1.

203. Soient F et F_1 (*fig.* 52) les deux foyers d'une courbe du second ordre, dont l'un est à l'infini sur l'axe, quand la courbe est une parabole.

Deux droites conjuguées rectangulaires, SP et SP_1, sont harmoniquement séparées par les points F, F_1 et par conséquent aussi par les rayons SF, SF_1. Ces droites conjuguées sont donc les bissectrices des angles formés par SF et SF_1 (36).

Si S est un point de la courbe, l'une des droites SP, SP_1 est tangente à la courbe.

Si S est situé en dehors de la courbe, SP et SP_1 sont aussi les bissectrices des angles formés par les deux tangentes à la courbe issues du point S ; car ces tangentes sont aussi séparées harmoniquement par SP et SP_1 (111).

Nous obtenons ainsi les propositions suivantes :

Toute tangente à une courbe du second ordre forme des angles égaux avec les deux droites qui joignent son point de contact aux foyers de la courbe.

L'angle formé par deux tangentes à une courbe du second ordre a la même bissectrice que l'angle des droites menées du point d'intersection des tangentes aux foyers de la courbe.

Ces propositions s'appliquent aussi à la parabole. Dans ce cas, la droite qui joint un point du plan au foyer à l'infini n'est autre que la parallèle menée à l'axe par le point considéré.

204. D'autres propriétés remarquables résultent de ce que deux rayons conjugués quelconques, issus d'un foyer, sont perpendiculaires entre eux.

Nous appelons *directrice* d'une courbe du second ordre la polaire f d'un foyer F de la courbe.

Le segment de toute tangente, compris entre le point de contact et une directrice, est projeté du foyer correspondant par un angle droit.

Les côtés de cet angle sont en effet deux rayons conjugués du foyer F, car le point où la tangente est coupée par la directrice f a pour polaire la droite qui joint le foyer F au point de contact (108).

Soient TA et TB (*fig.* 53) deux tangentes quelconques à une courbe du second ordre ; AB est la polaire du point T. Le point d'intersection P de AB et de f étant dès lors le pôle de la droite TF (108), les rayons TF, PF sont conjugués et, par suite, rectangulaires. D'autre part, les rayons FA et FB sont harmoniquement séparés par FT et FP, puisque A et B sont harmoniquement séparés par P et FT. Donc les angles adjacents formés par FA et FB ont FP et FT pour bissectrices ; en d'autres termes :

La droite qui joint un foyer propre d'une courbe du second ordre au point d'intersection de deux tangentes est bissectrice de l'angle formé par les droites qui joignent le même foyer aux points de contact.

205. Si l'on mène par A et B deux parallèles à FT, qui coupent la directrice f respectivement en A_1 et B_1, les points A_1 et B_1 sont aussi harmoniquement séparés par P et FT. Les angles formés par FA_1 et FB_1 ont donc aussi FP et FT pour bissectrices. Il résulte immédiatement de là que les triangles $A_1 A F$, $B_1 B F$ sont semblables, et qu'on a la proportion

$$FA : AA_1 = FB : BB_1.$$

Les segments AA_1 et BB_1 forment des angles égaux avec la directrice f et sont, par conséquent, proportionnels aux perpendiculaires qu'on peut abaisser des points A et B sur f. On a donc encore

$$FA : AA_2 = FB : BB_2.$$

A et B étant deux points quelconques de la courbe, on a cette proposition :

Les distances d'un point quelconque de la courbe du second ordre à l'un des foyers et à la directrice correspondante sont entre elles dans un rapport constant.

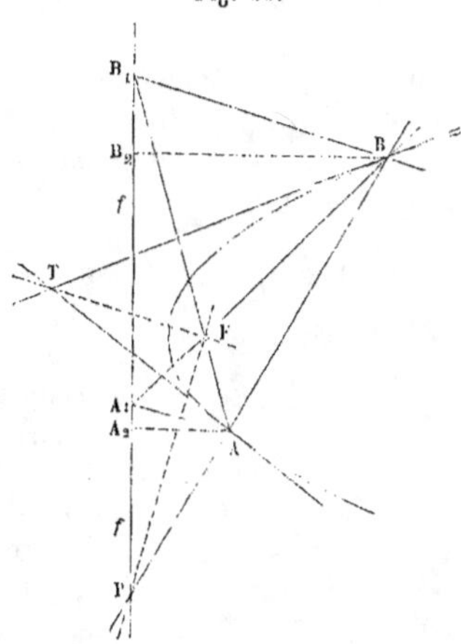

Dans la parabole, le rapport est égal à l'unité; autrement dit, les deux distances sont égales, car le sommet est harmoniquement séparé du point à l'infini de la parabole par le foyer et par la directrice.

Dans l'ellipse et dans l'hyperbole, le rapport a la même valeur pour chacun des deux foyers, considéré avec la directrice correspondante. Cette propriété résulte immédiatement de ce que *chacun des axes divise la courbe en deux moitiés symétriques* (124). Si donc r et r_1 sont les distances d'un point quelconque A de la courbe aux deux foyers F et F_1 ; d et d_1 les distances du même point aux deux directrices correspondantes f et f_1, on a

$$\frac{r}{d} = \frac{r_1}{d_1} = \text{const.}$$

Il s'ensuit que $\dfrac{r \pm r_1}{d \pm d_1}$ est aussi égal à ce rapport constant.

Et, comme la distance constante des deux directrices est $d + d_1$ pour l'ellipse et $d - d_1$ pour l'hyperbole, on voit que la somme $r + r_1$ pour l'ellipse et la différence $r - r_1$ pour l'hyperbole sont aussi constantes. Donc :

La somme des distances d'un point quelconque d'une ellipse à ses foyers est constante.

La différence des distances d'un point quelconque d'une hyperbole à ses foyers est constante.

Il est d'ailleurs facile de reconnaître que *cette somme, ou cette différence, est égale au segment compris entre les points sommets de l'axe principal.*

206. *Les pieds de toutes les perpendiculaires abaissées des foyers d'une ellipse ou d'une hyperbole sur les tangentes sont situés sur la circonférence qui a pour diamètre le segment compris entre les points sommets* (**133**) *de l'axe principal.*

Soient F et F_1 (*fig.* 54) les foyers d'une ellipse, A et A_1 les extrémités d'un diamètre. Le quadrangle FAF_1A_1 est un parallélogramme, puisque ses diagonales se coupent en leurs milieux au centre de la courbe. Les côtés de ce parallélogramme forment des angles égaux avec la tangente construite en A (**203**). Cette tangente est coupée par A_1F_1 au point K, et le triangle AF_1K est isoscèle. Le pied N de la perpendiculaire abaissée du foyer F_1 sur la tangente est donc le point milieu de la base AK. Le point M est, d'autre part, le milieu de AA_1 ; MN est donc parallèle à A_1K et égal à $\frac{1}{2}A_1K$. Mais on a

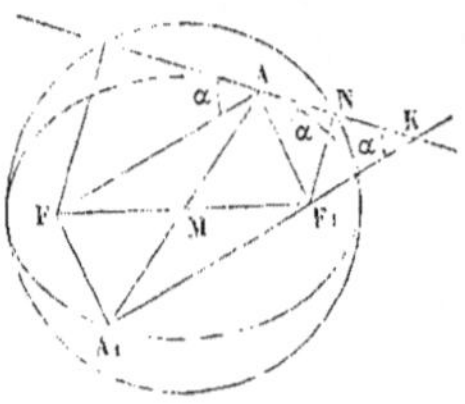

$$F_1K = AF_1 = FA_1 ;$$

d'où

$$A_1K = FA_1 + A_1F_1,$$

et, par conséquent,

$$MN = \tfrac{1}{2}(FA_1 + A_1F_1).$$

Le point N est donc à distance constante du centre M de l'ellipse.

La circonférence décrite du centre M, et passant par N, passe aussi par les points sommets de l'axe principal ; car ces points sont les pieds des perpendiculaires qu'on peut abaisser des foyers sur les tangentes correspondantes.

La démonstration pour l'hyperbole est tout à fait analogue.

207. *Les pieds de toutes les perpendiculaires abaissées du foyer* F *d'une parabole sur les tangentes sont situés sur la tangente au sommet de la courbe.*

Par le point d'intersection N ($fig.$ 55) de la tangente au sommet NS et d'une autre tangente quelconque NA, menons une parallèle NF_1 à l'axe et une droite NF au foyer. Les angles $\widehat{FNA}$ et $\widehat{SNF_1}$ sont égaux (203), puisque NF_1 contient le second foyer à l'infini de la parabole ; et, comme l'angle $\widehat{SNF_1}$ est droit, l'angle $\widehat{FNA}$ doit l'être aussi.

208. Les deux propositions précédentes fournissent le moyen de construire très-simplement les foyers d'une courbe du second ordre. Mais la méthode suivante est encore plus simple, quand il s'agit de l'ellipse ou de l'hyperbole.

Les tangentes aux sommets de l'axe principal coupent une troisième tangente quelconque en deux points, P et Q, qui sont projetés, de tout point de l'axe principal, par un couple de rayons conjugués (116). On déterminera donc les foyers, pour lesquels les deux rayons conjugués doivent être rectangulaires, en décrivant, sur PQ comme diamètre, un cercle dont les points d'intersection avec l'axe principal seront les foyers cherchés.

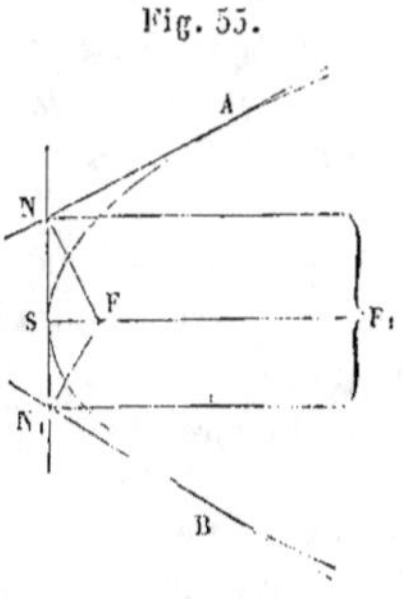

Fig. 55.

209. Si deux tangentes TA et TB ($fig.$ 56) à une courbe du second ordre sont coupées par une troisième, respectivement aux points A_1 et B_1, A, B, C étant les trois points de contact et F un foyer propre de la courbe, on a (204) les relations suivantes entre les angles qui projettent de ce foyer les segments des tangentes :

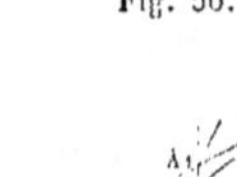

Fig. 56.

$$\widehat{B_1FC} = \widehat{BFB_1} = \tfrac{1}{2}\widehat{BFC},$$

$$\widehat{CFA_1} = \widehat{A_1FA} = \tfrac{1}{2}\widehat{CFA},$$

et, par conséquent,

$$\widehat{B_1FC} + \widehat{CFA_1} = \tfrac{1}{2}(\widehat{BFC} + \widehat{CFA}), \quad \text{ou bien} \quad \widehat{B_1FA_1} = \widehat{BFT} = \widehat{TFA}.$$

Donc :

Le segment variable, limité sur une tangente mobile à la courbe du second ordre par deux tangentes fixes, est projeté d'un même foyer sous un angle de grandeur constante.

Pendant que le point de contact C de la tangente mobile parcourt la courbe, les points A_1 et B_1 décrivent sur les tangentes fixes deux ponctuelles projectives, et les rayons FA_1, FB_1 décrivent autour du foyer F deux faisceaux égaux de rayons. Donc :

Les ponctuelles projectives résultant de l'intersection de deux tangentes à la courbe du second ordre par toutes les autres tangentes sont projetées, de chacun des foyers de la courbe, par deux faisceaux de rayons égaux et projectifs concordants.

Cette propriété s'étend à la parabole, qui a pour second foyer son point à l'infini, et au cercle, dont le centre est un foyer.

On pourra donc construire autant de tangentes qu'on voudra à une courbe du second ordre, étant donnés un foyer et trois tangentes.

Lorsque, dans le cas de la parabole, la tangente mobile A_1B_1 passe à l'infini, on vérifie que l'angle des droites FA_1 et FB_1 est égal à l'un des angles formés par les tangentes fixes TA et TB. L'angle A_1FB_1 ayant d'ailleurs la même ouverture dans toutes les positions de la tangente mobile, on en déduit que :

Toute circonférence circonscrite au triangle formé par trois tangentes à une parabole passe par le foyer de la courbe.

Par suite :

Les circonférences circonscrites aux quatre triangles formés par les côtés d'un quadrilatère, pris trois à trois, ont une intersection commune au foyer de la parabole inscrite dans le quadrilatère.

Lorsque, dans le cas de l'hyperbole, les deux tangentes fixes TA, TB se confondent avec les asymptotes et ont par conséquent pour points de contact, A et B, leurs points à l'infini, les droites TB et FB sont parallèles, et l'angle $\widehat{B_1FA_1}$, égal à $\widehat{BFT}$, est égal aussi à l'un des angles formés par l'asymptote TB et par l'axe principal TF. De même, le second angle formé par les droites TB et TF est égal à l'angle $A_1F_1B_1$, suivant lequel le segment $A_1 B_1$ est projeté du second foyer F_1. Les deux angles $\widehat{B_1 FA_1}$, $\widehat{A_1 F_1 B_1}$ sont donc supplémentaires, et par suite :

Les foyers d'une hyperbole et les points d'intersection d'une tangente quelconque avec les asymptotes sont quatre points situés sur une même circonférence.

On voit d'ailleurs facilement (**203**) que le centre de cette circonférence et les deux mêmes points d'intersection déterminent une seconde circonférence qui passe par le centre de l'hyperbole.

CHAPITRE XIV.

PROBLÈMES DU SECOND DEGRÉ.

STAUDT, *Geometrie der Lage*. Nürnberg, 1847, § 23. — REYE, *Die Geometrie der Lage*. Hannover, 1866, p. 136-146. — THOMAE, *Ebene geometrische Gebilde erster und zweiter Ordnung vom Standpunkte der Geometrie der Lage*. Halle, 1873, p. 34-37. — CREMONA, *Elementi di Geometria projettiva*. Torino, 1873, § 19.

I. — Éléments unis dans les formes élémentaires projectives qui reposent l'une sur l'autre.

210. *Déterminer les points unis dans deux formes projectives de points, k et k_1, du second ordre, situées sur la même courbe.*

Soient A, B, C (*fig.* 57) trois points quelconques de k, et, respectivement, A_1, B_1, C_1 les points correspondants de k_1. En projetant la forme k_1 du point A et la forme k du point A_1, nous obtenons deux faisceaux projectifs de rayons $A(A_1 B_1 C_1)$ et $A_1(ABC)$, qui sont en position perspective, puisque le rayon AA_1 du faisceau A a pour correspondant le rayon $A_1 A$ du faisceau A_1. Les points d'intersection de deux rayons correspondants quelconques des faisceaux se trouvent donc sur la droite u, qui joint le point d'intersection de AB_1 et de $A_1 B$ au point d'intersection de AC_1 et de $A_1 C$. Les points où la droite u rencontre la courbe sont les points unis des formes k et k_1.

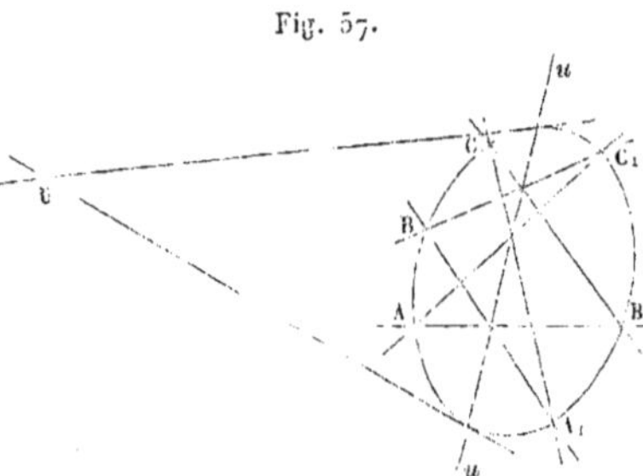

Fig. 57.

On obtient deux points unis ou un seul, ou l'on n'en obtient aucun, selon que la droite u coupe la courbe, ou la touche, ou ne la rencontre pas.

Le théorème de Pascal permet de trouver, sur la droite u, le point d'intersection des droites BC_1 et $B_1 C$. Les trois couples de côtés opposés de l'hexagone $AB_1 CA_1 BC_1$, inscrit à la courbe du second ordre, se coupent en effet sur u.

On détermine aussi la droite u en projetant les formes projectives k_1 et k, respectivement des points B et B_1, ou encore des points C et C_1, au moyen de deux faisceaux de rayons, qui sont également perspectifs.

En général, si P, Q sont deux points quelconques de k, et P_1, Q_1 les points correspondants de k_1, le point d'intersection de PQ_1 et de $P_1 Q$ est sur la droite u. On peut donc construire la droite u, étant donnés trois points quelconques de k et les points correspondants de k_1.

Quand les deux formes k et k_1 sont en involution, elles constituent une courbe involutoire du second ordre. La droite u est l'axe d'involution.

Quand il existe des points doubles, la courbe est rencontrée en ces points par l'axe d'involution. Il suffit en ce cas, pour construire u, de connaître deux couples de points conjugués, A, A_1 et B, B_1. Aux points A, B, A_1 de k correspondent en effet les points A_1, B_1, A de k_1, et u passe par les deux points où les droites AB_1 et AB sont respectivement coupées par les droites $A_1 B$ et $A_1 B_1$ (*fig.* 44 et 45).

Le pôle de u, où se coupent les droites AA_1 et BB_1, est le centre de l'involution, et si deux tangentes peuvent être menées à la courbe par ce point, elles ont pour points de contact les points doubles.

211. On peut ramener au problème précédent les divers autres cas qui se trouvent compris dans cet énoncé plus général :

Déterminer les éléments unis dans deux formes élémentaires situées l'une sur l'autre.

Si les formes élémentaires sont deux surfaces coniques ou deux systèmes de droites génératrices d'une surface doublement rectiligne, on les coupe par un plan quelconque, suivant deux formes projectives de points qui sont situées sur une même courbe du second ordre.

S'il s'agit de deux faisceaux de rayons du second ordre, les courbes que ces faisceaux enveloppent sont encore situées l'une sur l'autre et projectives. Il suffit alors de déterminer les points unis de ces courbes; les rayons cherchés passent par ces points.

Si les formes données sont deux faisceaux de rayons du premier ordre, concentriques et situés dans un même plan, on fait passer par leur centre commun une courbe du second ordre, qui les coupe suivant deux formes projectives de points, k et k_1. Les deux rayons unis des faisceaux passent par les deux points unis de k et de k_1.

Si les deux formes élémentaires projectives sont deux ponctuelles superposées, v et v_1 ($fig.$ 58), on ramène ce cas au précédent en projetant les ponctuelles d'un point quelconque S, au

Fig. 58.

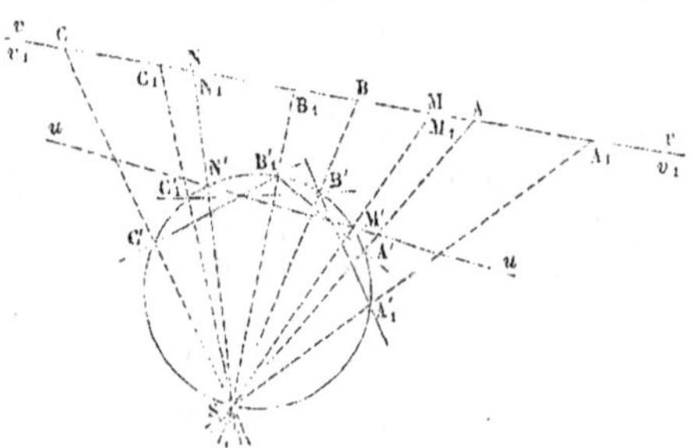

cédent en projetant les ponctuelles d'un point quelconque S, au moyen de deux faisceaux concentriques de rayons.

On fait passer par S, dans le plan Sv, une courbe du second ordre, un cercle par exemple. On projette du point S, sur la courbe, trois points quelconques A, B, C de v, et les trois points correspondants A_1, B_1, C_1 de v_1. On obtient ainsi les points A', B', C' et A'_1, B'_1, C'_1 de la courbe, et la droite u est déterminée, puisqu'elle doit passer par les points d'intersection de A'B'_1 et de A'_1B', de B'C'_1 et de B'_1C' de C'A'_1 et de C'_1A'. Si donc la courbe du second ordre est coupée par u en deux points M', N', on projette ces points de S sur la droite v, et l'on obtient les points

M, N de v qui coïncident avec les points correspondants M_1, N_1 de v_1.

II. — Construction des points communs à une conique et à une droite.

212. *Étant donnés, dans un plan, une droite u et cinq points A, B, C, D, E d'une courbe du second ordre, construire les points communs à la courbe et à la droite u.*

Étant donnés, dans un plan, un point S et cinq tangentes à une courbe du second ordre, construire les tangentes à la courbe qui passent par le point S.

Les faisceaux de rayons A et B engendreront la courbe, s'ils sont rapportés projectivement entre eux, de telle sorte qu'aux rayons AC, AD, AE de l'un correspondent respectivement les rayons BC, BD, BE de l'autre. Mais la droite u coupe les faisceaux suivant deux ponctuelles projectives, dont les points unis (si elles en ont) sont les points communs à cette droite et à la courbe. Dès lors, selon que les ponctuelles auront deux points unis, ou un seul, ou qu'elles n'en auront aucun, la droite u coupera la courbe, ou la touchera en un point, ou n'aura avec elle aucun point commun.

On peut rechercher de cette manière (96, 97) si la courbe et la droite à l'infini ont deux points unis, ou un seul, ou si elles n'en ont aucun, et l'on résout ainsi ce problème :

Vérifier si une courbe de second ordre dont on connaît cinq points est une hyperbole, une parabole ou une ellipse.

S'il s'agit de *construire des points communs à une courbe du second ordre et à une droite, étant données cinq tangentes à la courbe,* on détermine les points de contact des tangentes et l'on est ainsi ramené au problème précédent.

III. — Construction des courbes du second ordre assujetties à des conditions données.

213. *Construire une courbe du second ordre passant par quatre points donnés A, B, C, D, et tan-*

Construire une courbe du second ordre tangente à quatre droites données a, b, c, d et passant par un

gente à une droite donnée u, qui ne passe par aucun des points donnés.

Les côtés du quadrangle déterminé par les quatre points donnés coupent la droite u en quatre points, qui forment deux couples d'une involution dont on cherche les points doubles.

S'il y a deux pointsdoub les (194), le problème est résolu par deux courbes du second ordre que l'on peut construire par points, en appliquant le théorème de Pascal.

S'il n'y a pas de points doubles, aucune courbe du second ordre ne satisfait aux conditions proposées.

Si la droite u est à distance infinie, le problème devient :

Construire une parabole qui passe par quatre points donnés A, B, C, D.

point donné S, qui n'est sur aucune des droites données.

Les sommets du quadrilatère déterminé par les quatre droites données sont projetés du point S par quatre rayons, qui forment deux couples d'une involution dont on cherche les rayons doubles.

S'il y a deux rayons doubles, le problème est résolu par deux courbes du second ordre que l'on peut construire par tangentes, en appliquant le théorème de Brianchon.

S'il n'y a pas de rayons doubles, aucune courbe du second ordre ne satisfait aux conditions proposées.

Si l'une des droites données est à distance infinie, le problème devient :

Construire une parabole tangente à trois droites données et passant par un point donné.

IV. — Deux polygones simples étant donnés dans un plan, construire un troisième polygone, inscrit à l'un des deux premiers et circonscrit à l'autre.

214. Le problème peut encore être énoncé, avec plus de précision, dans les termes suivants :

Construire un polygone (n-gone) dont les sommets s'appuient sur n droites u_1, u_2, u_3, ..., u_n, données dans un plan, et dont les côtés passent par n points, S_1, S_2, S_3, ..., S_n, donnés dans le même plan.

Projetons, du centre S_1, les divers points de u_1 sur u_2. Projetons ensuite, du centre S_2 sur u_3, la ponctuelle u_2, obtenue par la projection précédente ; puis, du centre S_3, la ponctuelle u_3 sur u_4, ..., et, finalement, du centre S_n, la ponctuelle u_n sur u_1. Chacune des $n + 1$ ponctuelles projectives ainsi obtenues est une projection de la précédente, et deux d'entre elles, la première et la dernière, reposent sur une même droite u_1. Chacun des points unis de ces deux ponctuelles fournira donc sur u_1 le sommet d'un polygone satisfaisant aux conditions de l'énoncé. Il y aura, en général, deux points unis et, par suite, deux solutions.

Dans le cas particulier où les deux ponctuelles projectives u_1 ont plus de deux points unis, et par conséquent tous leurs points unis, le problème comporte une infinité de solutions.

Il n'est pas nécessaire, d'ailleurs, que les droites u_1, u_2, u_3, ..., u_n et les points S_1, S_2, S_3, ..., S_n soient, comme nous l'avons d'abord supposé, situés dans un même plan. Il suffit que S_1 soit dans un plan avec u_1 et u_2, et, pareillement, S_2 avec u_2 et u_3, ..., S_n avec u_n et u_1 (^{1}).

V. — Éléments accouplés dans deux formes élémentaires involutoires situées l'une sur l'autre.

215. *Déterminer les éléments accouplés dans deux formes élémentaires involutoires situées l'une sur l'autre.*

Supposons que les deux formes élémentaires soient deux formes de points en involution, situées sur une même courbe du second ordre. Soient, dans l'une des formes (*fig.* 59), deux points A et B de la courbe, respectivement conjugués aux points A_1 et B_1, et, dans l'autre forme, deux points C et D, conjugués aux points C_1 et D_1. Déterminons les centres d'involution U et V, tels que deux points conjugués quelconques de l'une des formes de points soient alignés avec U, et deux points conjugués de l'autre forme avec V.

Fig. 59.

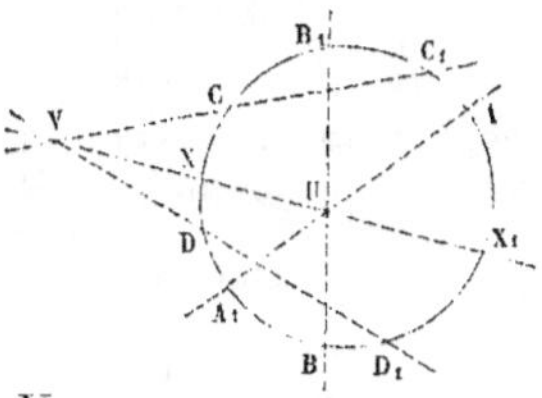

Si la droite UV est coupée par la courbe en deux points, X et X_1, ces deux points sont conjugués entre eux dans chacune des deux formes involutoires de points. Si UV est tangente à la courbe, le point de contact est un point double de chacune des deux

---

(^{1}) Le cadre de nos leçons ne nous permet pas d'entrer dans tous les développements que comporterait cet intéressant problème. On sait le parti qu'en a pu tirer PONCELET (*Applications d'Analyse et de Géométrie*, etc., t. II, Paris, 1864, p. 1-66).

formes. Enfin, si UV n'a aucun point commun avec la courbe, il n'y a, dans les deux formes involutoires, aucun point qui soit doublement conjugué à lui-même ou à un autre point. Ce dernier cas se présente seulement lorsque chacune des deux ponctuelles involutoires a deux points doubles (185), car alors seulement les centres d'involution U et V sont situés en dehors de la courbe. Les polaires des points U et V se coupant d'ailleurs au pôle de la droite UV, c'est-à-dire à l'intérieur de la courbe, il s'ensuit que les points doubles de chaque ponctuelle sont séparés par les points doubles de l'autre.

Si les formes élémentaires involutoires sont deux faisceaux concentriques de rayons, situés dans le même plan, on les coupe suivant une courbe du second ordre passant par leur centre commun.

On peut ramener, de la même manière, tous les cas du problème général à celui que nous venons de considérer.

Le dernier résultat obtenu ne s'applique donc pas seulement à deux formes involutoires de points situées sur la même courbe du second ordre. Il peut être exprimé, d'une manière plus générale, par cet énoncé :

Deux formes élémentaires involutoires situées l'une sur l'autre ont deux mêmes éléments, conjugués dans chacune d'elles, sauf le cas où les deux formes sont involutoires opposées et où les éléments doubles de l'une sont séparés par ceux de l'autre. Si ces éléments, doublement conjugués entre eux, s'unissent, les formes involutoires ont un élément double uni.

Si les formes sont deux faisceaux de rayons du premier ordre, dont l'un orthogonal (198), celui-ci ne possède aucun rayon double ; de là ce cas particulier de la proposition :

Dans tout faisceau de rayons involutoires du premier ordre, il y a deux rayons accouplés rectangulaires.

216. Nous avons ainsi démontré de nouveau la proposition du n° 136, savoir :

L'ellipse et l'hyperbole ont deux diamètres conjugués perpendiculaires entre eux, c'est-à-dire deux axes.

Tous les diamètres forment, en effet, un faisceau involutoire de rayons, si deux diamètres conjugués sont accouplés l'un à l'autre (189).

Ce résultat appartient à la géométrie de la mesure, aussi bien que le problème suivant qui s'y rattache :

Étant donnés deux couples de diamètres conjugués d'une courbe du second ordre, construire les axes de la courbe.

Par le centre S de la courbe (*fig.* 60) où se coupent les diamètres donnés, on fait passer un cercle quelconque C, qui rencontre deux des diamètres conjugués aux points A, A_1 et les deux autres en B, B_1. Les points du cercle sont ainsi involutoirement accouplés, au moyen du faisceau de diamètres, et le point U d'intersection de AA_1, BB_1 est le centre d'involution avec lequel s'alignent deux points conjugués quelconques du cercle. La droite qui joint le point U au centre C coupe le cercle en deux points conjugués, X et X_1, qui sont projetés de S par les deux axes cherchés, SX et SX_1.

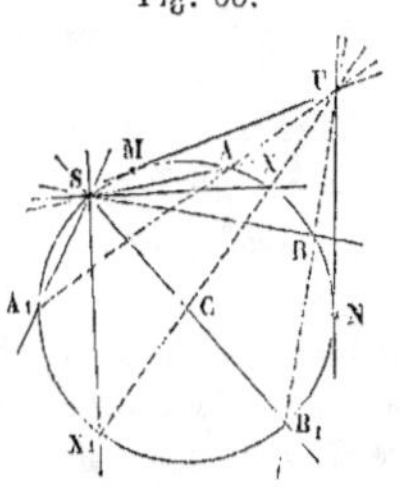

Fig. 60.

Si le point U est extérieur au cercle, celui-ci a deux points doubles, M, N, qui sont projetés de U par deux tangentes au cercle et de S par les asymptotes de l'hyperbole à laquelle appartient, dans ce cas, le faisceau de diamètres donné (136).

VI. — Déterminer, dans un faisceau involutoire de rayons, deux rayons qui soient harmoniquement séparés par deux points donnés de leur plan.

217. Nous supposerons, pour rendre la solution possible, que les points donnés M, N ne sont pas alignés avec le centre S du faisceau de rayons et qu'aucun rayon double du faisceau ne passe par l'un ou l'autre de ces points. Cela posé, projetons du point S, au moyen d'un second faisceau involutoire de rayons, la ponctuelle involutoire dont M et N sont les points doubles. Il ne reste plus qu'à déterminer les deux rayons qui sont conjugués entre eux dans chacun des deux faisceaux (215).

Le même problème peut être posé pour d'autres formes élémentaires. On pourrait se donner, par exemple, à la place du faisceau S, une ponctuelle involutoire située sur la droite MN. Si, dans ce cas, le point N passait à l'infini, on aurait ce problème particulier :

Déterminer, sur une ponctuelle involutoire, deux points conjugués qui soient à égale distance d'un point quelconque M, donné sur le lieu de la ponctuelle.

VII. — Éléments doubles dans les formes involutoires.

218. *Étant donné, dans le plan d'un triangle, un faisceau involutoire de rayons, dont aucun rayon double ne passe par l'un quelconque des sommets, circonscrire au triangle une courbe du second ordre par rapport à laquelle deux rayons accouplés du faisceau soient conjugués.*

Étant donnée, dans le plan d'un triangle, une ponctuelle involutoire, dont aucun point double n'appartient à l'un quelconque des côtés, inscrire au triangle une courbe du second ordre par rapport à laquelle deux points accouplés de la ponctuelle soient conjugués.

Pour que le problème (à gauche) soit possible, il faut que le centre du faisceau involutoire donné F (*fig.* 61) ne coïncide avec

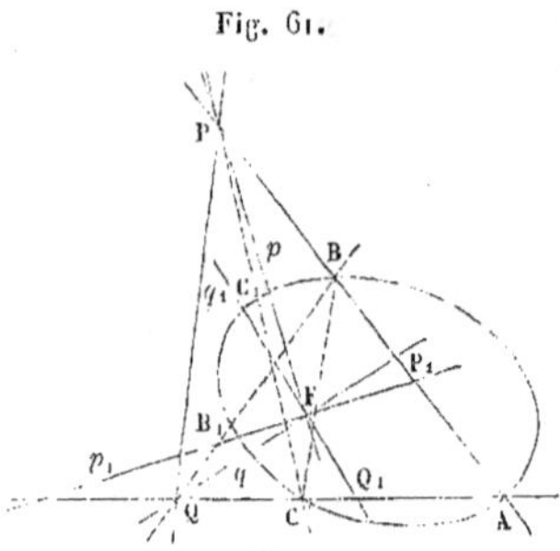
Fig. 61.

aucun des sommets du triangle ABC; il faut, en d'autres termes, que deux côtés quelconques, AB et AC, de ce triangle, ne passent pas par le point F. S'il existe réellement une courbe satisfaisant aux conditions de l'énoncé, les côtés considérés, AB et AC, rencontreront la polaire du point F par rapport à cette courbe, respectivement en deux points, tels que P et Q, dont les polaires passeront par le point F (**108**). Mais, d'une part, les points P et Q doivent être harmoniquement séparés de leurs polaires par la courbe, et, d'autre part, deux rayons accouplés du faisceau F doivent être conjugués par rapport à la même courbe. Nous pouvons donc déterminer les points tels que P et Q en construisant, dans le faisceau F, deux rayons accouplés, p et p_1, harmoniquement séparés par les points A et B, et deux autres rayons, q et q_1, harmoniquement séparés par les points A et C.

Si cette construction n'était pas possible, aucune courbe du second ordre ne satisferait aux conditions de l'énoncé; mais l'impossibilité ne se produit que si le faisceau F a deux rayons doubles, séparés l'un de l'autre par A et B ou par A et C (215).

La droite AB étant coupée par les rayons p et p_1, respectivement en P et P_1, et la droite AC par les rayons q et q_1 en Q et Q_1, nous pouvons faire l'une des quatre hypothèses suivantes :

1° P et Q sont respectivement les pôles de p_1 et de q_1.
2° P et Q_1 » » » p_1 et de q.
3° P_1 et Q » » » p et de q_1.
4° P_1 et Q_1 » » » p et de q.

Chacune de ces quatre hypothèses conduit à une solution du problème proposé. Si c'est la première qu'on a faite, on cherchera sur la droite PC le point C_1, harmoniquement séparé de C par le point P et par sa polaire p_1; on cherchera pareillement sur QB le point B_1, harmoniquement séparé de B par le point Q et par sa polaire q_1.

La courbe du second ordre qui passe par les cinq points $ABCB_1C_1$, et dont on peut déterminer les autres points par les méthodes connues, satisfait à toutes les conditions du problème. En effet, elle est d'abord circonscrite au triangle ABC; d'autre part, deux couples de points, A, B et C, C_1 de la courbe, étant harmoniquement séparés par P et p_1, P est le pôle de p_1 et, par suite, le rayon FP, où p est conjugué au rayon p_1; le rayon q est, pareillement, conjugué au rayon q_1; en sorte que deux rayons accouplés du faisceau F sont conjugués par rapport à la courbe.

Si le faisceau involutoire de rayons avait deux rayons doubles, c'est-à-dire deux rayons qui seraient tangents à la courbe du second ordre cherchée, le problème pourrait s'énoncer ainsi :

Circonscrire à un triangle donné une courbe du second ordre qui soit tangente à deux droites données dans le plan du triangle.	*Inscrire dans un triangle donné une courbe du second ordre qui passe par deux points donnés dans le plan du triangle.*

Quand le faisceau F n'a pas de rayons doubles, le problème comporte quatre solutions. Tel est le cas qui se présente lorsque le faisceau F est orthogonal. Le point F est alors un foyer de la courbe cherchée. Nous avons donc incidemment résolu ce problème :

Circonscrire à un triangle donné quatre courbes du second ordre, qui aient pour foyer commun un point donné.

219. Nous terminerons ce Chapitre par un problème qui, pour n'être pas du second degré, n'en est pas moins étroitement lié à celui qui précède :

Étant donnée, dans le plan d'un triangle ABC (fig. 62), une ponctuelle involutoire u, dont aucun point double ne repose sur un côté, circonscrire au triangle une courbe du second ordre, par rapport à laquelle deux points accouplés de u soient réciproques.

Étant donné, dans le plan d'un triangle ABC, un faisceau involutoire de rayons S, dont aucun rayon double ne passe par un sommet, inscrire dans le triangle une courbe du second ordre, par rapport à laquelle deux rayons accouplés de S soient réciproques.

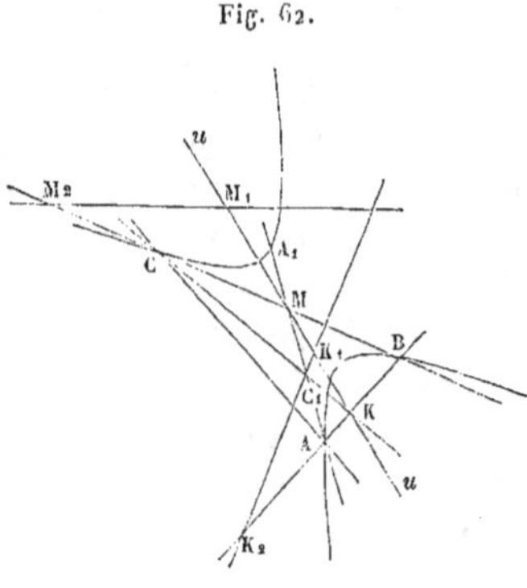

Fig. 62.

Soient (à gauche) K_1 et M_1 les points de la forme involutoire u, respectivement conjugués aux points K et M où la droite u est coupée par AB, BC ; soient, en outre, K_2 le point de AB harmoniquement séparé de K par les points A, B de la courbe, et M_2 le point de BC harmoniquement séparé de M par les points B, C. La droite $K_1 K_2$ est la polaire du point K par rapport à la courbe cherchée ; car les points K_1 et K_2 sont tous deux conjugués au point K. Pareillement, $M_1 M_2$ est la polaire du point M.

Cela posé, si C_1 est le point harmoniquement séparé de C par le point K et par la droite $K_1 K_2$, et A_1 le point harmoniquement séparé de A par le point M et par la droite $M_1 M_2$, la courbe cherchée passe par les cinq points A, B, C, A_1, C_1. En effet, K est harmoniquement séparé de la droite $K_1 K_2$, aussi bien par les points A et B de la courbe que par les points C et C_1; K est donc le pôle de $K_1 K_2$, et les points K, K_1 sont, conformément aux conditions posées, réciproques par rapport à la courbe. Il en est de même des points M, M_1.

Si la ponctuelle involutoire a deux points doubles, ces points peuvent être construits, et le problème est ainsi ramené à cet autre déjà résolu : *Faire passer une courbe du second ordre par cinq points donnés dans un plan.*

Le problème n'admet jamais qu'une seule solution.

CHAPITRE XV.

PROJECTIVITÉ DES FORMES FONDAMENTALES DE LA SECONDE ESPÈCE.

PONCELET, *Traité des propriétés projectives*, etc. Paris, 1865-1866. — MÖBIUS, *Der barycentrische Calcul*. Leipzig, 1827, Cap. VII. — STAUDT, *Geometrie der Lage*. Nürnberg, 1847, p. 60-67. — CHASLES, *Traité de Géométrie supérieure*. Paris, 1852, Chapitres XXV, XXVI. — BELLAVITIS, *Principii della Geometria di derivazione* (*Annali di Scienze matematiche e fisiche*, t. V. Roma, 1854, p. 428-443). — WITZSCHEL, *Grundlinien der neueren Geometrie*. Leipzig, 1858, § 166-171. — WEISSENBORN, *Die Projection in der Ebene*. Berlin, 1862, p. 110-165. — PFAFF, *Neuere Geometrie*. Erlangen, 1867, § 5. — REYE, *Die Geometrie der Lage*. Hannover, 1868, p. 1-18. — STAUDIGL, *Lehrbuch der neueren Geometrie*. Wien, 1870, III Abschn. — HANKEL, *Die Elemente der projectivischen Geometrie*, etc. Leipzig, 1875, VII Abschn.

I. — Formes collinéaires.

220. On appelle *perspectifs* :

1° Un système plan et une gerbe, quand le système plan est une section de la gerbe, et, réciproquement, la gerbe une projection du système plan ;

2° Deux systèmes plans, quand ils sont des sections d'une même gerbe ;

3° Deux gerbes, quand elles sont des projections d'un même système plan.

Lorsque, dans une série de formes fondamentales de la seconde espèce, chaque forme est perspective à la suivante, deux quelconques d'entre elles, la première et la dernière par exemple, sont rapportées l'une à l'autre, ainsi qu'on l'a déjà vu pour les formes fondamentales simples. Chaque élément de l'une des deux formes considérées correspond, en effet, à un élément déterminé de l'autre ; mais, en général, les deux formes ainsi rapportées ne sont pas perspectives.

Si l'on modifie la position relative de deux formes perspectives de la seconde espèce (par exemple de deux systèmes plans perspectifs), une certaine relation persiste entre ces formes, mais elles perdent la relation de perspectivité. Dans les deux systèmes plans liés par cette condition, à toute ponctuelle correspond une ponctuelle; à tout faisceau de rayons, un faisceau de rayons; à toute courbe avec ses tangentes, une courbe avec ses tangentes; à tout n-gone, un n-gone, et ainsi de suite.

221. Nous appellerons *collinéaires* ([1]) ou *homographiques* :

1° Deux systèmes plans, Σ et Σ_1, si à tout point P de Σ correspond un point P_1 de Σ_1, et à toute droite g de Σ, passant par P, une droite g_1 de Σ_1, passant par P_1;

2° Un système plan Σ et une gerbe S_1, si à tout point P de Σ correspond un rayon p_1 de S_1 et à toute droite g de Σ, passant par P, un plan γ_1 de S_1, passant par p_1.

3° Deux gerbes, S et S_1, si à tout rayon p de S correspond un rayon p_1 de S_1, et à tout plan γ de S, passant par p, un plan γ_1 de S_1, passant par p_1.

Nous pouvons définir ces conditions en des termes qui s'appliquent aussi aux espaces, en disant :

Deux formes fondamentales de la seconde espèce ou de la troisième (7) sont appelées *collinéaires* si à deux éléments quelconques

---

([1]) Möbius (*Der barycentrische Calcul*, etc. Leipzig, 1827, p. 301) a considéré le premier ces systèmes dans toute leur généralité. En leur donnant le nom de *collinéaires*, il a voulu exprimer, non-seulement qu'à tout point d'un système correspond un point de l'autre, mais encore qu'à toute droite correspond aussi une droite.

Notre étude va porter sur la relation la plus simple entre éléments d'espèces différentes dans les figures. Cette relation conduit à d'autres, d'un ordre plus élevé, sur lesquelles on se base pour faire correspondre : à une droite de l'une des figures, une courbe dans l'autre; à un point de l'une, une droite ou une courbe dans l'autre. Voir Magnus, *Nouvelle méthode pour découvrir des théorèmes de Géométrie* (*Journal für die reine und angewandte Mathematik*, Bd VIII, p. 51, Berlin, 1832). — Möbius, *Theorie der Kreisverwandtschaft in rein geometrischer Darstellung* (*Abhandlungen der mathematisch-physischen Classe der Königl. Sächs. Gesellschaft der Wissenschaften*, Bd II, p. 529. Leipzig, 1855). — Magnus, *Sammlung von Aufgaben und Lehrsätzen aus der analytischen Geometrie*, p. 229 et 288. On doit à ce dernier auteur les noms de *centre* et d'*axe de collinéation*, que nous trouverons plus loin (*Op. cit.*, p. 43 et suiv.). Nous nous bornerons à ajouter ici que les figures planes dotées d'un axe de collinéation ne sont autres que les figures appelées *homologiques* par Poncelet (*Traité des propriétés projectives*, etc. Paris, 1822, nos 227 et suiv.). L'expression de *figure collinéaire* équivaut d'ailleurs à celle de *figure homographique*, adoptée par Chasles (*Aperçu historique*, etc. Bruxelles, 1837, p. 261 et suiv., p. 695 et suivantes).

d'espèces différentes, P et g de l'une, P reposant sur g, correspondent respectivement deux éléments d'espèces différentes, P_1 et g_1 de l'autre, P_1 reposant sur g_1.

Il suit de là que si, par exemple, Σ et Σ_1 sont deux systèmes plans collinéaires, et a, a_1 deux droites correspondantes de ces systèmes, à chaque point P de a doit correspondre un point P_1 placé sur a_1; car, s'il en était autrement, a_1 ne passerait pas par P_1, comme la relation de collinéation l'exige.

Il résulte encore de la définition, que la droite de jonction de deux points quelconques, P et Q, du système Σ, doit correspondre à la droite du système Σ_1 qui joint les points P_1 et Q_1 correspondants des points P et Q.

En effet, à la droite PQ doit correspondre une droite passant aussi bien par P_1 que par Q_1 et ne pouvant dès lors être autre que $P_1 Q_1$.

Enfin, si a et b sont des droites quelconques d'un système plan Σ et a_1, b_1 les droites correspondantes d'un second système Σ_1, collinéaire à Σ, le point d'intersection P des droites a et b correspond au point d'intersection P_1 des droites a_1 et b_1.

Le point P_1, correspondant de P, doit en effet se trouver, tant sur a_1 que sur b_1 ; il est donc à l'intersection de ces droites.

Pareillement, si a est une droite quelconque du système plan Σ et α le plan qui correspond à cette droite dans la gerbe collinéaire S_1, à tout point de a correspond un rayon de α. Au point d'intersection de deux droites a et b dans Σ correspond, dans S_1, l'intersection des deux plans qui correspondent à a et à b; à la ligne de jonction de deux points, P et Q, dans Σ, correspond dans S_1 le plan déterminé par les rayons qui correspondent à ces points.

222. *Les formes fondamentales perspectives de la seconde espèce sont collinéaires.*

223. *Deux formes fondamentales de la seconde espèce, collinéaires à une troisième, sont collinéaires entre elles.*

Les deux propositions précédentes conduisent immédiatement à cette autre :

Si, dans une série de formes fondamentales de la seconde es-

pèce, chaque forme est perspective à la suivante, deux quelconques d'entre elles, et, par conséquent, la première et la dernière en particulier, sont collinéaires.

224. Quand deux systèmes plans sont collinéaires, la droite à l'infini de l'un correspond, en général, à une droite propre dans l'autre. Par suite :

Deux systèmes plans étant collinéaires, les droites parallèles de l'un ont pour correspondantes, dans l'autre, des droites concourant en un même point de la droite propre qui correspond, dans le second système, à la droite impropre du premier; et vice versa.

II. — Formes réciproques.

225. La loi de dualité nous conduit à une nouvelle relation simple, dite relation de *réciprocité,* entre les formes fondamentales d'ordre supérieur.

On appelle *réciproques* ou *corrélatifs :*

1° Deux systèmes plans, Σ et Σ_1, si à tout point P de Σ correspond une droite p_1 de Σ_1, et à toute droite g de Σ, passant par P, un point G_1 de Σ_1 situé sur p_1 ;

2° Un système plan Σ et une gerbe S_1, si à tout point P de Σ correspond un plan π_1 de S_1 et à toute droite g de Σ, passant par P, un rayon de S_1, situé sur π_1 ;

3° Deux gerbes, S et S_1, si à tout rayon g de S correspond un plan γ_1 de S_1, et à tout plan ε de S, passant par g, un rayon e_1 de S_1, situé sur γ_1.

Nous pouvons définir cette condition de réciprocité, en des termes applicables aussi aux espaces, en disant :

Deux formes fondamentales de la seconde espèce ou de la troisième sont dites réciproques lorsqu'à deux éléments quelconques d'espèces différentes, tels que P et g, de l'une, P étant sur g, correspondent respectivement, dans l'autre, deux éléments p_1, G_1 d'espèces différentes, p_1 passant par G_1.

Il suit de là qu'à la droite de jonction de deux points quelconques A, B d'un système plan Σ doit correspondre, dans le système plan réciproque à Σ, le point où se coupent les droites qui correspondent aux points A et B.

Désignons, en effet, ces droites par a_1, b_1, et le point qui correspond à la droite AB par P_1 ; ce point doit se trouver sur a_1 aussi bien que sur b_1 ; il n'est donc autre que le point d'intersection des droites a_1 et b_1.

Vice versa, le point d'intersection de deux droites d'un système plan a pour élément correspondant, dans le système plan réciproque, la droite de jonction des points qui correspondent aux deux droites considérées dans le premier système.

Deux gerbes réciproques donnent lieu à des relations analogues :

À tout plan déterminé par deux rayons quelconques d'une gerbe, correspond, dans la gerbe réciproque, le rayon suivant lequel se coupent les plans qui correspondent aux deux rayons de la première gerbe.

Dans le cas d'un système plan Σ et d'une gerbe S_1, réciproque à ce système, la droite qui joint deux points quelconques, A et B, dans Σ, a pour correspondante, dans S_1, la droite d'intersection des plans qui correspondent aux points A et B ; et, de même, le point d'intersection de deux droites quelconques, a et b, dans Σ, a pour correspondant, dans S_1, le plan déterminé par les rayons qui correspondent aux droites a et b.

226. *Deux formes fondamentales de la seconde espèce réciproques à une troisième sont collinéaires entre elles, et vice versa, si, de deux formes fondamentales collinéaires, l'une est réciproque à une troisième, il en est de même de l'autre.*

Si, par exemple, deux systèmes plans, Σ_1 et Σ_2, sont réciproques à un troisième Σ, à tout point P de celui-ci correspondent les droites p_1 et p_2 des deux premiers, et à toute droite g de Σ, passant par P, correspondent, dans Σ_1 et dans Σ_2, deux points, G_1 et G_2, respectivement situés sur p_1 et sur p_2. Par conséquent, à toute droite p_1 de Σ_1 correspond une droite p_2 de Σ_2, et à tout point G_1 de Σ_1, situé sur p_1, un point G_2 de Σ_2, situé sur p_2. Donc Σ_1 et Σ_2 sont collinéaires.

La seconde partie de la proposition peut être ramenée à la première, ou démontrée d'une manière analogue.

227. *Si deux systèmes plans sont réciproques, à la droite à l'infini de l'un correspond un point déterminé de l'autre. Toute droite passant par le point ainsi déterminé dans l'un des systèmes contient les points du même système auxquels correspondent des droites parallèles dans le système réciproque (**225**).*

III. — Relation projective entre les formes fondamentales de la seconde espèce.

228. *Deux formes de la seconde espèce, collinéaires ou réciproques, sont projectives.*

A tout système harmonique de l'une correspond en effet un système harmonique dans l'autre.

Soient, par exemple, A, B, C, D (*fig.* 63) quatre points harmoniques d'un système plan Σ, et a_1, b_1, c_1, d_1 les quatre rayons

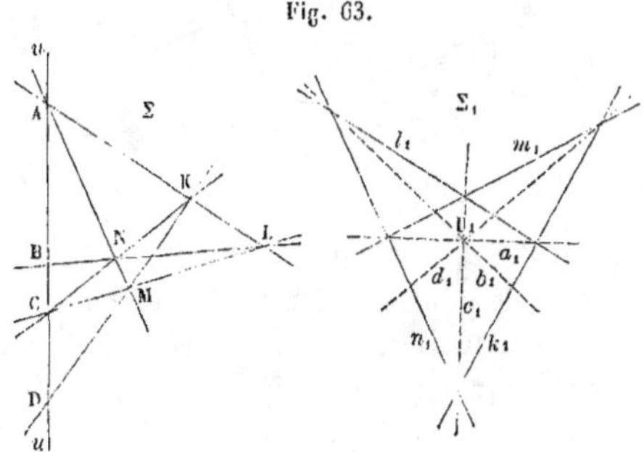

Fig. 63.

correspondants d'un système plan Σ_1, réciproque à Σ. Les points A, B, C, D étant situés sur une droite u, les rayons a_1, b_1, c_1, d_1 doivent passer par un point U_1 (**225**). A tout quadrangle KLMN de Σ, dont deux côtés opposés passent par A, deux autres par C, et les deux derniers respectivement par B et D, correspond, dans Σ_1, un quadrilatère $k_1 l_1 m_1 n_1$, dont deux sommets opposés s'appuient sur a_1, deux autres sur c_1, et les deux derniers, respectivement, sur b_1 et d_1. Donc a_1, b_1, c_1, d_1 sont bien quatre rayons harmoniques.

On déduit de là que :

Deux formes simples, qui se correspondent dans des formes fondamentales collinéaires ou réciproques, sont projectives.

A quatre éléments harmoniques de l'une correspondent toujours, en effet, quatre éléments harmoniques dans l'autre.

229. Le théorème précédent fournit le moyen de rapporter projectivement entre elles deux formes fondamentales de la seconde espèce.

Soient, par exemple, à rapporter réciproquement entre eux deux systèmes plans, Σ et Σ_1 (*fig.* 64). A tout point de Σ devra cor-

Fig. 64.

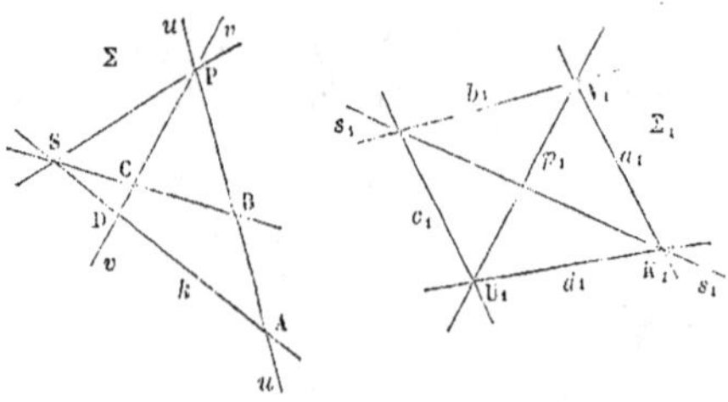

respondre un rayon de Σ_1 ; à toute ponctuelle de Σ, un faisceau de rayons, projectif à la ponctuelle, dans Σ_1, et *vice versa*. Prenons dans Σ deux ponctuelles, u et v, et assignons-leur comme correspondants, dans Σ_1, deux faisceaux de rayons, U_1 et V_1, en rapportant projectivement u à U_1 et v à V_1, de façon qu'au point commun P de u et de v corresponde le rayon commun p_1 de U_1 et de V_1.

Tout rayon k de Σ, ne passant pas par P coupe les droites u et v respectivement en deux points A et D, auxquels correspondent respectivement les rayons a_1 et d_1 dans les faisceaux U_1 et V_1 de Σ_1. Le point d'intersection K_1 de ces rayons a pour correspondant le rayon AD ou k.

A tous les rayons d'un faisceau S correspondent tous les points d'une droite s_1. En effet, les ponctuelles u et v sont rapportées perspectivement entre elles, au moyen du faisceau S de rayons, de façon à avoir le point P uni ; conséquemment, les faisceaux U_1, V_1 sont aussi rapportés perspectivement entre eux, de façon à avoir le rayon p_1 uni. Ces deux faisceaux perspectifs engendrent une ponctuelle s_1, qui correspond au faisceau S de rayons.

On voit donc que, moyennant la correspondance des formes u et U_1, v et V_1, projectives entre elles, à tout rayon k de Σ est assigné, comme correspondant, un point K_1 de Σ_1, et à tout point S, situé sur k, un rayon s_1 passant par K_1 ; en sorte que les systèmes Σ et Σ_1 sont bien rapportés réciproquement entre eux.

230. Pour rapporter collinéairement entre eux deux systèmes plans, Σ et Σ_1, il suffit de les rapporter réciproquement à un troisième, suivant le mode précédemment indiqué.

On déduit de là les procédés suivants :

1° Prendre arbitrairement deux ponctuelles, u et v, sur Σ, deux autres, u_1 et v_1, sur Σ_1 et rapporter projectivement u à u_1, v à v_1, de telle sorte que le point commun uv corresponde au point commun $u_1 v_1$.

2° Assigner comme correspondants à deux faisceaux quelconques U et V de Σ, deux faisceaux U_1 et V_1 de Σ_1, et rapporter projectivement U à U_1, V à V_1, de telle sorte que le rayon UV de Σ corresponde au rayon $U_1 V_1$ de Σ_1.

On pourrait, d'une manière analogue, rapporter collinéairement ou réciproquement deux gerbes, ou une gerbe et un système plan. Mais il est plus commode de ramener ces cas à ceux que nous avons déjà traités, en substituant à chaque gerbe une de ses sections planes.

Pour rapporter réciproquement entre elles deux gerbes, S et S_1, on peut prendre à volonté dans S deux faisceaux de rayons α et β et dans S_1 deux faisceaux de plans a_1 et b_1 ; α est rapporté projectivement à a_1 et β à b_1, de telle sorte qu'au rayon commun $\alpha\beta$ des faisceaux de rayons corresponde le plan commun $a_1 b_1$ des faisceaux de plans. Dans ces conditions, tout élément déterminé de la gerbe S_1 correspond à un élément de la gerbe S.

231. Pour rapporter réciproquement entre eux deux systèmes plans Σ et Σ_1 (*fig.* 64), nous avons pris d'une manière arbitraire (229) les droites u et v dans Σ et les points correspon-

dants U_1 et V_1 dans Σ_1. Nous avons pu, en outre, rapporter projectivement u à U_1 et v à V_1 d'une manière quelconque, sous la seule condition que le point uv ou P ait pour correspondante la droite de jonction $U_1 V_1$ ou p_1. Nous pouvons donc encore assigner comme correspondants, à deux points quelconques A et B de u, deux rayons quelconques a_1 et b_1 de U_1, et de même, à deux points quelconques C et D de v, deux rayons quelconques c_1 et d_1 de V_1. A tout élément de Σ est alors assigné, comme correspondant, un élément déterminé de Σ_1.

On peut évidemment, sous la condition déjà exprimée, considérer ABCD comme un quadrangle tout à fait quelconque du plan Σ et, pareillement, $a_1 b_1 c_1 d_1$ comme un quadrilatère tout à fait arbitraire du plan Σ_1 ; donc :

Pour rapporter réciproquement entre eux deux systèmes plans, Σ, Σ_1, il suffit d'assigner arbitrairement aux sommets A, B, C, D d'un quadrangle quelconque de Σ, les côtés a_1, b_1, c_1, d_1 d'un quadrilatère quelconque de Σ_1 ; un élément déterminé de Σ_1 est alors assigné comme correspondant à tout élément de Σ.

On peut, de même, rapporter collinéairement entre eux deux systèmes plans, et faire ainsi que deux quadrangles ou deux quadrilatères de ces systèmes correspondent l'un à l'autre d'une manière déterminée. Le théorème peut être étendu à des formes fondamentales quelconques de la seconde espèce, puisque tous les cas possibles peuvent être ramenés à celui que nous venons de traiter.

Nous dirons donc, en généralisant :

Deux formes fondamentales de la seconde espèce peuvent être rapportées projectivement entre elles, de telle façon que quatre éléments quelconques A, B, C, D de la même espèce dans l'une, dont trois n'appartiennent jamais à une même forme fondamentale simple, soient assignés comme correspondants à quatre éléments A_1, B_1, C_1, D_1 de l'autre forme.

Deux éléments correspondants, tels que A et A_1, sont les lieux de deux formes fondamentales simples, rapportées projectivement entre elles, de telle façon qu'aux éléments AB, AC et AD correspondent respectivement les éléments $A_1 B_1$, $A_1 C_1$ et $A_1 D_1$.

IV. — Correspondance entre les courbes.

232. La distinction des courbes planes étant faite d'après leur *ordre* et d'après leur *classe,* nous dirons que :

<table>
<tr><td>

Une courbe plane du $n^{ième}$ ordre présente en général, et tout au plus, n points communs avec une droite de son plan.

</td><td>

Une courbe plane de la $n^{ième}$ classe présente en général, et tout au plus, n tangentes issues d'un même point de son plan.

</td></tr>
</table>

Deux systèmes plans collinéaires étant donnés, aux points et aux tangentes d'une courbe dans l'un correspondent les points et les tangentes d'une courbe dans l'autre.

Quand deux courbes correspondantes sont du même ordre et de la même classe, à un point multiple et à une tangente multiple de l'une correspondent un point équimultiple et une tangente équimultiple de l'autre.

233. *Deux courbes projectives du second ordre peuvent toujours être considérées comme courbes correspondantes dans deux systèmes plans collinéaires.*

Soient A, B, C trois points quelconques de la première courbe k, et A_1, B_1, C_1 les trois points respectivement correspondants de la seconde courbe k_1 ; soient, en outre, D le pôle de AB par rapport à k et D_1 le pôle de $A_1 B_1$ par rapport à k_1. Si les courbes appartiennent à deux systèmes plans collinéaires correspondants, les tangentes à k en A et B doivent correspondre aux tangentes à k_1 en A_1 et B_1. Conséquemment, D et D_1 sont aussi deux points correspondants des systèmes collinéaires.

On peut maintenant rapporter (**234**) collinéairement entre eux les systèmes plans dans lesquels se trouvent les courbes, de telle sorte qu'aux quatre points A, B, C, D de l'un correspondent respectivement les points A_1, B_1, C_1, D_1 de l'autre, et qu'à la courbe k, qui passe par C et qui touche en A et B les droites DA et DB, corresponde la courbe k_1, qui passe par C_1 et qui touche en A_1 et B_1 les droites $D_1 A_1$ et $D_1 B_1$.

13.

234. Deux courbes collinéaires du même ordre et de la même classe peuvent se présenter dans des conditions très-différentes, eu égard à leurs points à l'infini.

Soient de nouveau Σ et Σ_1 les systèmes plans collinéaires dont les courbes k et k_1, de même ordre et de même classe, sont des formes homologues, et soient A_1, B_1 deux points de Σ_1 qui correspondent respectivement aux points A et B de Σ. A deux rayons quelconques a et b de Σ, parallèles entre eux et passant respectivement par A et par B, correspondent, dans Σ_1, deux rayons a_1 et b_1 qui passent respectivement par A_1 et B_1, mais qui ne sont pas nécessairement parallèles. Au point à l'infini, où se coupent les rayons a et b, correspond donc généralement un point propre d'intersection des rayons a_1 et b_1, et à la droite qui joint deux points à l'infini du système Σ, c'est-à-dire à la droite à l'infini de Σ, correspond en général une droite qui joint deux points propres de Σ_1, c'est-à-dire une droite propre de Σ_1 ; pareillement, à la droite à l'infini de Σ_1 correspond en général une droite propre dans Σ.

Il s'ensuit que les points à l'infini de la courbe k ne correspondent pas nécessairement à des points à l'infini de k_1, et que les asymptotes de k, c'est-à-dire les tangentes aux points à l'infini de cette courbe, n'ont pas non plus nécessairement pour correspondantes des asymptotes de k_1.

235. Soient Σ et Σ_1 deux systèmes plans réciproques. A tout point P de Σ correspond alors un rayon p_1 de Σ_1. Si P parcourt dans Σ une courbe quelconque k, p_1 décrit en même temps dans Σ_1 une suite continue de rayons, c'est-à-dire un faisceau K_1 de rayons, et, si P s'approche d'un point fixe Q de la courbe k, p_1 s'approche d'un rayon fixe q_1 du faisceau K_1 ; au rayon PQ, qui pivote autour du point Q, correspond le point $p_1 q_1$, qui se meut sur la droite q_1. Lorsque le point P est à une distance infiniment petite du point Q, la droite PQ arrive à coïncider avec une droite fixe, qui est la tangente q du point Q ; en même temps le point $p_1 q_1$ coïncide avec un point fixe, qui est le point de contact Q_1 du rayon q_1, et qui correspond dès lors à la tangente q **(78)**. En un mot : *au faisceau K de tangentes, qui enveloppe la courbe k, correspond une courbe k_1 qui est enveloppée par le faisceau K_1.*

Si k a n points communs avec une droite quelconque g de son plan, les n rayons correspondants du faisceau K_1, qui sont n tangentes à la courbe k_1, passent par le point de Σ_1 qui correspond à la droite g. On a donc la proposition générale suivante :

Si deux courbes k et k_1 se correspondent dans des systèmes réciproques, l'ordre de l'une est égal à la classe de l'autre. A tout point de l'une des courbes, avec sa tangente, correspond une tangente de l'autre courbe, avec son point de contact. A tout point multiple de l'une correspond un point équimultiple de l'autre.

En particulier, *si k est une courbe du second ordre, k_1 est une courbe de la seconde classe,* c'est-à-dire une courbe enveloppée par un faisceau de rayons du second ordre. Ce faisceau est engendré par deux ponctuelles projectives, a_1 et b_1, si la courbe k est engendrée par deux faisceaux projectifs de rayons, A et B.

V. — Courbes polaires réciproques.

236. Les considérations du numéro précédent, relatives à la correspondance des courbes dans les systèmes plans réciproques, reposent sur un théorème déjà démontré (108), en vertu duquel, une conique fondamentale étant donnée, si un point ou pôle variable décrit une droite p, la polaire de ce point pivote autour d'un autre point qui est le pôle de p; et réciproquement, si une droite, prise comme polaire, pivote autour d'un point fixe P, le pôle de cette droite parcourt une autre droite, qui est la polaire du point P. En conséquence :

Si deux courbes quelconques, situées dans le plan d'une conique donnée, sont telles que les points de l'une soient respectivement les pôles des tangentes de l'autre, les points de celle-ci seront, réciproquement, les pôles des tangentes de la première; de sorte que chacune des deux courbes pourra être considérée, soit comme l'enveloppe des polaires des points de l'autre, soit comme lieu des pôles des tangentes de cette autre.

Deux courbes dans ces conditions sont dites *polaires réciproques* ([1]).

237. Une courbe du $n^{\text{ième}}$ ordre est généralement rencontrée par une transversale en n points. Chacun de ces points est le pôle d'une tangente à la courbe réciproque, et cette tangente passe nécessairement par le pôle de la transversale arbitraire. Le système de la transversale et de ses points d'intersection avec la première courbe est donc remplacé, dans la figure réciproque, par le système d'un nombre égal de tangentes, concourant en un même point, qui est le pôle de la transversale. Ces deux systèmes sont d'ailleurs réciproques, ce qui revient à dire que :

Deux courbes réciproques étant données, si l'on mène d'un même point toutes les tangentes possibles à l'une d'elles, le système de ces tangentes a pour polaire une droite qui rencontre l'autre courbe en un nombre de points indiqué par l'ordre de celle-ci, et précisément égal au nombre des tangentes (respectivement polaires de ces points) qu'on a menées à la première courbe.

238. On a vu (**235**) que la courbe polaire réciproque d'une conique est une autre conique. Il s'agit maintenant de rechercher les caractères distinctifs auxquels on reconnaît que la polaire réciproque k_2 d'une conique k_1 est une ellipse, une hyperbole ou une parabole.

La droite à l'infini est la polaire du centre O de la conique fon-

---

([1]) Cette dénomination est due à PONCELET (*Traité des propriétés projectives des figures*, etc. Paris, 1822, n° 232, et Paris, 1865, t. II, section II et section supplémentaire). A nos précédentes observations (note de la p. 14), nous ajouterons seulement que deux figures polaires réciproques sont deux figures réciproques ou corrélatives dans le sens de la loi de dualité (Chap. III), car à tout point de l'une correspond une droite dans l'autre, à toute ponctuelle de la première un faisceau dans la seconde. Ces figures sont d'ailleurs dans un même plan et ont une position mutuelle déterminée, car tout point de l'une et la droite correspondante de l'autre sont liés par la condition d'être pôle et polaire par rapport à une conique fixe. Au contraire, deux figures corrélatives, assujetties aux seules conditions de la loi de dualité, n'ont entre elles aucun lien de position mutuelle. (Voir STEINER, *Systematische Entwickelung*, etc. Berlin, 1832, Vorrede, p. 7.)

La réciprocité des figures peut encore s'entendre dans un sens différent des deux que nous venons d'indiquer; nous reviendrons plus loin sur ce sujet.

damentale k (122). Par suite, les points à l'infini de k_2 ne peuvent correspondre qu'à des tangentes menées du point O à la courbe k_1. La courbe k_2 sera donc une ellipse ou une hyperbole, selon que le point O sera intérieur ou extérieur à la courbe k_1; k_2 sera une parabole si O est un point de k_1.

Si A est le pôle d'une droite a par rapport à k_1, et si a_1, A_1 sont respectivement la polaire de A et le pôle de a par rapport à k, A_1 sera le pôle de a_1 par rapport à k_2; car à un système harmonique de quatre pôles correspond un système harmonique de quatre polaires (109) et *vice versa*. Donc le centre C de k_2 sera le pôle, relatif à k, de la droite c qui est, par rapport à k_1, la polaire du point O. Deux diamètres conjugués de k_2 correspondront à deux points de la droite c, réciproques par rapport à k_1, et ainsi de suite.

239. Si l'on donne, dans le plan d'une conique fondamentale, un complexe quelconque de points, de droites et de courbes, et si l'on construit la polaire de chaque point, le pôle de chaque droite, la courbe polaire réciproque de chaque courbe, on obtient un nouveau complexe de droites, de points et de courbes, qui est polaire réciproque du premier, puisque chacun des deux contient les pôles des droites de l'autre, les polaires des points de l'autre, les courbes polaires des courbes de l'autre. Si l'un de ces complexes exprime la démonstration d'un théorème, ou la solution d'un problème, le second exprimera la démonstration du théorème corrélatif ou la solution du problème corrélatif, par l'échange des éléments point et droite. Par exemple, à chaque propriété des polygones inscrits dans les coniques doit correspondre une propriété des polygones circonscrits de même espèce, et réciproquement. On peut même dire, en général, qu'il n'existe aucune relation graphique (34) d'une forme donnée dans un plan qui n'ait sa réciproque dans une autre forme; à moins, toutefois, que la relation proposée ne soit elle-même sa réciproque, ce dont il y a des exemples.

VI. — Considérations analogues pour les surfaces coniques.

240. On peut appliquer des considérations analogues aux surfaces coniques qui se correspondent dans des gerbes projectives.

Tous les résultats obtenus jusqu'ici pour les courbes se transportent aux surfaces coniques en projetant, de deux centres quelconques, deux systèmes plans au moyen de gerbes. On déduit de là, entre autres choses, ce qu'on doit entendre par surface conique du $n^{\text{ième}}$ ordre et de la $n^{\text{ième}}$ classe.

Si, par exemple, un système plan Σ est rapporté réciproquement à une gerbe S_1, à toute courbe du $n^{\text{ième}}$ ordre et de la $p^{\text{ième}}$ classe de Σ correspond une surface conique de la $n^{\text{ième}}$ classe et du $p^{\text{ième}}$ ordre dans S_1.

VII. — Éléments unis dans les systèmes collinéaires.

241. Quand deux formes fondamentales, collinéaires ou réciproques, Σ et Σ_1, sont en position telle qu'il y ait coïncidence, non-seulement entre les lieux a et a_1 de deux formes fondamentales simples correspondantes quelconques, mais encore entre trois couples d'éléments homologues de ces formes simples, deux éléments correspondants quelconques de a et a_1 coïncident de la même manière (43) et, par suite, les formes Σ, Σ_1 ont comme élément uni tout élément des formes a et a_1.

Donc :

Si deux systèmes plans collinéaires, non situés dans le même plan, ont trois points unis sur la droite d'intersection de leurs plans, tous les points de cette droite sont des éléments unis des deux systèmes.

Si deux gerbes collinéaires, non concentriques, ont trois plans unis, passant par le rayon qui joint leurs centres, tous les plans qui contiennent ce rayon sont des éléments unis des deux gerbes.

Cette double proposition s'applique, moyennant une légère modification, aux systèmes plans superposés et aux gerbes concentriques.

Si deux systèmes plans collinéaires, Σ et Σ_1, situés dans le même plan, ont comme éléments unis tous les points de deux droites, u et v, ou tous les rayons de deux faisceaux, S et T, chaque élément de Σ coïncide avec son correspondant de Σ_1.

En effet, dans le premier cas, chaque droite du plan correspond à elle-même, puisqu'elle joint deux points correspondants des droites u et v; et tout point correspond à lui-même, puisqu'on peut le considérer comme intersection de deux droites qui se correspondent.

De même, dans le second cas, tout point du plan correspond à lui-même, puisqu'il est l'intersection de deux rayons correspondants des faisceaux S et T, et toute droite du plan peut être considérée comme la ligne de jonction de points placés dans la même condition.

242. *Deux systèmes collinéaires, situés dans le même plan, ont tous leurs points unis et sont par conséquent identiques, quand ils ont comme éléments unis les sommets d'un quadrangle ou les côtés d'un quadrilatère.*

En effet, les deux systèmes collinéaires qui ont comme éléments unis les sommets A, B, C, D d'un quadrangle ou d'un quadrilatère simple ont aussi comme éléments unis les rayons AB, AC, AD, et par conséquent tous les rayons du faisceau A, aussi bien que les rayons BA, BC, BD, et par conséquent tous les rayons du faisceau B. De là résulte le théorème énoncé.

Deux systèmes plans collinéaires quelconques, situés l'un sur l'autre, ont donc, en général, comme éléments unis, trois points au plus et les droites qui les joignent.

On a, pour deux gerbes collinéaires concentriques, des théorèmes analogues, qu'on ramène facilement à ceux dont l'énoncé précède, en coupant les gerbes par un plan.

VIII. — Condition de perspectivité.

243. *Si deux systèmes plans collinéaires, Σ et Σ_1, sont situés dans des plans différents, et si les rayons qui joignent les sommets d'un quadrangle de Σ aux points correspondants de Σ_1 se coupent en un point S, les deux systèmes plans sont perspectifs et sections de la gerbe S.*

Si deux gerbes collinéaires, S et S_1, ont des centres différents, et si les rayons suivant lesquels les faces d'un angle tétraèdre de S coupent les plans correspondants de S_1 sont situés dans un même plan Σ, les deux gerbes sont perspectives et projections du système plan Σ.

Si un système plan Σ et une gerbe S_1 sont collinéaires, et si les sommets d'un quadrangle dans Σ reposent sur les rayons correspondants de S_1, les deux formes sont perspectives, c'est-à-dire que la première est une section de la seconde.

Ces propositions sont des conséquences immédiates des théorèmes qui les précèdent.

IX. — Formes unies dans les systèmes collinéaires.

244. *Si deux systèmes plans collinéaires ont comme éléments unis trois points, et par conséquent tous les points d'une ponctuelle u (fig. 65) les droites de jonction de tous les couples de points correspondants des deux systèmes concourent en un point fixe S.*

Si deux gerbes collinéaires ont comme éléments unis trois plans, et par conséquent tous les plans d'un faisceau u, les droites d'intersection de tous les couples de plans correspondants des deux gerbes sont situées sur un plan fixe Σ.

Fig. 65.

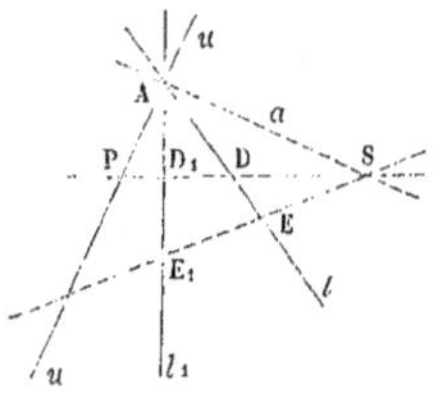

Chaque point de u correspondant à lui-même, deux ponctuelles correspondantes quelconques, l et l_1, ont comme point uni un certain point A de u et sont par conséquent perspectives. Les droites telles que DD_1, EE_1, ..., qui joignent les points D, E, ... de l aux points correspondants D_1, E_1, ... de l_1, concourent donc en un même point S.

Cela posé, si les deux systèmes sont situés dans un même plan, et si P est

Chaque plan de u correspondant à lui-même, deux faisceaux de plans correspondants quelconques, l et l_1, ont comme plan uni un certain plan α de u et sont par conséquent perspectifs. Les rayons tels que $\delta\delta_1$, $\varepsilon\varepsilon_1$, ... suivant lesquels les plans δ, ε, ... de l sont coupés par les plans correspondants δ_1, ε_1, ... de l_1, sont donc situés dans un plan Σ.

Cela posé, si les deux gerbes sont concentriques, et si π est le plan de

le point d'intersection d'un rayon quelconque DD_1, passant par S, et de la droite u, la droite PD correspond à la droite PD_1, c'est-à-dire à elle-même, puisque le point P correspond à lui-même. Tout rayon passant par S coïncide donc avec son correspondant ; d'où il suit que deux points correspondants quelconques sont situés sur un rayon passant par le point S.

Si, au contraire, les systèmes se coupent suivant une droite u, deux droites telles que DD_1, EE_1, joignant deux couples quelconques de points homologues, sont situées dans un même plan et conséquemment se coupent. Mais toutes les droites qui joignent les couples de points homologues ne sont pas dans le même plan ; elles ne peuvent donc se couper deux à deux qu'à la condition de passer par un même point fixe S (17). Les deux systèmes plans sont donc des sections d'une même gerbe S.

jonction d'un rayon quelconque $\delta\delta_1$, situé sur Σ, et de l'axe u, le rayon $\pi\delta$ correspond au rayon $\pi\delta_1$, c'est-à-dire à lui-même, puisque le plan π correspond à lui-même. Tout rayon situé sur Σ coïncide donc avec son correspondant ; d'où il suit que deux plans correspondants quelconques se coupent suivant un rayon du plan Σ.

Si, au contraire, les gerbes ont des centres différents, situés sur l'axe u, deux droites telles que $\delta\delta_1$, $\varepsilon\varepsilon_1$, intersections de deux couples quelconques de plans homologues, sont situées dans un même plan et conséquemment se coupent. Mais toutes les droites d'intersection des couples de plans homologues ne passent pas par un même point ; elles ne peuvent donc se couper deux à deux qu'à la condition d'être situées dans un même plan Σ (17). Les deux gerbes sont donc des projections d'un même système plan Σ.

Quand on se borne à considérer les systèmes plans non superposés et les gerbes non concentriques, ces deux théorèmes remarquables peuvent être énoncés ainsi :

Deux systèmes plans collinéaires, non superposés, sont perspectifs quand ils ont trois points unis sur la droite commune à leurs plans.

Deux gerbes collinéaires, non concentriques, sont perspectives quand elles ont trois plans unis passant par la droite commune à leurs centres.

Les propositions inverses apparaissent immédiatement :

Deux systèmes plans perspectifs, non superposés, ont comme éléments unis tous les points de la droite commune à leurs plans.

Deux gerbes perspectives, non concentriques, ont comme éléments unis tous les plans qui contiennent la droite commune à leurs centres.

245. *Deux systèmes plans colli-néaires superposés qui ont une ponc-tuelle unie* (c'est-à-dire tous les points de cette ponctuelle unis) *ont aussi un faisceau de rayons uni* (c'est-à-dire tous les rayons de ce faisceau unis).

Deux gerbes collinéaires concen-triques qui ont un faisceau de plans uni (c'est-à-dire tous les plans de ce faisceau unis) *ont aussi un faisceau de rayons uni* (c'est-à-dire tous les rayons de ce faisceau unis).

Soient Σ et Σ_1 les deux systèmes proposés, u leur ponctuelle unie, a et a_1 deux droites qui se corres-pondent dans les deux systèmes. Les deux ponctuelles situées respective-ment sur a et a_1 sont projectives, à raison même de la collinéation. Elles ont d'ailleurs comme élément uni leur point commun sur la ponctuelle unie u ; donc elles sont perspectives. Soit b un rayon quelconque du fai-sceau de rayons T qui projette les ponctuelles a, a_1, et soient B, B_1, M les points où ce rayon rencontre res-pectivement les ponctuelles a, a_1, u. Le point B de a correspondant au point B_1 de a_1 et le point M corres-pondant à lui-même, le rayon b est son propre correspondant, et il en est ainsi de tous les autres rayons de T. Les deux systèmes plans Σ et Σ_1 ont donc le faisceau T de rayons uni.

Soient S et S_1 les deux gerbes pro-posées, u leur faisceau de plans uni, a et a_1 deux rayons qui se corres-pondent dans les deux gerbes. Les deux faisceaux de plans qui ont pour axes respectifs a et a_1 sont projectifs, à raison même de la collinéation. Ils ont d'ailleurs comme élément uni leur plan commun dans le faisceau de plans uni u ; donc ils sont per-spectifs. Soit b un rayon quelconque du faisceau de rayons T suivant le-quel se coupent les faisceaux de plans a, a_1, et soient β, β_1, μ, respecti-vement, les plans des faisceaux a, a_1, u, qui passent par ce rayon. Le plan β de a correspondant au plan β_1 de a_1 et le plan μ correspondant à lui-même, le rayon b est son propre correspon-dant, et il en est ainsi de tous les autres rayons de T. Les deux gerbes S et S_1 ont donc le faisceau T de rayons uni.

Propositions inverses :

Deux systèmes plans collinéaires superposés qui ont un faisceau de rayons uni ont aussi une ponctuelle unie.

Deux gerbes collinéaires concen-triques qui ont un faisceau de rayons uni ont aussi un faisceau de plans uni.

En effet, les deux gerbes concen-triques, qui projettent les systèmes plans d'un centre quelconque, ont

En effet, les deux systèmes plans superposés, suivant lesquels les gerbes sont coupées par un plan quelconque,

un faisceau de plans uni et par conséquent aussi un faisceau de rayons uni. Ce faisceau de rayons est coupé par le plan des deux systèmes suivant une ponctuelle unie.

ont une ponctuelle unie et par conséquent aussi un faisceau de rayons uni. Ce faisceau de rayons est projeté, du centre commun aux deux gerbes, suivant un faisceau de plans uni.

X. — Relation perspective dans les formes de la seconde espèce.

246. Deux systèmes plans, collinéaires et superposés, sont dits *perspectifs* quand ils ont une ponctuelle unie, u, et un faisceau de rayons uni S.

Le point S, sur lequel sont alignés les couples de points correspondants, D, D_1 et E, E_1, des deux systèmes plans, prend le nom de *centre de collinéation*.

La droite u, lieu des points d'intersection des couples de droites correspondantes, DE, D_1E_1, est dite *axe de collinéation*.

Deux systèmes plans perspectifs non superposés ont pour axe de collinéation la droite d'intersection de leurs plans et pour centre de collinéation le centre de la gerbe dont les deux systèmes sont des sections.

Deux gerbes collinéaires et concentriques sont dites *perspectives* quand elles ont un faisceau de plans uni, u, et un faisceau de rayons uni σ $(5, b)$.

Le plan σ, sur lequel se coupent les couples de plans correspondants, δ, δ_1 et ε, ε_1 des deux gerbes, prend le nom de *plan de collinéation*.

La droite u, lieu des plans de jonction des couples de droites correspondantes $\delta\varepsilon$, $\delta_1\varepsilon_1$, est dite *axe de collinéation*.

Deux gerbes perspectives non concentriques ont pour axe de collinéation la droite de jonction de leurs centres et pour plan de collinéation le lieu du système plan dont les deux gerbes sont des projections.

Deux droites correspondantes se coupent, dans tous les cas, en un point de l'axe de collinéation.

247. On déduit immédiatement des théorèmes précédents que :

Deux formes fondamentales simples, qui se correspondent dans deux formes fondamentales de la seconde espèce perspectives, sont elles-mêmes perspectives.

248. Pour rapporter perspectivement entre eux deux systèmes plans superposés, on peut prendre arbitrairement l'axe u (*fig.* 66), le centre S de collinéation et deux points correspondants, D, D₁, alignés avec S.

Un point quelconque E étant donné dans la première forme, on détermine son correspondant E₁ en observant que ce dernier doit se trouver sur SE et que les droites DE, D₁E₁ doivent se couper sur u.

Fig. 66.

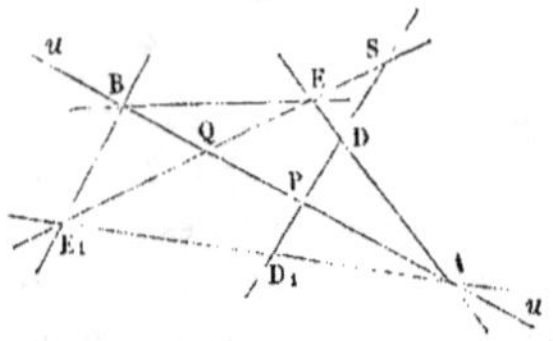

Une droite EB étant donnée dans la première forme, la droite correspondante est celle qui joint le point E₁, correspondant du point E, au point B où la droite EB rencontre u.

La droite à l'infini, considérée comme appartenant à l'une des deux formes, a pour correspondante, dans l'autre forme, une parallèle à l'axe u. Les deux droites correspondantes doivent, en effet, se couper en un point de cet axe.

APPENDICE AU CHAPITRE XV.

FIGURES PLANES ALLIÉES, SEMBLABLES ET CONGRUENTES (¹).

I. — Systèmes plans alliés.

249. Deux systèmes plans, Σ et Σ_1, sont dits *collinéaires par affinité*, ou *alliés* (²), quand leurs droites à l'infini se correspondent.

A tout point à l'infini de l'un des systèmes correspond alors un point à l'infini dans l'autre; à tout parallélogramme, un parallélogramme, à toute ponctuelle, une ponctuelle semblable (**57**).

250. Pour construire deux systèmes plans alliés, il suffit de prendre arbitrairement un triangle dans l'un comme correspondant à un triangle dans l'autre. Les côtés de ces triangles forment, avec les droites à l'infini des systèmes, les deux quadrilatères complets correspondants qui déterminent, en général, la correspondance projective de deux systèmes plans collinéaires (**231**).

Soient a, b, c et a_1, b_1, c_1 les droites respectivement assignées comme

---

(¹) Voir, en particulier : Poncelet, *Traité des propriétés projectives*, etc. Paris, 1865-66. — Möbius, *Der barycentrische Calcul*, etc. Leipzig, 1827, II Abschn. — Chasles, *Aperçu historique*, etc.; *Mémoire de Géométrie*, etc. Bruxelles, 1837, Deuxième Partie, § 23. — Bellavitis, *Principii della Geometria di derivazione* (*Annali di Scienze matematiche e fisiche*, t. V. Roma, 1854, p. 242 et suiv.). — Witzschel, *Grundlinien der neueren Geometrie*, etc. Leipzig, 1858, § 172-176. — Weissenborn, *Die Projection in der Ebene*. Berlin, 1862, p. 165-196. — Pfaff, *Neuere Geometrie*. Erlangen, 1867, § 5. — Reye, *Die Geometrie der Lage*. Hannover, 1868, p. 43-51. — Staudigl, *Lehrbuch der neueren Geometrie*. Wien, 1870, III Abschn. — Hankel, *Die Elemente der projectivischen Geometrie*. Leipzig, 1875, VII Abschn.

(²) Voir Baltzer, *Die Elemente der Mathematik*. Zweiter Band. Dritte Auflage. Leipzig, 1870, p. 191. Les figures alliées (*affini*) ont été considérées par Clairault (*Mémoires de l'Académie des Sciences*. Paris, 1731), par Euler (*Introductio in analysin infinitesimorum*, t. II, cap. XVIII) et par Poncelet (*Traité des propriétés projectives*. Paris, 1822, n° 326). Möbius est le premier qui se soit livré à des recherches générales sur les figures alliées (*Der barycentrische Calcul*. Leipzig, 1827, p. 91 et suiv., 230).

correspondantes dans les systèmes plans Σ, Σ_1 et soient A, B, C, A_1, B_1, C_1 les sommets des deux triangles qui ont ces droites pour côtés.

Pour construire le point D_1 de Σ_1 qui correspond à un point quelconque D de Σ, on joint le point A au point D par la droite AD, qui coupe le côté BC du triangle en un point E, on détermine sur $B_1 C_1$ le point E_1 qui satisfait à la proportion

$$BC : EC = B_1 C_1 : E_1 C_1,$$

et l'on joint les points E_1, A_1. Le point cherché D_1 est évidemment (57, 249) le point de $A_1 E_1$ qui divise ce segment dans le rapport même suivant lequel le segment AE est divisé par le point D.

II. — Relations métriques. Équivalence.

251. Soient, dans les systèmes plans alliés Σ et Σ_1 (*fig.* 67) x, x_1 et y, y_1 deux couples de droites correspondantes. On sait que, dans les ponc-

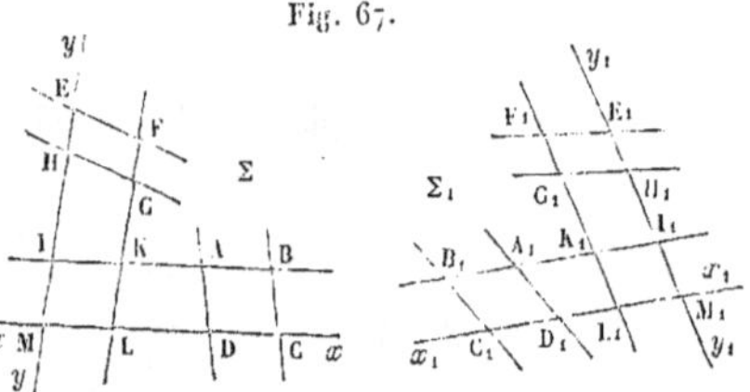

Fig. 67.

tuelles projectives semblables, deux segments homologues sont entre eux dans un rapport constant (57) et que dès lors les ponctuelles sont divisées en parties proportionnelles par leurs points correspondants. On considérera donc comme données les rapports

$$\frac{DC}{D_1 C_1} \quad \text{et} \quad \frac{HE}{H_1 E_1},$$

qui existent entre les segments homologues des deux couples de ponctuelles semblables considérées.

Cela posé, le point K_1 de Σ_1, correspondant à un point quelconque K de Σ, peut être construit de la manière suivante :

Menons par K une parallèle à x, KB, qui rencontre y en I, et une parallèle à y, KF, qui rencontre x en L ; déterminons sur y_1 le point I_1, correspondant à I, de telle sorte que l'égalité

$$\frac{MI}{M_1 I_1} = \frac{HE}{H_1 E_1}$$

soit satisfaite ; déterminons de même, sur x_1, le point L_1 correspondant à L et satisfaisant à l'égalité

$$\frac{ML}{M_1 L_1} = \frac{DC}{D_1 C_1}.$$

Menons enfin par I_1 une parallèle à x_1 et par L_1 une parallèle à y_1. Ces deux droites se coupent au point cherché K_1.

Cette construction peut être énoncée de la manière suivante :

Pour construire un système plan allié à un autre système plan donné, on rapporte celui-ci à deux axes coordonnés fixes ; on multiplie les ordonnées de tous ses points par un rapport donné constant et, de même, les abscisses par un autre rapport constant. On détermine ainsi de nouvelles coordonnées, au moyen desquelles on construit les points du système cherché, en les rapportant à deux axes pris arbitrairement.

252. Nous appelons *figure* une portion limitée d'un système plan.

Dans deux systèmes plans alliés, les aires de deux figures correspondantes sont entre elles dans un rapport constant.

Soient ABCD, EFGH (*fig.* 67) deux parallélogrammes dans Σ, $A_1 B_1 C_1 D_1$, $E_1 F_1 G_1 H_1$ les parallélogrammes correspondants dans Σ_1. Ils donnent lieu à deux autres parallélogrammes correspondants, IKLM, $I_1 K_1 L_1 M_1$. Les parallélogrammes ABCD, IKLM sont entre eux comme leurs bases DC, ML ; on a donc

$$AC : IL = DC : ML.$$

On a de même

$$A_1 C_1 : I_1 L_1 = D_1 C_1 : M_1 L_1.$$

Mais $MLDC \ldots$, $M_1 L_1 D_1 C_1 \ldots$ sont des ponctuelles semblables (**249**) ; donc

$$DC : ML = D_1 C_1 : M_1 L_1,$$

et, par suite,

$$AC : IL = A_1 C_1 : I_1 L_1.$$

On a pareillement

$$IL : EG = I_1 L_1 : E_1 G_1 ;$$

donc

$$AC : EG = A_1 C_1 : E_1 G_1.$$

Si l'on substitue à chacun des parallélogrammes sa moitié, on a la proportion entre triangles

$$ABC : EFG = A_1 B_1 C_1 : E_1 F_1 G_1,$$

ou

$$\frac{ABC}{A_1 B_1 C_1} = \text{const.}$$

Le théorème, ainsi démontré pour deux triangles correspondants, s'étend immédiatement à deux figures rectilignes correspondantes quelconques, car ces figures peuvent être décomposées en triangles correspondants au moyen de diagonales.

Le théorème s'étend aussi aux figures à contour curviligne, puisqu'il est vrai pour toutes les figures rectilignes qu'on peut inscrire ou circonscrire aux curvilignes et dont les aires peuvent différer aussi peu qu'on voudra des aires de celle-ci.

253. Les figures *équivalentes* constituent un cas particulier des figures alliées. Deux systèmes plans alliés sont équivalents, quand deux figures homologues quelconques de ces systèmes sont équivalentes.

On doit concevoir ici l'équivalence dans un sens plus restreint qu'en planimétrie. En effet, deux quadrangles, $KLMN$, $K_1 L_1 M_1 N_1$, par exemple, ne sont des figures correspondantes de systèmes alliés que si les triangles KLM, KLN, KMN et LMN, contenus dans le quadrangle $KLMN$, ont des aires *respectivement égales* à celles des triangles $K_1 L_1 M_1$, $K_1 L_1 N_1$, $K_1 M_1 N_1$ et $L_1 M_1 N_1$.

III. — Courbes correspondantes dans les systèmes alliés.

254. *Deux courbes correspondantes, dans deux systèmes alliés, ont le même nombre de points à l'infini et le même nombre d'asymptotes.*

En effet, à tout point à l'infini de l'une des courbes doit correspondre un point à l'infini de l'autre, et à toute tangente en un point à l'infini de la première, une tangente au point à l'infini correspondant de la seconde; donc :

Deux systèmes plans étant alliés, une ellipse, une parabole, une hyperbole de l'un correspondent respectivement à une ellipse, à une parabole, à une hyperbole de l'autre.

Il est aisé de démontrer que, réciproquement :

Deux ellipses, deux paraboles, ou deux hyperboles étant données, les points de l'une peuvent être rapportés d'une infinité de manières aux points de l'autre, de façon à fournir deux figures alliées.

255. *Pour allier deux paraboles données, il suffit de prendre arbitrairement deux points de l'une et de leur assigner comme correspondants deux points quelconques de l'autre.*

Soient k et k_1 (*fig.* 68) les deux paraboles données, CA et CB les tangentes aux points A et B de la première, $C_1 A_1$ et $C_1 B_1$ les tangentes aux

Fig. 68.

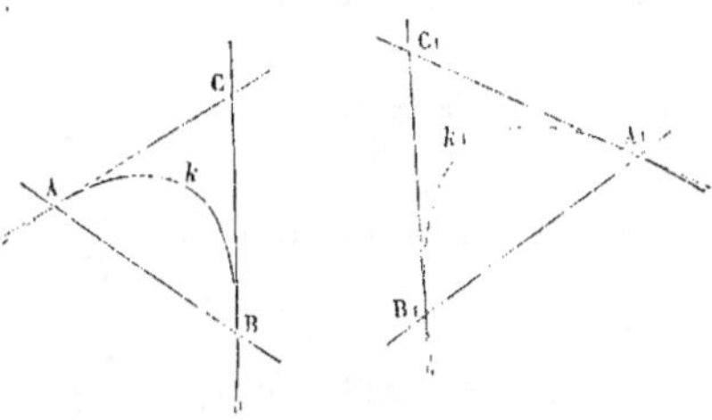

points A_1 et B_1 de la seconde. Si nous prenons les triangles ABC, $A_1 B_1 C_1$
comme correspondants dans les deux systèmes alliés, la parabole k du premier système, qui passe par les points A et B et qui touche en ces points
les droites AC, BC, aura précisément pour correspondante, dans le second
système, la parabole k_1, qui passe par les points A_1 et B_1 et qui touche en
ces points les droites $A_1 C_1$, $B_1 C_1$.

Le segment parabolique AkB et le triangle ACB sont entre eux dans le
même rapport que le segment $A_1 k_1 B_1$ et le
triangle $A_1 C_1 B_1$. Mais les points A, B ont
été pris arbitrairement sur la parabole k ;
donc :

Un segment parabolique quelconque est
en rapport constant avec le triangle formé
par sa corde et par les tangentes aux ex-
trémités de son arc.

Fig. 69.

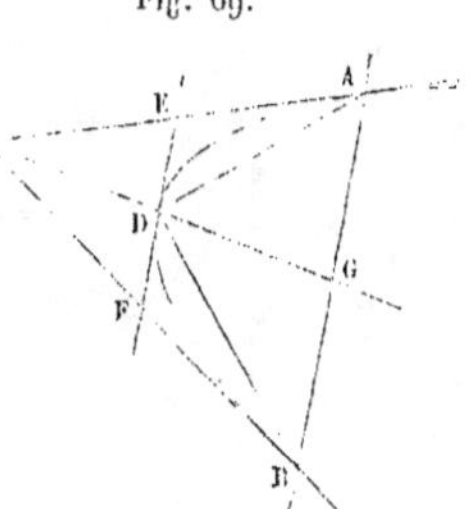

Soit G (*fig.* 69) le point milieu de la
corde AB ; la droite CG est rencontrée en
son milieu D par la parabole (138). Soit, d'autre part, EF la tangente à la
parabole au point D ; cette droite est parallèle à la corde AB et divise en
deux parties égales les tangentes AC, BC. Si nous représentons par (AB),
(DB), (AD) les segments paraboliques respectivement limités par les cordes
AB, DB, AD, nous aurons

$$\frac{(AB)}{ABC} = \frac{(DB)}{DBF} = \frac{(AD)}{ADE} = m,$$

m étant un nombre constant.

14.

On voit d'ailleurs, par la figure, que

$$(AB) = ABD + (DB) + (AD);$$

donc

(1) $$m(ABC - DBF - ADE) = ABD.$$

Mais

$$CD = DG, \quad CF = FB, \quad CE = EA.$$

On a donc

$$ABD = \tfrac{1}{2} ABC, \quad DBF + ADE = FCE = \tfrac{1}{4} ABC,$$

et l'équation (1) devient

$$m(ABC - \tfrac{1}{4} ABC) = \tfrac{1}{2} ABC; \quad \text{d'où} \quad m = \tfrac{2}{3};$$

d'où

$$(AB) = \tfrac{2}{3} ABC.$$

Donc : *l'aire d'un segment parabolique est égale aux deux tiers de l'aire du triangle compris entre la corde du segment et les tangentes aux extrémités de l'arc.*

Soit maintenant KLM (*fig.* 70) un triangle quelconque inscrit dans la parabole et soient respectivement K_1, L_1, M_1 les pôles des côtés LM, MK, KL. Si MK est le plus grand côté du triangle, nous aurons

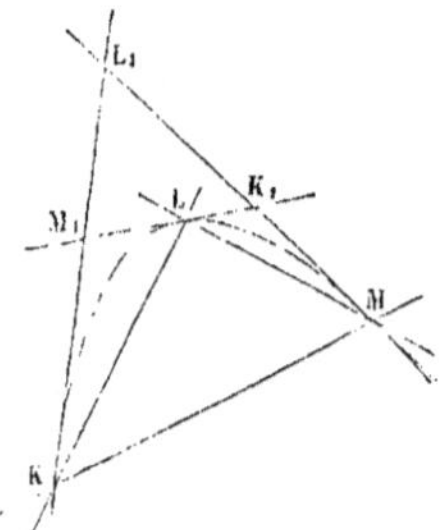

Fig. 70.

$$KLM = (MK) - (KL) - (LM);$$

ou bien

$$KLM = \tfrac{2}{3}(KL_1M - KM_1L - LK_1M)$$
$$= \tfrac{2}{3}(M_1L_1K_1 + KLM)$$

et par conséquent

$$KLM = 2 M_1 L_1 K_1.$$

Donc : *l'aire d'un triangle inscrit à la parabole est double de l'aire du triangle circonscrit qui a pour côtés les tangentes aux sommets du premier triangle.*

On peut toujours considérer deux paraboles comme des courbes équivalentes, car on peut les allier d'une infinité de manières, de telle façon que deux segments correspondants (AB), (A_1B_1) (*fig.* 68) soient équivalents.

256. *Quand deux ellipses ou deux hyperboles sont alliées, deux diamètres* *conjugués de l'une ont pour correspondants deux diamètres conjugués de l'autre.*

En effet, à une série de cordes parallèles dans l'une correspond une série de cordes parallèles dans l'autre, et, par suite de la proportionnalité des segments correspondants, au point milieu d'une corde correspond le point milieu de la corde correspondante. Aux asymptotes de l'une des hyperboles correspondent les asymptotes de l'autre.

237. *Pour allier deux hyperboles données, il suffit de faire correspondre aux asymptotes de l'une les asymptotes de l'autre et, en outre, à un point ou à une tangente de l'une, un point ou une tangente de l'autre.*

Cela revient à dire que les hyperboles peuvent être rapportées projectivement entre elles, de telle façon qu'aux deux points à l'infini et à un troisième point quelconque de l'une correspondent respectivement les points à l'infini et un troisième point quelconque de l'autre. Les deux systèmes plans

Fig. 71.

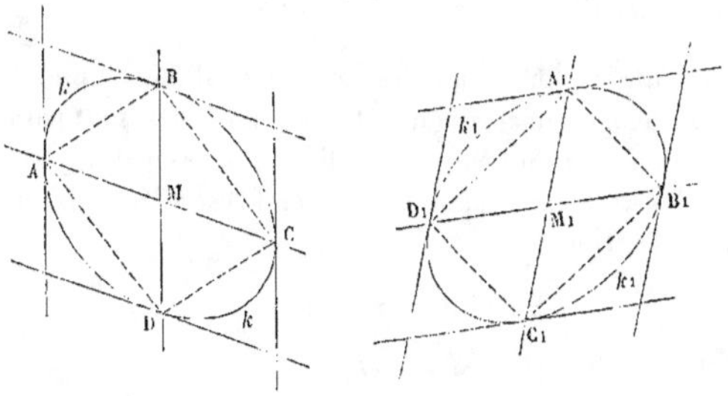

dans lesquels se trouvent les deux hyperboles sont alors rapportés collinéairement entre eux ; de plus ils sont alliés, car les droites de jonction des points à l'infini des deux hyperboles, c'est-à-dire les droites à l'infini des systèmes, se correspondent.

238. *Pour allier deux ellipses données, il suffit de prendre deux points de l'une, situés sur deux diamètres conjugués, et de leur assigner comme correspondants deux points de l'autre, pareillement situés sur deux diamètres conjugués.*

Soient k et k_1 (*fig.* 71) les deux ellipses données, ABCD et $A_1 B_1 C_1 D_1$ les parallélogrammes, respectivement inscrits à ces courbes, qui ont pour diagonales les couples de diamètres conjugués AC et BD, $A_1 C_1$ et $B_1 D_1$, choisis arbitrairement ; soient, en outre, M, M_1 les centres des deux ellipses. On prend comme correspondants, dans les deux systèmes alliés, les points A, B, C et A_1, B_1, C_1. Au point milieu M de AC correspondra le point milieu M_1 de $A_1 C_1$, et à l'ellipse k, qui touche en A et C deux droites parallèles à MB, et qui passe par B, correspondra l'ellipse k_1, qui touche en A_1 et C_1 deux parallèles à $M_1 B_1$ et qui passe en outre par B_1.

On peut substituer aux diamètres conjugués MA et MB d'une ellipse k deux autres diamètres conjugués quelconques.

Dans toutes les positions de MA et de MB, l'aire du parallélogramme ABCD est à celle de l'ellipse k comme l'aire du parallélogramme $A_1 B_1 C_1 D_1$ est à celle de l'ellipse k_1. Il s'ensuit que :

Tous les parallélogrammes inscrits dans une ellipse, et dont les diagonales sont deux diamètres conjugués, ont même aire.

Le parallélogramme circonscrit, dont les côtés touchent l'ellipse aux points A, B, C, D, est double du parallélogramme ABCD. Donc :

Tous les parallélogrammes circonscrits à une ellipse, et dont les côtés sont parallèles à deux diamètres conjugués, ont même aire.

Si $2a$ et $2b$ sont les longueurs des deux axes d'une ellipse, $4ab$ est l'aire de tout parallélogramme circonscrit dont les côtés sont parallèles à deux diamètres conjugués. Si l'ellipse est alliée à un cercle de rayon r, l'aire S de l'ellipse est à $4ab$ comme l'aire πr^2 du cercle est à l'aire $4r^2$ du carré circonscrit au cercle. Donc

$$S : 4ab = \pi r^2 : 4 r^2,$$

d'où

$$S = \pi ab.$$

Donc : *l'aire de l'ellipse est égale au produit des demi-axes par le nombre π.*

Le cercle étant divisé en quatre parties égales par deux diamètres conjugués, il en est de même de l'ellipse.

IV. — Systèmes plans semblables. Systèmes homothétiques.

259. Deux systèmes plans collinéaires, Σ, Σ_1, sont dits *semblables*, lorsque chaque angle de l'un est égal à l'angle correspondant de l'autre.

Il résulte immédiatement de cette défininition que *deux faisceaux quelconques de rayons, qui se correspondent dans des systèmes semblables, sont égaux* (**58**).

Deux systèmes semblables sont aussi alliés.

En effet, à deux droites parallèles de Σ correspondent deux droites parallèles de Σ_1 et, conséquemment, à chaque point à l'infini de Σ un point à l'infini de Σ_1.

Les côtés des triangles correspondants, dans Σ et Σ_1, sont proportionnels, car les triangles sont équiangles ; donc :

Les segments correspondants de deux systèmes plans semblables sont entre eux dans un rapport constant.

Deux systèmes *semblables* sont *perspectifs* quand les côtés d'un angle dans Σ sont respectivement parallèles aux côtés de l'angle correspondant dans Σ_1.

En effet, dans ce cas, deux droites correspondantes quelconques sont parallèles et les systèmes plans ont la droite à l'infini unie.

260. Deux systèmes semblables perspectifs, qui ne sont pas des sections parallèles d'une même gerbe, sont superposés et ont un faisceau de rayons uni. On dit en ce cas que les deux systèmes sont *semblables et semblablement placés* ou *homothétiques* (^{1}), et le centre du faisceau de rayons uni, c'est-à-dire le point où concourent les droites qui joignent les couples de points correspondants, est appelé *centre de similitude* ou *d'homothétie.*

V. — Courbes perspectives, semblables et homothétiques. Congruence.

261. Pour mettre deux courbes du second ordre semblables en position perspective, il suffit de les disposer de telle façon que deux cordes (ou deux tangentes) non parallèles de l'une deviennent respectivement parallèles aux cordes (ou aux tangentes) correspondantes de l'autre. Deux cordes (ou deux tangentes) correspondantes quelconques sont alors parallèles.

Si les deux coniques sont dans un même plan, les points correspondants sont alignés sur un point fixe. Si elles ne sont pas dans un même plan, elles sont des sections parallèles d'une même surface conique.

(^{1}) Les figures *semblablement placées* ont été étudiées par Euclide (VI, p. 18, XI, p. 27). Voir aussi, sur cette relation particulière : les *OEuvres mathématiques* de Simon Stevin de Bruges. Leyde, 1634. — Chasles, dans les *Annales de Mathématiques* de Gergonne, t. XVIII, p. 280.

Deux paraboles peuvent toujours être considérées comme semblables ; car, si l'on ramène leurs plans et leurs axes au parallélisme, deux cordes (ou deux tangentes) correspondantes quelconques seront parallèles.

Deux ellipses ou deux hyperboles ne sont semblables que si leurs axes sont proportionnels.

Les deux courbes sont homothétiques lorsque deux couples de diamètres conjugués de l'une sont respectivement parallèles à deux couples de diamètres conjugués de l'autre.

Deux hyperboles semblables ont des angles asymptotiques égaux.

262. Deux figures sont dites *congruentes* lorsque deux segments correspondants quelconques de ces figures sont égaux. La *congruence* est donc un cas particulier de la similitude.

Dans les systèmes plans congruents, deux angles correspondants quelconques sont égaux entre eux.

Il est facile de reconnaître le rapport qui existe entre la relation de congruence et celle de collinéation. Les figures congruentes sont un cas particulier des figures semblables, comme celles-ci sont un cas particulier des figures alliées, qui sont elles-mêmes un cas particulier des figures collinéaires.

Il est évident que deux systèmes plans congruents quelconques peuvent être mis en position perspective d'une infinité de manières.

CHAPITRE XVI.

GÉNÉRATION ET CLASSIFICATION DES SURFACES DU SECOND ORDRE.

Möbius, *Der barycentrische Calcul*, etc. Leipzig, 1827, § 110-112. — Seydewitz, *Construction und Classification der Flächen des zweiten Grades mittelst projectivischer Gebilde* (*Archiv der Mathematik und Physik*, Bd. 9, p. 158-214). Greifswald, 1847.— Staudt, *Geometrie der Lage*. Nürnberg, 1847, § 25.— Zech, *Die höhere Geometrie*, etc. Stuttgart, 1857, III Abschn. — Staudt, *Beiträge zur Geometrie der Lage*. Nürnberg, 1860, § 32. — Cremona, *Preliminari di una teoria geometrica delle superficie*, Bologna, 1866, § 23-26. — Pfaff, *Neuere Geometrie*. Erlangen, 1867, § 7. — Reye, *Die Geometrie der Lage*. Hannover, 1868, p. 26-33. — Staudigl, *Lehrbuch der neueren Geometrie*, etc. Wien, 1870, p. 276-292. — Fiedler, *Die darstellende Geometrie*, etc. Leipzig, 1871, II Th. B.

I. — Génération de la surface et de la gerbe de plans du second ordre.

263. Les formes fondamentales simples projectives ont conduit aux formes élémentaires du second ordre ; les formes fondamentales projectives de la seconde espèce conduisent de même aux surfaces et aux gerbes de plans du second ordre. Ainsi :

Une surface du second ordre est engendrée par deux gerbes réciproques non concentriques.

Une gerbe de plans du second ordre est engendrée par deux systèmes plans réciproques non superposés.

La surface du second ordre et la gerbe de plans du second ordre étant des formes réciproques, la loi de dualité permettra de déduire toutes les propriétés de l'une de ces formes des propriétés de l'autre. C'est pourquoi nous limiterons notre étude aux surfaces du second ordre.

II. — Surface engendrée par deux gerbes réciproques.

264. *Deux gerbes réciproques non concentriques étant données, le lieu des points où les rayons de l'une rencontrent les plans correspondants de l'autre est une surface du second ordre qui passe par les centres des deux gerbes.*

Soit Ψ la surface engendrée par les gerbes données, S et S_1, et soit α un plan quelconque de S, coupant la surface suivant une courbe qu'il s'agit de déterminer. Au plan α correspond, dans la gerbe S_1, un rayon a_1, et au faisceau de rayons de S, situé dans le plan α, correspond, dans S_1, un faisceau de plans qui a pour axe le rayon a_1. Ces deux faisceaux correspondants et projectifs (228) engendrent $(142, III)$ une courbe du second ordre qui est commune au plan α et à la surface Ψ. La même courbe peut d'ailleurs être considérée comme engendrée par le faisceau de rayons de S situé sur α et par le faisceau de rayons suivant lequel le faisceau de plans a_1 est coupé par le plan α; par où l'on voit que *la courbe du second ordre commune à la surface Ψ et au plan α passe par les points S et $a_1 \alpha$* (64).

On démontrerait de la même manière que *tout plan de la gerbe S_1 coupe la surface Ψ suivant une courbe du second ordre qui passe par le point S_1.*

Il suit de là qu'une droite quelconque g, nécessairement située dans un plan Sg qui coupe la surface suivant une courbe du second ordre, a tout au plus deux points communs avec cette courbe et par suite avec la surface elle-même. Ψ est donc une surface du second ordre passant par les centres S et S_1 des gerbes génératrices.

La droite g pourra, dans un seul cas particulier, être contenue tout entière dans la surface. Ce cas est celui où un rayon quelconque du faisceau α repose sur le plan correspondant du faisceau a_1. La courbe d'intersection se résout alors en un système de deux droites (98).

265. Toute droite g, passant par S, a en général un second point, différent de S, commun avec la surface. Ce point est celui où la droite g est coupée par le plan γ_1 qui lui correspond dans la gerbe S_1. Il coïncide avec S dans le cas seulement où γ_1 passe par le rayon $S_1 S$, commun aux deux gerbes.

Tout rayon de S, qui n'a pas un second point commun avec la surface, est tangent à celle-ci au point S.

266. A toute tangente en S correspond un plan passant par SS_1. Toutes les tangentes à la surface, passant par S, sont donc situées (**225**) dans le plan de la gerbe S qui correspond au rayon commun SS_1. Ce plan est appelé *plan tangent* à la surface du second ordre au point S. Donc :

Le rayon commun aux deux gerbes génératrices d'une surface du second ordre a pour correspondant, dans chacune des deux gerbes, un plan tangent à la surface.

267. A la proposition fondamentale du n° **264** correspond la proposition inverse suivante :

Une surface quelconque du second ordre Ψ peut toujours être engendrée au moyen de deux gerbes réciproques, ayant pour centres deux points S, S_1 pris arbitrairement sur la surface.

Soient, en effet, λ et μ les deux coniques d'intersection de la surface Ψ et de deux plans qui passent par S, mais non par S_1. Soit T le point où la droite commune aux deux plans rencontre de nouveau Ψ ; ST est une corde commune aux deux coniques λ et μ. Faisons passer par la droite $S_1 T$ un plan, pris arbitrairement, qui rencontre de nouveau λ en L et μ en M. Soient, finalement, L_1 et L_2 deux autres points quelconques de λ et M_1, M_2 deux autres points de μ.

Construisons (**230**) deux gerbes réciproques, ayant pour centres S, S_1, et telles qu'aux rayons $S(L_1, L_2, M_1, M_2)$ correspondent les plans $S_1(LL_1, LL_2, MM_1, MM_2)$. Au rayon ST, commun aux plans SLL_1L_2, SMM_1M_2, correspondra dès lors le plan S_1LMT. Soit Ψ_1 la surface du second ordre engendrée par les deux gerbes considérées. La section de cette surface par le plan SLL_1L_2 est la conique engendrée par les faisceaux projectifs $S(T, L_1, L_2)$, $L(T, L_1, L_2)$. Cette conique passe par les cinq points S, L, L_1, L_2, T ; elle coïncide donc avec λ. De même, la section de Ψ_1 par le plan

SMM_1M_2 coïncide avec μ. Les coniques λ, μ et le point S_1, situé en dehors d'elles, sont donc communs aux surfaces Ψ et Ψ_1. Tout plan passant par S_1 coupe Ψ et Ψ_1 suivant deux coniques qui coïncident, car elles ont cinq points communs : le point S_1 et les quatre intersections du plan considéré avec λ et avec μ. Donc les surfaces Ψ et Ψ_1 se réduisent à une seule.

Les propriétés démontrées pour les centres arbitrairement choisis des deux gerbes génératrices de la surface du second ordre s'étendent à tous les autres points de cette surface ; donc :

Une surface du second ordre est touchée, en un quelconque de ses points, par un plan qui contient toutes les tangentes à la surface en ce point.

Tout autre plan, passant par le même point, coupe la surface suivant une conique qui, dans un cas particulier, se résout en deux droites.

Le plan S_1LMT ayant d'ailleurs été pris arbitrairement, nous concluons que :

Deux gerbes, dont les centres sont sur une surface du second ordre, peuvent être rapportées entre elles d'une infinité de manières, de façon à engendrer la surface.

III. — Distinction des surfaces du second ordre.

268. Nous distinguerons, dans les surfaces du second ordre, les rectilignes, qui peuvent être décrites par une droite, et celles qui ne contiennent aucune droite.

Les surfaces rectilignes du second ordre ne sont autres que celles précédemment considérées sous les noms de *surfaces doublement rectilignes* et de *surfaces coniques du second ordre.*

Quand une surface du second ordre contient une droite g (fig. 72), tout plan sécant, passant par g, rencontre de nouveau la surface suivant une seconde droite m.

En effet, la conique d'intersection de la surface et du plan passant par g dégénère nécessairement en deux droites (**264**). La droite m

parcourt la surface, pendant que le plan sécant tourne autour de la droite g.

Deux cas peuvent alors se présenter :

1º Deux positions, m_1 et m_2, de la droite mobile, ont un point N commun ;

2º Deux positions de la même droite n'ont aucun point commun.

Dans le premier cas, le point N ne peut être situé que sur la droite g, car les plans gm_1 et gm_2 (17) sont différents l'un de l'autre.

Soient A et B deux points quelconques de la surface du second ordre, situés en dehors des droites g, m_1, m_2, et soient λ, μ les coniques suivant lesquelles la surface est rencontrée par deux plans quelconques passant par A et B. Les coniques λ, μ sont projetées du point N au moyen de deux surfaces coniques qui sont identiques ; ces surfaces ont, en effet, les cinq rayons communs NA, NB, g, m_1, m_2, et chacun de leurs rayons appartient à la surface du second ordre donnée, puisqu'il contient trois points de cette surface, savoir : le point N et un point de chacune des coniques λ et μ. La surface du second ordre donnée est donc, en ce cas, une surface conique.

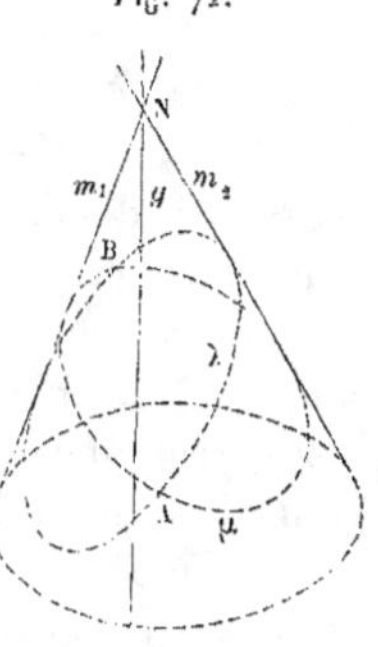

Fig. 72.

Soient, dans le second cas, m_1, m_2, m_3 trois positions quelconques de la droite mobile. Toute droite coupant m_1, m_2, m_3 appartient à la surface du second ordre. Les trois points d'intersection sont, en effet, communs à la droite et à la surface, et celle-ci peut encore être décrite par une droite mobile s'appuyant sur les trois droites fixes m_1, m_2, m_3 (144). La surface du second ordre est donc une surface doublement rectiligne, c'est-à-dire un hyperboloïde simple ou un paraboloïde hyperbolique.

269. Les surfaces du second ordre qui ne contiennent aucune droite sont : l'*ellipsoïde*, le *paraboloïde elliptique* et l'*hyperboloïde à deux nappes*.

L'ellipsoïde n'a aucun point commun avec le plan à l'infini.

Le paraboloïde elliptique est touché par ce plan en un point.

L'hyperboloïde à deux nappes est coupé, par le plan à l'infini, suivant une courbe du second ordre.

Toutes les sections planes de l'ellipsoïde sont des ellipses.

Les sections du paraboloïde elliptique ne sont des paraboles que si le plan sécant contient la direction dans laquelle est situé le point à l'infini du paraboloïde. Dans tous les autres cas, les sections sont des ellipses.

Les sections de l'hyperboloïde à deux nappes sont des ellipses, des paraboles ou des hyperboles, selon que le plan sécant n'a aucun point commun avec la courbe à l'infini de la surface, ou qu'il contient un point de cette courbe, ou qu'il en contient deux.

270. On peut facilement reconnaître *a priori* si la surface du second ordre engendrée par deux gerbes réciproques quelconques, S et S_1, est doublement rectiligne, conique ou non rectiligne. Il suffit de rechercher, en effet, si la surface et l'un quelconque de ses plans tangents ont deux droites communes, ou n'en ont qu'une seule, ou enfin n'en ont aucune. Or le rayon SS_1 de la gerbe S a pour correspondant le plan tangent au point S_1 (64), et tous les rayons du faisceau de tangentes S_1 correspondent à tous les plans du faisceau SS_1. Cela étant :

Si deux rayons du faisceau S_1 sont situés sur les plans qui leur correspondent dans le faisceau SS_1, ces deux rayons sont communs au plan tangent et à la surface du second ordre, et cette surface est doublement rectiligne.

Si un seul rayon de S_1 est situé sur le plan correspondant de SS_1, les deux gerbes engendrent une surface conique.

Si aucun des rayons du faisceau de tangentes n'est situé sur le plan qui lui correspond, la surface du second ordre n'est pas rectiligne.

Dans le cas tout à fait particulier où trois plans du faisceau SS_1, et par conséquent tous les plans de ce faisceau, passent par les rayons de S_1 qui leur correspondent, la surface du second ordre se résout en deux plans, et toute conique commune à la surface et à un plan quelconque se résout elle-même en deux droites.

CHAPITRE XVII.

POLARITÉ DES SURFACES DU SECOND ORDRE.

PONCELET, *Traité des propriétés projectives*, etc. Paris, 1866, t. II, n⁰ˢ 75-95. — CHASLES, *Aperçu historique*, etc. Bruxelles, 1837, p. 377, 383, 596. — BELLAVITIS, *Lezioni di Geometria descrittiva*, etc. Padova, 1851, p. 222-223. — ZECH, *Die höhere Geometrie*, etc. Stuttgart, 1857, § 11. — CREMONA, *Preliminari di una teoria geometrica delle superficie*. Bologna, 1866, § 27. — REYE, *Die Geometrie der Lage*. Hannover, 1868, p. 33-38. — STAUDIGL, *Lehrbuch der neueren Geometrie*. Wien, 1870, p. 300-319.

I. — Plan polaire et pôle.

271. Les surfaces du second ordre jouissent, comme les courbes du même ordre, de certaines propriétés qu'on désigne sous le nom générique de *propriétés polaires,* ou de *polarité,* et qu'on déduit aisément des précédentes théories.

Les propriétés polaires des surfaces coniques du second ordre ont été implicitement établies quand il s'est agi (**118**) de la polarité des courbes du second ordre. Nous n'aurons donc pas à considérer cette catégorie de surfaces dans les recherches qui suivent.

Par un point A, pris arbitrairement dans l'espace, mais non situé sur une surface du second ordre donnée Ψ, on mène à cette surface des sécantes à volonté. On détermine, sur chaque sécante, le quatrième point, harmoniquement séparé de A par les deux points d'intersection avec la surface. Le lieu géométrique de ce quatrième point est un plan α.

En effet, tout plan sécant mené par A coupe la surface Ψ suivant une courbe du second ordre et le lieu considéré suivant une droite, qui est la polaire du point A par rapport à la courbe. Toutes les droites polaires ainsi déterminées se coupent deux à deux, sans passer par un même point. Elles sont donc toutes dans un même plan α (**17**). Ce plan contient aussi les points de contact de toutes les tangentes à Ψ passant par A et les intersections de tous les couples de tangentes concourantes, dont les points de contact sont alignés avec A (104). Il suit de là que deux plans tangents à la surface, dont les points de contact sont alignés avec le point A, se coupent suivant une droite située dans le plan α. Les tangentes contenues dans ces plans se coupent, en effet, deux à deux, en des points du plan α. Ce plan est appelé *plan polaire* du point A par rapport à la surface Ψ et, *vice versa*, A est le *pôle* du plan α. Donc :

Si par un point quelconque A, non situé sur une surface du second ordre donnée, on mène à la surface des sécantes et des plans sécants et si l'on détermine :

1° Les points des sécantes harmoniquement séparés de A par la surface;

2° Les polaires de A, par rapport aux coniques communes à la surface du second ordre et aux plans sécants;

3° Les droites d'intersection des couples de plans qui touchent la surface en deux points situés sur l'une des sécantes;

4° Les points de contact des tangentes et des plans tangents à la surface qui passent par le point A.

Tous ces points et toutes ces droites sont situés sur un plan α, qui est le polaire de A et dont A est le pôle.

II. — Tangente et plan tangent.

272. On a vu (**266**) que *les tangentes menées à une surface du second ordre, par un point pris sur elle-même, forment un faisceau de rayons du premier ordre.*

Si le point est pris en dehors de la surface, le plan polaire de ce point coupe la surface, et l'on vérifie (**271**) que *les points de contact de toutes les tangentes et de tous les plans tangents qu'on peut mener, d'un point A quelconque, à une surface du second ordre, sont situés sur une conique. Cette conique de contact* est la ligne d'intersection du plan polaire α du point A et de la surface du second ordre.

Conséquemment :

Les tangentes issues d'un même point A, extérieur à une sur-

face du second ordre, sont sur une surface conique du second ordre, qui est enveloppée par les plans de contact.

Inversement :

Toute droite qui joint un point P de la conique de contact au point A est tangente à la surface du second ordre au point P.

Car, si cette droite rencontrait encore la surface en un second point Q, le point harmoniquement séparé de A par les intersections P et Q serait en dehors du plan α qui contient le point P.

273. *Tout plan qui projette du point A une tangente à la conique de contact est un plan tangent à la surface.*

Et, comme une droite quelconque, contenant le point A, est rencontrée tout au plus par deux tangentes à la conique, on a la proposition suivante :

Par une droite qui n'appartient pas entièrement à la surface du second ordre, on peut mener tout au plus deux plans tangents à cette surface.

III. — Positions respectives du pôle et du plan polaire.

274. De la définition du plan polaire, il résulte que :

Tout point de la surface a pour plan polaire le plan tangent en ce même point.

Et réciproquement : *Tout plan tangent à la surface a pour pôle son point de contact.*

Le mode de correspondance entre les points et les plans est établi par la double proposition suivante :

Quand le plan polaire d'un point A passe par un point B, le plan polaire de B passe par A.

Quand le pôle d'un plan α est situé sur un plan β, le pôle de β est situé sur α.

Menons, en effet, par AB un plan qui coupe la surface suivant une conique. D'après l'hypothèse, la polaire de A, relativement à la conique, passe par B; conséquemment, la polaire de B passe par A (108). Mais cette polaire est située dans le plan polaire de B relativement à la surface du second ordre (271); donc, si le plan polaire de A passe par B, réciproquement, le plan polaire de B passe par A.

On démontrerait de même la proposition à droite.

De là ces conséquences :

Quand un point se meut dans un plan, son plan polaire tourne autour du pôle de ce plan.

Quand un plan tourne autour d'un point, son pôle se meut dans le plan polaire de ce point.

Quand un point se meut sur une droite (c'est-à-dire sur deux plans passant par cette droite), son plan polaire tourne autour d'une autre droite.

Quand un plan tourne autour d'une droite (c'est-à-dire autour de deux points de cette droite), son pôle se meut sur une autre droite.

En effet, ce plan polaire tourne en même temps autour des pôles des deux plans, c'est-à-dire autour de la droite de jonction de ces pôles.

En effet, ce pôle se meut en même temps sur les plans polaires des deux points, c'est-à-dire sur la droite d'intersection de ces plans polaires

IV. — Droite polaire.

275. Deux droites sont dites *polaires* l'une de l'autre, par rapport à une surface du second ordre, lorsque les plans polaires des points de l'une passent par l'autre; et dans ce cas, *vice versâ*, les pôles des plans de l'une sont situés sur l'autre. Ainsi, à toute droite de l'espace en correspond une autre comme polaire.

Nous pouvons maintenant exprimer la double proposition précédente dans les termes suivants :

Si une droite passe par un point, sa polaire est située dans le plan polaire de ce point.

Si une droite est située dans un plan, sa polaire passe par le pôle de ce plan.

Une droite g étant donnée, on construira sa polaire g_1, soit en cherchant les plans polaires de deux points de g et déterminant l'intersection de ces plans, soit en cherchant les pôles de deux plans passant par g et déterminant la droite qui joint ces pôles.

On déduit immédiatement les conséquences suivantes :

La droite g, qui joint deux points quelconques d'une surface du second ordre, a pour polaire la droite d'intersection g_1 des plans tangents à la surface aux deux points considérés.

Vice versâ : la droite g_1 d'intersection de deux plans tangents quelconques à une surface du second ordre a pour polaire la droite qui joint les points de contact de ces plans.

Cas particulier :

Toute tangente g à une surface du second ordre a pour polaire une autre droite g_1, tangente à la surface au même point.

En effet, la tangente g se trouvant sur le plan de contact, sa polaire g_1 doit contenir le pôle G de ce plan, c'est-à-dire le point de contact. Mais la tangente g passe par le point G ; g_1 doit donc se trouver sur le plan polaire de G, c'est-à-dire sur le plan tangent.

Dans tout autre cas, la polaire g_1 d'une droite g peut encore être déterminée de la manière suivante :

On coupe la surface du second ordre par deux plans qui contiennent la droite g, et l'on cherche les pôles de g par rapport aux deux courbes d'intersection. Ces pôles se trouvent sur la droite g_1, car le plan polaire de l'un quelconque d'entre eux passe par la droite g.

V. — Construction du pôle d'un plan donné.

276. Le pôle d'un plan α, par rapport à une surface du second ordre, est le point où concourent les polaires des points et des droites du plan α. Le pôle est déterminé par deux de ces polaires. Les plans tangents en tous les points communs au plan donné α et à la surface du second ordre passent aussi par le pôle. Si par une droite quelconque du plan α on fait passer deux plans tangents à la surface, le pôle se trouve sur la droite de jonction des deux points de contact, et il est harmoniquement séparé de α par les plans de contact.

15.

VI. — Surfaces polaires réciproques.

277. La polarité des surfaces du second ordre conduit à un cas particulier de la réciprocité dans l'espace.

Un système quelconque de points, de droites et de plans étant donné, si l'on détermine, par rapport à une surface fixe du second ordre, les plans polaires de ses points, les droites polaires de ses droites et les pôles de ses plans, on obtient un second système dont les points, les droites et les plans correspondent respectivement aux plans, aux droites et aux points du premier. Aux points d'une droite correspondent les plans passant par une autre droite; en d'autres termes, à une ponctuelle correspond un faisceau de plans, et il est évident que ces deux formes sont projectives (**228**).

Deux systèmes ainsi disposés sont dits *polaires réciproques*. A tout théorème, relatif à l'un, correspondra le théorème réciproque, relatif à l'autre.

Si, dans le premier système, un point décrit une surface Ξ du $n^{\text{ième}}$ ordre, le plan correspondant à ce point, dans le second système, restera tangent à une surface Ξ_1 de la $n^{\text{ième}}$ classe ([1]). A un point P de la première surface correspondra un plan π_1, tangent à la seconde; aux droites tangentes à Ξ en P correspondront les droites tangentes à Ξ_1 et contenues dans le plan π_1. Mais les premières tangentes sont dans le plan π, qui touche Ξ en P, et les secondes passent par le point P_1, où Ξ_1 est touchée par π_1; donc le plan π est précisément celui qui correspond au point P_1.

Il résulte de là que, si un point décrit la surface Ξ_1 dans le second système, le plan correspondant du premier système restera tangent à la surface Ξ. Dès lors, si Ξ est de la $n^{\text{ième}}$ classe, Ξ_1 sera du $n^{\text{ième}}$ ordre. Ainsi apparaît manifeste la parfaite **réciprocité** entre les surfaces Ξ et Ξ_1, qu'on appelle, pour ce motif, *surfaces polaires réciproques* ([2]).

([1]) *L'ordre* d'une surface quelconque est déterminé par le plus grand nombre d'intersections possibles de cette surface avec une droite. La *classe* d'une surface développable dépend du plus grand nombre de plans tangents qu'on peut mener à cette surface d'un même point.

([2]) Il convient de rappeler, à ce sujet, le *Mémoire de* MONGE *sur les surfaces réciproques,* qui est mentionné dans une liste de ses différents Mémoires, placée au com-

Il est presque superflu d'ajouter que tout polyèdre inscrit dans l'une des deux surfaces a pour polaire réciproque un polyèdre circonscrit à l'autre, et *vice versâ*.

VII. — Gerbe de plans enveloppe de toute surface du second ordre.

278. *Toute surface du second ordre est enveloppée par une gerbe de plans du second ordre.*

Considérons la surface du second ordre engendrée par deux gerbes réciproques, S et S_1, c'est-à-dire la surface dont chacun des points est déterminé (**264**) par l'intersection d'un plan de S et du rayon correspondant de S_1. Les plans et les rayons de ces deux gerbes réciproques ont respectivement pour pôles et pour polaires, par rapport à la surface du second ordre, des points et des droites situés sur les plans polaires des centres S et S_1, c'est-à-dire (**274**) sur les plans tangents à la surface en S et en S_1. Ces points et ces droites constituent donc deux systèmes plans, Σ et

---

mencement de son *Application de l'Analyse à la Géométrie* (3ᵉ édition, Paris, 1809, p. 4). Ce Mémoire n'a pas été publié, mais il résulte d'une Note jointe à son titre que les surfaces considérées par MONGE sont polaires réciproques par rapport au paraboloïde de révolution qui a pour équation $x^2 + y^2 = \alpha$. Il est à regretter que le Mémoire de MONGE soit resté inédit. Il eût été intéressant de connaître la voie qui a conduit ce géomètre à ses surfaces réciproques, et surtout de savoir quel usage il faisait de cette invention.

CHASLES a fait connaître un nouveau système de surfaces réciproques, analogues à celles de MONGE, mais qui ne font point partie des surfaces polaires. Ces nouvelles surfaces ont entre elles une relation géométrique que CHASLES exprime de la manière suivante : *Une surface étant donnée, on pourra lui imprimer un mouvement infiniment petit, tel que les plans normaux aux directions que prendront ses différents points, pendant ce mouvement, seront précisément les plans tangents à la surface réciproque. Le mouvement à imprimer sera le résultat des deux mouvements élémentaires simultanés, dont le premier sera de révolution autour de l'axe des z regardé comme fixe, et le second de translation dans la direction de cet axe.*

Ces dernières surfaces réciproques et celles de MONGE sont des cas particuliers de surfaces dont l'expression analytique, beaucoup plus générale, a été donnée par CHASLES (*Aperçu historique*, etc. Bruxelles, 1837, Note XXX. — *Rapport sur les progrès de la Géométrie.* Paris, 1870, p. 90). Voir aussi, au sujet des surfaces réciproques considérées par MONGE, les recherches de A. DE MORGAN : *Methods of integrating partial differential Equations* (*Transactions de la Société philosophique de Cambridge*, 1849, t. VIII, p. 606-613). — *On some points of the integral Calculus* (*Ibid.*, 1851, t. IX, p. 119).

Σ_1, qui sont évidemment réciproques (**225, 275**) et qui engendrent (**263, 264**) une gerbe de plans du second ordre à laquelle appartiennent les plans Σ et Σ_1. Tout plan de cette gerbe contient un point P de Σ, par exemple, et le rayon correspondant p'_1 de Σ_1. Mais le point P de Σ est, par construction, le pôle d'un plan π de S et le rayon p'_1 de Σ_1 est la droite polaire du rayon p_1 de S_1 qui correspond au plan π. Le plan Pp'_1 de la gerbe du second ordre est donc le plan polaire du point πp_1; et, comme ce point appartient à la surface (**264**), son plan polaire Pp'_1 est tangent à la même surface en πp_1. La surface du second ordre est donc enveloppée par la gerbe du second ordre formée de l'ensemble des plans tels que Pp'_1.

<h3 align="center">VIII. — Points conjugués et plans conjugués.</h3>

279. Deux points, P et P_1, sont dits conjugués par rapport à une surface du second ordre, quand l'un d'eux, P_1, est situé sur le plan polaire π de l'autre; auquel cas le point P est pareillement situé sur le plan polaire π_1 de P_1 (**274**).

Un point P et une droite g sont conjugués quand P est sur la polaire de g et quand, par suite, le plan polaire de P passe par g.

Deux plans, π et π_1, sont dits conjugués par rapport à une surface du second ordre, quand l'un d'eux, π_1, passe par le pôle P de l'autre; auquel cas le plan π passe pareillement par le pôle P_1 de π_1.

Un plan π et une droite g sont conjugués quand π passe par la polaire de g et quand, par suite, le pôle de π est sur g.

Deux droites sont dites *conjuguées* lorsque chacune d'elles et la polaire de l'autre sont situées dans un même plan.

Un point est donc conjugué à tous les points et à tous les rayons situés dans son plan polaire; un plan, à tous les rayons et à tous les plans qui passent par son pôle; enfin, une droite g à tous les points situés sur sa polaire g_1, à tous les plans qui passent par g_1 et à toutes les droites qui sont coupées par g_1.

Tout point de la surface, toute droite tangente et tout plan tangent à la surface, sont conjugués à eux-mêmes.

280. *Si deux points* A *et* B *sont conjugués par rapport à une surface*

Si deux plans α *et* β *sont conjugués par rapport à une surface du*

de second ordre, ils sont aussi conju- | second ordre, ils sont aussi conju-
gués par rapport à toute courbe du | gués par rapport à toute surface co-
second ordre résultant de la section | nique du second ordre enveloppant
de la surface par un plan du fais- | la surface et ayant pour centre un
ceau **AB.** *| point de la droite αβ.*

En effet, d'après l'hypothèse, le plan polaire du point A passe par B. Ce plan contient d'ailleurs la polaire de A par rapport à la courbe d'intersection du second ordre ; cette polaire commune à deux plans doit par conséquent contenir le point B, commun aux deux mêmes plans.

Il résulte de là que, si g est une droite non conjuguée avec elle-même, et si l'on rapporte entre eux deux points conjugués de la ponctuelle g, ou deux plans conjugués du faisceau g, les points de la ponctuelle ou les plans du faisceau seront accouplés involutoirement.

Si, dans un faisceau de rayons, dont le centre et le plan ne sont pas conjugués avec eux-mêmes, les rayons conjugués se correspondent deux à deux, tous les rayons sont accouplés involutoirement.

Cette dernière proposition peut être ramenée à la précédente, car on peut déterminer, dans le plan du faisceau, un point conjugué à chaque rayon ; on obtient ainsi une ponctuelle en involution, à laquelle le faisceau de rayons est perspectif.

APPENDICE AUX CHAPITRES XVI ET XVII.

DIAMÈTRES ET PLANS DIAMÉTRAUX DES SURFACES DU SECOND ORDRE. CENTRES ET AXES PRINCIPAUX ([1]).

I. — Plans diamétraux et diamètres.

281. Les cordes parallèles menées dans une surface du second ordre, suivant une direction donnée quelconque, ont leurs points milieux dans un plan qui prend le nom de *plan diamétral de la surface*. Ce plan contient aussi : 1° les points de contact de toutes les tangentes et de tous les plans tangents qu'on peut mener à la surface suivant la direction donnée ; 2° les centres de toutes les courbes situées sur la surface, et dont les plans contiennent la direction donnée. Le plan diamétral est le plan polaire du point à l'infini qui se trouve dans la direction donnée.

282. *Quand une surface du second ordre est coupée par un système de plans parallèles, les centres des courbes d'intersection sont sur une droite qui prend le nom de* diamètre de la surface.

Les plans qui touchent la surface aux points où elle est rencontrée par le diamètre sont parallèles aux plans d'intersection. Le diamètre est donc la polaire de la droite à l'infini suivant laquelle se coupent les plans parallèles (**275**).

283. *Tous les diamètres et tous les plans diamétraux d'une surface du second ordre passent par un même point, qui est le pôle du plan à l'infini.*

Ce plan contient, en effet, les polaires de tous les diamètres et plans diamétraux.

([1]) Voir, en particulier : Poncelet, *Traité des propriétés projectives*, etc., t. II. Paris, 1866, n° 75. — Zech, *Die höhere Geometrie*, etc. Stuttgart, 1857, § 12. — Reye, *Die Geometrie der Lage*. Hannover, 1868, p. 39-43. — Staudigl, *Lehrbuch der neueren Geometrie*, etc. Wien, 1870, p. 310-319.

284. *Si la surface du second ordre est touchée par le plan à l'infini, le pôle de ce plan est le point de contact.*

Ce cas se présente dans les deux genres de paraboloïdes. Donc, les diamètres et les plans diamétraux des paraboloïdes hyperbolique et elliptique passent tous par le point de contact à l'infini du plan à l'infini et de la surface. Conséquemment :

Tous les diamètres d'un paraboloïde sont parallèles entre eux.

II. — Centre.

285. Dans les autres surfaces du second ordre, le pôle du plan à l'infini est un point propre que l'on nomme *centre de la surface.*

Le centre C d'un ellipsoïde, ou d'un hyperboloïde à une ou à deux nappes, est en même temps le centre de toute courbe k du second ordre commune à la surface et à un plan passant par C; et toute corde de la surface, passant au centre, est divisée par celui-ci en deux parties égales.

En effet, le centre est conjugué à tout point ou rayon à l'infini et doit être harmoniquement séparé du point à l'infini de chaque corde par deux points de la surface.

286. *Tous les plans qui touchent, en ses points à l'infini, un hyperboloïde à une ou à deux nappes, passent par le centre de la surface et enveloppent un cône du second ordre qui prend le nom de* cône asymptote (153).

Le cône asymptote touche l'hyperboloïde en sa courbe à l'infini, et la courbe d'intersection de l'hyperboloïde par un plan quelconque est une ellipse, une parabole ou une hyperbole, selon que le cône asymptote est coupé par le plan considéré, ou par un autre plan parallèle à celui-ci, suivant une ellipse, une parabole ou une hyperbole.

III. — Axes principaux et sommets.

287. *Tout diamètre d'un ellipsoïde ou d'un hyperboloïde est conjugué à un plan diamétral et à tout diamètre situé dans ce plan.*

Le plan diamétral divise en deux parties égales les cordes de la surface qui sont parallèles au diamètre conjugué, et vice versa, le diamètre passe par les centres de toutes les coniques de la surface dont les plans sont parallèles au plan diamétral conjugué.

Deux diamètres, conjugués par rapport à une surface du second ordre, sont aussi conjugués par rapport à la courbe d'intersection de cette surface et de leur plan.

En effet, toutes les cordes de la courbe, parallèles à l'un des diamètres, sont divisées par l'autre en deux parties égales.

Les diamètres de la surface situés dans le plan sécant sont, par conséquent, involutoirement accouplés (**280**).

Un diamètre perpendiculaire aux plans des sections dont il contient les centres prend le nom d'*axe principal de la surface du second ordre*. Les points où l'axe rencontre la surface se nomment *sommets*.

288. Si la surface est un paraboloïde, elle n'a qu'un seul axe principal a, sur lequel se trouvent les centres des coniques (sections de la surface) dont les plans sont perpendiculaires à la direction commune de tous les diamètres.

Les plans diamétraux qu'on peut faire passer par l'axe a sont conjugués entre eux deux à deux. Le faisceau de plans a est donc involutoire (**280**). En le coupant par un plan perpendiculaire à a, on détermine un faisceau involutoire de rayons; et, selon que ce dernier faisceau est ou n'est pas rectangulaire, tous les couples de plans conjugués du faisceau a, ou seulement deux plans, α et α_1, de ce faisceau, sont perpendiculaires entre eux. Le plan α, perpendiculaire et conjugué à tous les plans perpendiculaires à l'axe principal a, est d'ailleurs perpendiculaire à la direction dans laquelle est situé son pôle à l'infini; il divise donc en deux parties égales toutes les cordes du paraboloïde qui lui sont perpendiculaires, et peut dès lors être nommé *plan de symétrie de la surface*. La même remarque s'applique au plan α_1, conjugué rectangulaire de α. Donc :

Le paraboloïde a au moins deux plans de symétrie qui se coupent à angle droit suivant l'axe principal.

Lorsque tous les plans passant par l'axe de symétrie a sont des plans de symétrie, toutes les courbes d'intersection du paraboloïde par des plans perpendiculaires à a sont des cercles, car elles ont un faisceau de diamètres orthogonaux (**132**). On a, dans ce cas, un paraboloïde de rotation.

289. Les diamètres d'un ellipsoïde ou d'un hyperboloïde ne sont pas, en général, perpendiculaires aux plans diamétraux qui leur sont respectivement conjugués. Lorsque cette condition se réalise, tout diamètre est un axe principal de la surface, et l'on a, comme cas particulier de l'ellipsoïde, la surface sphérique. Chaque faisceau de diamètres est alors rectangulaire et, conséquemment, le plan de chaque faisceau coupe la surface suivant un cercle. On voit encore par là que, dans ce cas particulier, tous les points de la surface sont équidistants du centre.

En général, pour l'ellipsoïde comme pour l'hyperboloïde, à un diamètre quelconque d correspond un seul diamètre conjugué perpendiculaire d_1, qui est l'intersection de deux plans diamétraux, l'un δ_1 perpendiculaire à d et l'autre δ conjugué au même diamètre.

Si le diamètre d décrit, autour du centre de la surface, un faisceau γ de rayons, le plan diamétral δ, conjugué à d, décrit un faisceau de plans projectif au faisceau γ (275); l'axe g de ce faisceau de plans est conjugué à γ. Dans le même temps, le plan diamétral δ_1, normal à d, décrit un second faisceau de plans, dont l'axe g_1 est normal au plan γ. Le faisceau de plans g_1 est également projectif au faisceau de rayons γ; car deux rayons quelconques de celui-ci comprennent entre eux le même angle que les plans du premier qui leur sont respectivement perpendiculaires. Les faisceaux de plans g et g_1 sont par conséquent projectifs entre eux et engendrent, en général, une surface conique du second ordre. En d'autres termes :

Si un diamètre d de l'ellipsoïde ou de l'hyperboloïde décrit autour du centre un faisceau γ de rayons, le diamètre d_1, qui est conjugué et perpendiculaire à d, décrit en même temps autour du centre une surface conique du second ordre.

Une exception se présente dans le cas où le faisceau γ de rayons contient un axe principal de la surface; alors, en effet, les faisceaux de plans g et g_1 ont comme élément uni le plan diamétral conjugué à l'axe principal, et sont par conséquent perspectifs.

290. Les résultats qui précèdent servent à la recherche des axes principaux dans l'ellipsoïde et dans l'hyperboloïde.

On suppose construites les surfaces coniques du second ordre Γ et E, relatives à deux faisceaux de diamètres γ et ε; ε est choisi de telle sorte qu'un diamètre intérieur et un autre extérieur à la surface conique Γ soient situés sur E. Les surfaces coniques concentriques Γ et E se coupent donc, et elles ont au moins deux rayons communs, quatre au plus. Un de ces rayons communs est conjugué et perpendiculaire au rayon commun des faisceaux de diamètres γ et ε; tout autre rayon a, conjugué et perpendiculaire à un diamètre dans γ et à un diamètre dans ε, est conjugué et perpendiculaire au plan de ces diamètres, ce qui revient à dire que a est un axe principal de la surface.

Le plan diamétral α, conjugué à a, est un plan de symétrie, car il divise en deux parties égales les cordes qui lui sont perpendiculaires.

L'involution de diamètres conjugués située dans α contient une infinité de couples ou un seul couple de rayons rectangulaires.

Dans le premier cas, le plan α et tous les plans parallèles à α coupent la surface suivant des cercles. La surface est donc engendrée par la rotation d'une ellipse ou d'une hyperbole autour de l'axe a; on la nomme, pour ce motif, *surface de rotation*.

Dans le second cas, soient b et c les rayons conjugués perpendiculaires : b étant conjugué et perpendiculaire à a et à c; c étant de même conjugué et perpendiculaire à a et à b, il s'ensuit que b et c sont des axes de la surface. Donc :

L'ellipsoïde et l'hyperboloïde ont en général trois axes.

On est conduit à des conclusions analogues quand la surface est un cône. En effet, une surface conique du second ordre peut être considérée comme cône asymptote d'un hyperboloïde, et deux diamètres, conjugués par rapport à l'hyperboloïde, sont aussi conjugués par rapport au cône. Donc :

Toute surface du second ordre (ellipsoïde, hyperboloïde ou cône) a trois axes perpendiculaires et conjugués entre eux deux à deux, et les trois plans déterminés par ces axes sont des plans de symétrie de la surface.

Quand la surface est de rotation, elle a une infinité d'axes principaux.

CHAPITRE XVIII.

PROJECTIVITÉ DES FORMES DE LA TROISIÈME ESPÈCE.

Poncelet, *Traité des propriétés projectives*, etc. Paris, 1866, t. II, Section II. — Möbius, *Der barycentrische Calcul*, etc. Leipzig, 1827, II Abschn. — Staudt, *Geometrie der Lage*. Nürnberg, 1847, p. 67-71. — Staudt, *Beiträge zur Geometrie der Lage*. Nürnberg, 1860, § 35. — Pfaff, *Neuere Geometrie*. Erlangen, 1867, § 5-8. — Reye, *Die Geometrie der Lage*. Hannover, 1868, p. 18-26. — Staudigl, *Lehrbuch der neueren Geometrie*, p. 319-331.

I. — Espaces collinéaires et réciproques.

291. Deux espaces, Σ et Σ_1, sont dits *collinéaires* lorsqu'à tout point P de Σ correspond un point P_1 de Σ_1, et à toute droite ou à tout plan de Σ, passant par P, respectivement une droite ou un plan de Σ_1, passant par P_1.

Deux espaces, Σ et Σ_1, sont dits *réciproques* lorsqu'à tout point P de Σ correspond un plan π_1 de Σ_1, et à toute droite ou à tout plan de Σ, passant par P, respectivement une droite ou un point de Σ_1 situés sur π_1.

Deux espaces collinéaires ou réciproques à un troisième sont collinéaires entre eux (**226**).

292. Quand deux espaces sont collinéaires, à tout système plan du premier correspond, dans le second, un système plan collinéaire, à toute gerbe une gerbe collinéaire, à toute ponctuelle une ponctuelle projective, etc.

Quand deux espaces sont réciproques, à tout système plan de l'un correspond, dans l'autre, une gerbe réciproque, à toute ponctuelle un faisceau projectif de plans, etc.

Si les espaces Σ et Σ_1 sont collinéaires, au plan à l'infini de Σ

correspond, en général, un plan propre de Σ_1, et, pareillement, au plan à l'infini de Σ_1, un plan propre de Σ. Il suit de là que :

Quand deux espaces sont collinéaires, aux droites parallèles et aux plans parallèles de l'un correspondent respectivement, dans l'autre, des droites et des plans qui se coupent sur le plan correspondant au plan impropre du premier, et vice versa.

Deux espaces étant réciproques, au plan à l'infini, considéré comme élément de l'un, correspond, en général, un point propre dans l'autre. Par suite :

Quand deux espaces sont réciproques, aux droites parallèles et aux plans parallèles de l'un correspondent respectivement, dans l'autre, des droites d'un plan passant par le point qui correspond au plan impropre du premier et des points d'une droite passant par le même point.

A quatre éléments harmoniques d'un espace, considéré en général, correspondent toujours quatre éléments harmoniques de l'espace collinéaire ou réciproque. Dès lors, et d'après les relations qui viennent d'être établies, deux espaces collinéaires ou réciproques sont aussi projectifs. Il s'ensuit que :

Si, dans deux espaces collinéaires ou réciproques, trois éléments d'une forme fondamentale simple (43) ou encore quatre éléments de même genre d'une forme fondamentale de la seconde espèce (242) sont unis, tous les éléments de la forme fondamentale considérée sont unis.

Dans le second cas, toutefois, on doit supposer que trois des quatre éléments donnés n'appartiennent pas à une même forme fondamentale simple.

293. Pour rapporter réciproquement entre eux deux espaces, Σ et Σ_1, on prend dans Σ deux gerbes A, B, et on les rapporte réciproquement aux systèmes plans α_1, β_1, situés dans Σ_1, de telle sorte que la droite AB ait pour correspondante la droite d'intersection $\alpha_1\beta_1$, et qu'à tout plan commun aux gerbes, passant par AB, corresponde un point commun aux systèmes plans, situé sur $\alpha_1\beta_1$. Dans ces conditions, à tout point P de Σ correspondra un plan π_1 dans Σ_1, et à tout rayon l, passant par P, un rayon l_1, situé sur π_1.

En effet, aux rayons AP et BP, situés avec AB dans un même plan, correspondent, dans α_1 et β_1, deux rayons qui ont un même point commun avec $\alpha_1\beta_1$, et qui déterminent, par suite, un plan π_1 correspondant au point P. Pareillement, au rayon l de Σ, qui est projeté de A et de B au moyen des deux plans Al, Bl, correspond un rayon l_1 qui est coupé, par α_1 et par β_1, aux deux points correspondants $\alpha_1 l_1$ et $\beta_1 l_1$.

Si l'on donne dans l'espace Σ un système plan quelconque ε, au moyen duquel les gerbes A et B sont rapportées projectivement entre elles, de façon à avoir le faisceau de plans AB uni, les systèmes plans α_1 et β_1 de Σ_1 sont en même temps rapportés collinéairement entre eux, de façon à avoir la ponctuelle $\alpha_1\beta_1$ unie. Conséquemment, α_1 et β_1 sont perspectifs (**244**), et ils engendrent une gerbe qui est en correspondance réciproque avec le système plan ε. Au plan ε de Σ, qui passe par une droite l ou par un point P, correspond donc un point E_1, qui est situé sur la droite correspondante l_1 ou sur le plan correspondant π_1. Donc :

Deux espaces, Σ et Σ_1, peuvent être rapportés l'un à l'autre, de telle sorte qu'à deux gerbes A et B de Σ correspondent, dans Σ_1, deux systèmes plans α_1 et β_1 réciproques à ces gerbes.

Il suffit pour cela que la réciprocité entre A et α_1 et entre B et β_1 soit établie, de telle sorte qu'à tout plan commun aux points A et B corresponde un point commun aux plans α_1 et β_1. Nous pouvons donc conclure que :

Deux espaces, Σ et Σ_1, sont rapportés réciproquement entre eux lorsqu'à cinq points A, B, C, D, E du premier (dont quatre quelconques ne sont pas dans un même plan) on attribue comme correspondants, dans le second, cinq plans α_1, β_1, γ_1, δ_1, ε_1 (dont quatre quelconques ne passent pas par un même point).

La gerbe A ne peut être rapportée réciproquement au système plan α_1 que d'une seule manière et de telle sorte qu'aux rayons AB, AC, AD, AE correspondent réciproquement les rayons $\alpha_1\beta_1$, $\alpha_1\gamma_1$, $\alpha_1\delta_1$, $\alpha_1\varepsilon_1$ (**231**). De même, il n'existe, entre la gerbe B et le système plan β_1, d'autre relation réciproque que celle qu'on

obtient en faisant correspondre les quatre couples de rayons BA
et $\beta_1\alpha_1$, BC et $\beta_1\gamma_1$, BD et $\beta_1\delta_1$, BE et $\beta_1\epsilon_1$. Et, puisqu'à trois plans
communs ABC, ABD, ABE des gerbes A et B correspondent res-
pectivement les trois points communs $\alpha_1\beta_1\gamma_1$, $\alpha_1\beta_1\delta_1$, $\alpha_1\beta_1\epsilon_1$
des systèmes plans α_1 et β_1, à tout plan du faisceau AB corres-
pondra un point unique de la ponctuelle $\alpha_1\beta_1$. La proposition se
trouve ainsi ramenée à celle qui précède.

294. On a de même la proposition suivante, relative aux espaces collinéaires :

*Pour rapporter collinéairement deux espaces, Σ et Σ_1, il suffit
d'assigner comme correspondants :*

A cinq points quelconques de l'un, dont quatre ne doivent jamais être situés dans un même plan, cinq points de l'autre, assujettis à la même condition.	*A cinq plans quelconques de l'un, dont quatre ne doivent jamais passer par un même point, cinq plans de l'autre, assujettis à la même condition.*

Tout élément de Σ a dès lors son correspondant dans Σ_1.

On peut établir cette proposition directement, comme on l'a
fait pour les espaces réciproques ; mais on la démontre plus simplement en observant que deux espaces réciproques à un troisième sont collinéaires (**226, 291**), et en ramenant ainsi le cas de
collinéation à celui de réciprocité.

On peut, en effet, rapporter les deux espaces proposés à un
troisième, en faisant correspondre à cinq plans quelconques de
celui-ci, respectivement, cinq points donnés dans chacun des deux
premiers. La relation de collinéation est ainsi établie entre les espaces proposés.

On pourrait prendre, au lieu de cinq points dans chacun des espaces, cinq plans, dont quatre ne passent jamais par un même
point. Il suit de là que :

*Si deux espaces collinéaires ont cinq points unis, dont quatre
ne soient jamais situés dans un même plan, ou cinq plans unis,
dont quatre ne passent jamais par un même point, ces espaces ont
tous leurs éléments unis et sont identiques.*

II. — Correspondance des formes dans les espaces collinéaires
ou réciproques.

295. Il est intéressant d'étudier les relations qui existent entre les formes de l'espace qui se correspondent dans les espaces collinéaires ou réciproques. Mais, avant d'aborder ce sujet, nous devons exposer quelques notions relatives aux *courbes gauches*, qu'on désigne aussi sous le nom de *courbes à double courbure*.

P et Q étant deux points d'une courbe gauche, si l'un d'eux, Q, se meut sur la courbe, la droite PQ décrit une surface conique qui a pour centre P et qui projette la courbe de ce point. Si le point Q va s'approchant du point fixe P, PQ s'approche d'une droite fixe p, avec laquelle elle finit par coïncider lorsque Q coïncide avec P. Cette droite p est la tangente à la courbe au point P, et l'on dit de tout plan passant par p qu'il *touche* la courbe au point P. Un tel plan, passant par un point quelconque R de la courbe, décrira un faisceau de plans p projetant la courbe, lorsque le point R parcourra celle-ci. Si le point R va s'approchant du point P, le plan pR ira s'approchant d'un plan fixe π, avec lequel il finira par coïncider lorsque R coïncidera avec P. Ce plan π prend le nom de *plan osculateur* de la courbe au point P. On peut donc considérer toute tangente comme la droite de jonction de deux points de la courbe séparés l'un de l'autre par une distance infiniment petite, et tout plan osculateur comme le plan de jonction de trois points de la courbe assujettis à la même condition.

Toutes les tangentes à une courbe gauche forment dans l'espace un faisceau de rayons enveloppant la courbe, et tous les plans osculateurs un faisceau de plans osculant la même courbe.

296. Soient maintenant k et k_1 deux courbes gauches qui se correspondent dans des espaces collinéaires. A toute droite qui joint deux points de la courbe k, et à tout plan qui joint trois points de la même courbe, correspondent la droite et le plan qui joignent respectivement les deux points et les trois points correspondants de la courbe k_1. A la tangente et au plan osculateur en un point quelconque de k, correspondent donc aussi respectivement la tangente et le plan osculateur au point homologue de k_1.

Si un point P décrit la courbe k, pendant que la tangente p décrit le faisceau de rayons enveloppant k et que le plan osculateur π décrit le faisceau de plans osculant la courbe, le point P_1 parcourt dans le même temps la courbe k_1, la tangente correspondante p_1 décrit le faisceau de rayons enveloppant k_1, et le plan osculateur correspondant π_1 décrit le faisceau de plans osculant k_1.

On doit observer, enfin, qu'à tout plan coupant la courbe k en n points correspond un plan qui coupe la courbe k_1 aux n points correspondants, et que si n tangentes à k, ou n plans osculateurs de k, passent par un point, n tangentes ou n plans osculateurs de k_1 passent respectivement par le point correspondant.

Aux points à l'infini de k correspondent d'ailleurs, en général, des points propres de k_1, car c'est seulement dans des cas particuliers que le plan à l'infini de l'un des espaces correspond au plan à l'infini de l'autre.

Si la courbe k se meut suivant une loi donnée et décrit une surface Φ, k_1 décrit en même temps une surface Φ_1 qui correspond à la première.

Ces surfaces sont coupées par deux plans sécants correspondants quelconques suivant deux courbes collinéaires; et si Φ est touchée ou coupée par une droite quelconque en un nombre quelconque de points, Φ_1 est touchée ou coupée en autant de points par la droite correspondante. A tout plan tangent à Φ correspond aussi un plan tangent à Φ_1, etc.

Toutefois, les surfaces collinéaires peuvent présenter des différences essentielles, eu égard à leurs points à l'infini. Ainsi, l'une des surfaces peut être coupée par le plan à l'infini suivant une courbe, tandis que l'autre est touchée par le plan à l'infini en un point, ou même n'est pas rencontrée par ce plan. Les espaces collinéaires dont les plans à l'infini se correspondent constituent en effet un cas particulier, que nous étudierons plus loin (301).

297. Si deux espaces sont réciproques, à une courbe gauche k de l'un correspond dans l'autre une courbe gauche k_1; à tout point P de k correspond un plan osculateur π_1 de k_1; à toute tangente

qui joint deux points de k infiniment voisins, et à tout plan osculateur qui joint trois points de k infiniment voisins, correspondent
respectivement une tangente à k_1, suivant laquelle se coupent
deux plans osculateurs de la même courbe, infiniment voisins l'un
de l'autre, et un point de k_1, où se coupent trois plans osculateurs
dans la même condition. A tout plan qui contient n points d'une
courbe ou n tangentes à cette courbe correspond un point par où
passent respectivement n plans osculateurs ou n tangentes à la courbe
correspondante.

III. — Espaces réciproques par rapport à une surface donnée.

298. Une surface du second ordre étant donnée, à tout point A
de l'espace correspond son plan polaire α; à toute droite passant
par le point A, sa polaire située dans le plan α; et à tout plan passant par A, son pôle situé dans le même plan α. Les pôles et les
plans polaires relatifs à la surface donnée constituent donc deux
espaces réciproques (**277**).

IV. — Espaces perspectifs.

299. *Quand deux espaces collinéaires ont un système plan uni,*
Σ, *ils ont aussi une gerbe unie S, et vice versa.*

En effet, deux systèmes plans, α et α_1, qui se correspondent
dans les deux espaces collinéaires (**292**), sont eux-mêmes collinéaires. Ils se coupent donc suivant une droite contenue dans
Σ, et ont comme éléments unis tous les points de cette droite
d'intersection; car tout élément de Σ coïncide avec son correspondant. Les deux systèmes plans α et α_1 sont, par conséquent,
perspectifs (**244**) et sections d'une même gerbe S. Puisque, d'ailleurs, tout élément de S, rayon ou plan, contient en même temps
un élément de Σ, qui se correspond à lui-même, et deux éléments
correspondants de α et de α_1, il est clair que tout élément de S
doit se correspondre à lui-même, et que les deux espaces considérés ont la gerbe S unie.

Deux points correspondants quelconques des deux espaces sont
situés sur une même droite passant par le point S; deux droites

homologues sont avec S dans un même plan et se coupent, en outre, en un point de Σ.

Dans deux espaces collinéaires qui ont une gerbe S unie, deux gerbes homologues, A et A_1, sont perspectives.

En effet, le rayon AA_1, qui passe par S, et tous les plans du faisceau AA_1, sont des éléments unis des deux gerbes collinéaires : ces gerbes sont donc des projections du système plan Σ. Tout élément de S, correspondant à lui-même, est coupé suivant un élément de Σ par deux éléments correspondants des gerbes A, A_1. Conséquemment, tous les éléments de Σ coïncident avec leurs correspondants.

Deux espaces collinéaires qui ont comme éléments unis une gerbe S et un système plan Σ sont dits perspectifs.

Le point S, qui est sur une même droite avec deux points homologues et dans un même plan avec deux droites homologues des espaces, est nommé *centre de collinéation*. Le plan Σ, sur lequel se coupent deux rayons ou deux plans homologues est le *plan de collinéation* des espaces.

300. *Pour construire deux espaces perspectifs, il suffit de prendre arbitrairement le plan Σ et le centre S de collinéation, et d'assigner, comme correspondant l'un à l'autre, deux points, A et A_1, situés sur un même rayon de S et en dehors de Σ.*

Soient B, C, D trois points de Σ, tels qu'aucune de leurs trois droites de jonction ne coupe la droite SAA_1 ; les espaces peuvent alors être rapportés collinéairement entre eux (294) de telle sorte qu'aux cinq points A, B, C, D, S de l'un correspondent respectivement les cinq points A_1, B, C, D, S de l'autre. Les rayons SAA_1, SB, SC, SD, et, par conséquent, tous les éléments de la gerbe S correspondent à eux-mêmes. Le plan BCD ou Σ correspond pareillement à lui-même, et il en est ainsi de tout élément de ce plan ; car (242), outre les points B, C, D, un quatrième point de Σ, situé sur SAA_1, correspond à lui-même.

On peut très-facilement, dans les espaces perspectifs, construire la forme qui correspond à une forme donnée, en appliquant la

méthode précédemment indiquée pour les systèmes perspectifs situés dans un plan (248).

Le plan de collinéation peut se trouver à l'infini, et, dans ce cas
particulier, deux droites ou deux plans homologues sont parallèles.
On dit alors que les systèmes perspectifs sont *semblables*. Ces
systèmes semblables sont rendus familiers par l'étude de la Stéréo-
métrie. Nous ajouterons seulement qu'ils sont placés en position
perspective quand les droites de jonction de deux points homologues quelconques se coupent en un point déterminé, qui est le
centre de collinéation, et quand les rayons ou les plans homologues
sont parallèles entre eux.

APPENDICE AU CHAPITRE XVIII.

FIGURES SOLIDES ALLIÉES, SEMBLABLES, CONGRUENTES ET SYMÉTRIQUES [1].

I. — Espaces alliés.

301. Deux espaces (à trois dimensions) collinéaires, Σ et Σ_1, sont dits *alliés* quand leurs plans à l'infini sont correspondants.

Deux systèmes plans, qui se correspondent dans deux espaces alliés, sont aussi alliés, car à toute droite à l'infini de l'un des espaces correspond une droite à l'infini de l'autre. Pareillement, deux ponctuelles qui se correspondent dans deux espaces alliés sont projectives semblables.

A tout parallélogramme de Σ correspond un parallélogramme dans Σ_1, à tout parallélépipède un parallélépipède.

302. *Pour construire deux espaces alliés, il suffit de prendre arbitrairement un tétraèdre propre dans chacun d'eux et de faire correspondre d'une manière quelconque les sommets des deux tétraèdres.*

En effet, les quatre faces de l'un des tétraèdres correspondant aux quatre faces de l'autre, et les plans à l'infini des deux espaces devant, en outre, se correspondre, il s'ensuit (293) que, pour tout élément de l'un des espaces, l'élément correspondant de l'autre est déterminé.

II. — Relations métriques.

303. Nous appelons *solide* une portion limitée de l'espace.

Dans deux systèmes alliés, à trois dimensions, les volumes de deux solides correspondants sont en rapport constant.

---

[1] Voir, en particulier : Staudt, *Geometrie der Lage*. Nürnberg, 1847, p. 71. — Pfaff, *Neuere Geometrie*. Erlangen, 1865, I Theil, § 5. — Reye, *Die Geometrie der Lage*. Hannover, 1868, p. 51-57. — Staudigl, *Lehrbuch der neueren Geometrie*. Wien, 1870, p. 332-338.

Soient P, Q deux parallélépipèdes quelconques dans Σ, et P_1, Q_1 les parallélépipèdes respectivement correspondants dans Σ_1. Soit, dans Σ, un troisième parallélépipède R, compris entre deux faces parallèles de P et entre deux faces parallèles de Q, et soit R_1 le parallélépipède correspondant à R dans Σ_1. Les parallélépipèdes P et R, compris entre deux mêmes plans parallèles, ont des hauteurs égales et sont entre eux comme leurs bases. Il en est de même des parallélépipèdes P_1 et R_1. Mais les bases de P et de R sont entre elles comme celles de P_1 et de R_1, puisque ces bases sont contenues dans les systèmes plans alliés (253, 301). Donc

$$P : R = P_1 : R_1.$$

On a, pour la même raison,

$$R : Q = R_1 : Q_1,$$

d'où

$$P : Q = P_1 : Q_1.$$

Cette dernière proportion démontre le théorème pour le cas des parallélépipèdes correspondants.

Par tout sommet A (*fig.* 73) d'un parallélépipède passent trois arêtes qui unissent ce sommet à trois autres, B, C, D. Le plan diagonal BCD sépare du parallélépipède un tétraèdre ABCD qui en est la sixième partie.

Fig. 73.

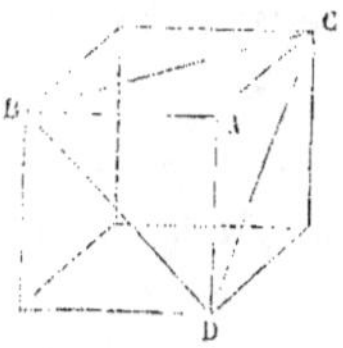

Détachons deux de ces tétraèdres, l'un de P, l'autre de Q; nous pouvons les considérer comme pris d'une manière quelconque dans le système Σ, puisque P et Q ont été choisis arbitrairement. Les tétraèdres correspondants dans Σ_1 sont des portions de P_1 et de Q_1 situées de la même manière; et puisque

$$\frac{P}{6} : \frac{Q}{6} = \frac{P_1}{6} : \frac{Q_1}{6},$$

nous avons démontré que *deux tétraèdres quelconques du système Σ sont entre eux comme les deux tétraèdres correspondants de Σ_1*.

Le théorème s'étend aux solides limités d'une manière quelconque par des plans, car ces solides peuvent toujours être décomposés en tétraèdres.

Il s'étend aussi aux solides limités par des surfaces courbes, puisqu'il est vrai pour tous les solides à faces planes qu'on peut inscrire ou circonscrire aux premiers.

Quand le rapport de deux solides correspondants est égal à l'unité, les espaces alliés sont dits *équivalents*. Deux systèmes plans correspondants,

dans deux systèmes solides équivalents, ne sont pas, en général, équivalents, mais seulement alliés.

III. — Surfaces alliées.

304. Quand deux surfaces sont alliées, à tout point à l'infini de l'une doit
correspondre un point à l'infini de l'autre. Il suit de là que les deux surfaces
n'ont aucun point commun avec le plan à l'infini, ou que chacune d'elles
est touchée en un point par ce plan, ou enfin que chacune d'elles est coupée
par le plan à l'infini suivant une courbe à l'infini.

On sait d'ailleurs (**296**) qu'une surface rectiligne ne peut être rapportée collinéairement qu'à une surface rectiligne.

Il résulte de ces deux conditions qu'*on ne peut allier entre elles que des
surfaces du second ordre de la même espèce* : par exemple, deux ellipsoïdes,
deux hyperboloïdes à une nappe, deux paraboloïdes elliptiques, et ainsi de
suite.

A toute série de cordes parallèles d'une surface correspond une série de
cordes parallèles dans la surface alliée ; au point milieu d'une corde correspond
le point milieu de la corde correspondante. On a donc ce théorème :

*Dans deux surfaces alliées du second ordre, tout plan diamétral a pour
correspondant un plan diamétral, tout couple de diamètres conjugués un
couple de diamètres conjugués.*

305. *Pour allier deux paraboloïdes elliptiques, ou deux paraboloïdes
hyperboliques, Π et Π_1, on prend sur chacun d'eux une courbe du second
ordre qui ne passe pas par le point à l'infini du paraboloïde dans lequel elle
est contenue et qui, par conséquent, ne soit pas une parabole ; on allie les
deux courbes entre elles, et cette condition suffit pour qu'à chaque point
de Π corresponde un point de Π_1.*

Soient **A**, **B**, **C** trois points de l'une des courbes, k, et **D** le pôle de son
plan par rapport à la surface Π ; soient, en outre, A_1, B_1, C_1 les points
correspondants de l'autre courbe, k_1, et D_1 le pôle de son plan par rapport
à Π_1. Les espaces dans lesquels se trouvent les paraboloïdes sont alors
alliés, de telle sorte qu'aux sommets du tétraèdre ABCD correspondent respectivement les sommets du tétraèdre $A_1 B_1 C_1 D_1$.

Mais les systèmes plans ABC, $A_1 B_1 C_1$ sont eux-mêmes alliés ; dès lors, la
courbe k a pour correspondante la courbe k_1, et les cônes tangents aux
surfaces Π et Π_1, au moyen desquels les courbes k et k_1 sont respectivement projetées de D et de D_1, se correspondent entre eux. Les diamètres

d et d_1 des surfaces Π et Π_1, qui joignent respectivement les points D et D_1 aux centres de k et de k_1, se correspondent aussi. Enfin, à toute parabole située sur Π, coupée par k en deux points K, L et contenue dans un plan passant par d, correspond, dans le second espace, une parabole coupée par k_1 aux points K_1, L_1 et contenue dans un plan passant par d_1. Cette seconde parabole se trouve précisément sur la surface Π_1, car elle a en commun, avec une courbe plane de cette surface, sa tangente à l'infini, plus les points K_1 et L_1, plus encore les tangentes $D_1 K_1$ et $D_1 L_1$ qui correspondent aux tangentes DK et DL de la première parabole. Or, tout point de Π se trouve sur une parabole disposée comme il vient d'être dit et a, par conséquent, pour correspondant un point de Π_1. Les surfaces Π et Π_1 se correspondent donc entre elles.

306. Si les paraboloïdes Π et Π_1 sont elliptiques, les segments détachés par les plans des ellipses k et k_1 sont entre eux comme les cônes Dk, $D_1 k_1$. Mais les ellipses k et k_1 sont prises arbitrairement sur les deux surfaces. Donc :

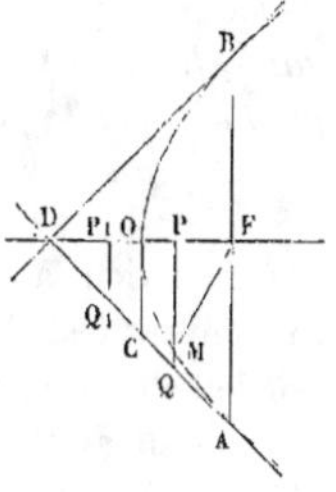

Fig. 74.

Tout segment d'un paraboloïde elliptique est en rapport constant avec le cône circonscrit au paraboloïde, suivant la base du segment.

Pour déterminer ce rapport constant, on peut choisir le cas très-simple où le paraboloïde est engendré par la rotation d'une parabole AOB (*fig.* 74) autour de l'axe OF, la base AB du segment étant perpendiculaire à l'axe et passant par le foyer F de la parabole. Le sommet D du cône circonscrit est alors un point de la directrice de la parabole et l'angle ADB est droit. On prend les segments OP, OP_1, égaux et opposés; on mène PMQ, $P_1 Q_1$ et OC perpendiculaires à DF, et l'on a

$$\overline{MP}^2 = \overline{MF}^2 - \overline{PF}^2.$$

Mais
$$MF = DP = DO + OP, \quad PF = OF - OP;$$

donc
$$\overline{MP}^2 = \overline{DP}^2 - \overline{PF}^2 = (DP + PF)(DP - PF) = DF.2\,OP = 4\,DO.OP.$$

On a ensuite
$$PQ = DP = DO + OP, \quad P_1 Q_1 = DP_1 = DO - OP,$$

d'où
$$\overline{PQ}^2 - \overline{P_1 Q_1}^2 = \overline{MP}^2.$$

On voit par là que, si la figure DAF tourne autour de DF, le cercle décrit par MP est égal à la différence des cercles décrits par PQ, $P_1 Q_1$. Ainsi, le solide engendré par la portion de parabole OAF est égal à la différence des solides engendrés par le trapèze OCAF et par le triangle DCO, c'est-à-dire égal à la différence entre le solide engendré par le triangle DAF et le double du solide engendré par le triangle DCO. Le premier de ces deux solides est égal à huit fois le second, car sa hauteur est double, et l'aire de sa base quadruple; donc le segment parabolique engendré par la figure OAF est $1 - 2 \cdot \frac{1}{8} = \frac{3}{4}$ du cône engendré par le triangle DAF. Donc :

Le volume d'un segment de paraboloïde elliptique est égal aux trois quarts du volume du cône circonscrit au paraboloïde suivant la base du segment.

307. *Pour allier deux ellipsoïdes* Θ, Θ_1, *il suffit d'allier entre elles les ellipses* k, k_1 *suivant lesquelles ils sont respectivement coupés par deux plans diamétraux pris arbitrairement, et d'assigner, en outre, comme correspondants, le point* D, *où la surface* Θ *est touchée par un plan parallèle au plan de* k, *et le point* D_1, *où la surface* Θ_1 *est touchée par un plan parallèle au plan de* k_1.

Cela revient à allier les deux espaces ou systèmes solides dans lesquels se trouvent les ellipsoïdes donnés, de telle manière qu'à l'ellipse k corresponde l'ellipse k_1 et au point D le point D_1.

Les centres M, M_1 des ellipses k et k_1, qui sont aussi les centres des ellipsoïdes Θ et Θ_1, se correspondent alors; et l'ellipse qui résulte de la section de Θ par un plan du faisceau MD et qui coupe k en K et L, a pour correspondante, dans le second système, une ellipse qui coupe k_1 aux points K_1, L_1, et qui est située dans un plan passant par $M_1 D_1$. Cette seconde ellipse est sur l'ellipsoïde Θ_1, car elle a en commun, avec une section plane de cet ellipsoïde, les points D_1, K_1, L_1 et les tangentes en K_1 et en L_1. Ces tangentes, en effet, sont parallèles au diamètre $M_1 D_1$, parce que les tangentes correspondantes en K et L sont parallèles à MD, et parce que les diamètres $M_1 D_1$ et MD sont respectivement conjugués aux plans diamétraux k_1 et k.

Pour allier les ellipses k et k_1, il suffit de prendre comme correspondants deux diamètres conjugués de l'une et deux diamètres conjugués de l'autre; conséquemment :

Pour allier deux ellipsoïdes, il suffit d'assigner comme correspondants deux ternes de diamètres conjugués.

308. De là résulte immédiatement ce théorème :

Tous les parallélépipèdes dont les faces touchent un ellipsoïde aux extrémités de trois diamètres conjugués sont équivalents.

En effet, si l'on considère l'ellipsoïde comme allié à une sphère de rayon r, on voit que le volume du parallélépipède est au volume V de l'ellipsoïde comme le volume $8r^3$ d'un cube circonscrit à la sphère est au volume $\frac{4}{3}\pi r^3$ de la sphère elle-même.

Soient a, b, c les trois demi-axes de l'ellipsoïde; $8abc$ sera le volume du parallélépipède circonscrit dont les faces sont parallèles aux plans de symétrie, et l'on aura

$$8\,abc : V = 8 : \tfrac{4}{3}\pi;$$

d'où

$$V = \tfrac{4}{3}\pi\,abc.$$

La sphère étant divisée en huit parties équivalentes par trois plans diamétraux conjugués, il en est de même de l'ellipsoïde.

309. Pour allier deux hyperboloïdes simples, ou deux hyperboloïdes à deux nappes, il suffit de prendre comme points correspondants les centres des deux surfaces et d'allier les courbes k, k_1, suivant lesquelles les cônes asymptotes sont coupés par deux plans respectivement tangents aux surfaces données. Les points de contact de ces plans sont les centres des coniques k, k_1 (136); ils doivent donc être correspondants.

IV. — Systèmes solides semblables.

310. Deux systèmes solides collinéaires, Σ, Σ_1, sont dits *semblables* quand un angle quelconque de Σ est égal à l'angle correspondant de Σ_1. Il suit de là que deux figures planes qui se correspondent dans les deux systèmes sont semblables. Dans cette condition, les deux systèmes solides sont alliés, car à toute droite à l'infini de Σ correspond une droite à l'infini dans Σ_1. Le rapport de deux segments correspondants est constant.

Si les deux systèmes semblables Σ et Σ_1 sont placés de telle manière que trois droites de Σ, non parallèles entre elles, soient respectivement parallèles aux droites correspondantes de Σ_1, deux autres droites correspondantes quelconques seront aussi parallèles; tout point à l'infini sera son propre correspondant et les systèmes seront perspectifs. Deux points correspondants quelconques seront alors alignés avec un centre fixe de collinéation.

V. — Systèmes congruents et symétriques.

311. Lorsque, dans deux systèmes solides semblables, le rapport de deux segments correspondants est égal à l'unité, les systèmes sont ou *congruents,* ou *symétriques.*

En effet, si l'on place les deux systèmes dans une position telle qu'ils aient une gerbe de rayons unie, ou bien chaque point coïncidera avec son propre correspondant, ou bien le segment compris entre deux points correspondants sera toujours divisé en deux parties égales par le centre de la gerbe.

Dans le premier cas, les systèmes sont congruents; dans le second, ils sont symétriques. C'est ainsi, par exemple, qu'une surface du second ordre est divisée en deux moitiés symétriques par un plan diamétral.

CHAPITRE XIX.

SYSTÈMES RÉCIPROQUES SUPERPOSÉS. SYSTÈMES POLAIRES DANS LE PLAN ET DANS L'ESPACE. SYSTÈMES FOCAUX.

Möbius, *Uber eine besondere Art dualer Verhältnisse zwischen Figuren im Raume.* Berlin, 1833 (*Journal de Crelle.* 10 Bd., p. 317-341). — Möbius, *Lehrbuch der Statik.* Leipzig, I Bd., 1837, § 86.— Staudt, *Geometrie der Lage.* Nürnberg, 1847, §§ 18-24. — Staudt, *Beiträge zur Geometrie der Lage.* Nürnberg, 1860, § 5. — Reye, *Die Geometrie der Lage.* Hannover, 1868, p. 57-68. — Staudigl, *Lehrbuch der neueren Geometrie.* Wien, 1870, III u. V. Abschn.

I. — Systèmes plans réciproques superposés.

312. Quand on superpose deux systèmes plans réciproques, Σ et Σ_1, tous les points de leur plan commun peuvent être considérés comme appartenant aussi bien à Σ qu'à Σ_1. A chacun de ces points correspondent donc deux rayons, l'un dans Σ, l'autre dans Σ_1. Pareillement, à chaque droite du plan correspondent deux points, puisque chaque droite peut être attribuée à l'un ou à l'autre des deux systèmes réciproques.

Il convient donc de modifier le mode de notation suivi jusqu'à ce moment, et de désigner chaque élément du plan par deux lettres. En désignant, par exemple, un seul et même point par AB_1, on exprimera qu'au point A du système Σ correspond un rayon a_1 du système Σ_1, et qu'au même point, considéré comme appartenant à Σ_1 et désigné par B_1, correspond un rayon b de Σ.

313. Deux systèmes plans ainsi disposés donnent lieu à des recherches analogues à celles qui nous ont précédemment permis de vérifier si deux ponctuelles projectives superposées ont des points unis (43), de déterminer le nombre de ces points, et de formuler les conditions requises pour que les ponctuelles soient en involution (179).

Quand un point (AB_1) *est sur l'un* (a_1) *des deux rayons qui lui correspondent, il est aussi sur l'autre* (b).

En effet, au point B_1 de la ponctuelle a_1 correspond, dans Σ, d'après la définition de la réciprocité (225), le rayon b du faisceau A.

Pareillement, *une droite* pq_1 *ne passe par aucun des deux points* P_1 *et* Q *qui lui correspondent, ou bien elle passe par chacun de ces deux points.*

Si nous projetons les systèmes réciproques Σ et Σ_1, de deux points quelconques, S et S_1, les gerbes projetantes sont elles-mêmes réciproques ; elles engendrent donc une surface du second ordre (263). Tout point du plan, situé sur les droites qui lui correspondent, appartient à cette surface ; car un rayon de la gerbe S est coupé en ce point par le plan correspondant de la gerbe S_1. *Vice versa,* tout point commun au plan des systèmes et à la surface du second ordre est situé sur les deux droites qui lui correspondent dans Σ et dans Σ_1.

Cela posé, selon que le plan et la surface contiennent en commun une courbe du second ordre, ou deux droites, ou une seule droite, ou un point unique, ou enfin qu'il n'existe aucun point commun à la surface et au plan, on a l'un des cas suivants :

Quand deux systèmes réciproques reposent sur le même plan :
1° *Tous les points de ce plan situés sur les droites qui leur correspondent forment une courbe du second ordre, ou un système de deux droites, ou une droite, ou bien il n'y a qu'un seul point dans cette condition, ou bien enfin il n'en existe aucun;*
2° *Toutes les droites du plan passant par les points qui leur correspondent forment un faisceau de rayons du second ordre, ou un système de deux faisceaux du premier ordre, ou un seul faisceau du premier ordre, ou bien il n'y a qu'une seule droite dans cette condition, ou bien enfin il n'en existe aucune.*

Les formes de rayons (2°) correspondent aux formes de points (1°) et leur sont doublement perspectives.

Parmi les divers cas énumérés dans la proposition, le premier et le dernier présentent seuls un véritable caractère de généralité. Il arrive, en effet, presque toujours, ou bien que la surface du second ordre et le plan des systèmes n'ont aucun point commun, ou bien qu'ils ont une courbe du second ordre commune. Lorsque le plan contient deux droites, ou une seule droite, ou un seul point de la surface, il est tangent à celle-ci et se trouve dès lors dans une position tout à fait particulière. Nous vérifierons (315) que ces cas d'exception ne se présentent jamais dans les systèmes réciproques en involution.

II. — Systèmes plans réciproques superposés en involution.

314. *Deux systèmes plans réciproques superposés sont dits en involution lorsqu'à chaque point du plan correspondent deux droites qui coïncident, c'est-à-dire lorsqu'une même droite correspond doublement à chaque point.*

La possibilité d'une telle relation résulte de la proposition suivante :

Deux systèmes plans réciproques, Σ et Σ_1, sont en involution quand aux sommets A, B, C (fig. 75) d'un triangle de Σ correspondent les côtés opposés a_1, b_1, c_1, du même triangle dans Σ_1.

Il résulte immédiatement de cette condition que les sommets du triangle correspondent doublement aux côtés opposés. Désignons, en effet, par A_1 le point d'intersection de b_1 et de c_1 dans Σ_1. A ce point, qui coïncide avec A de Σ, correspond dans Σ (225) le côté a, qui joint les sommets B et C

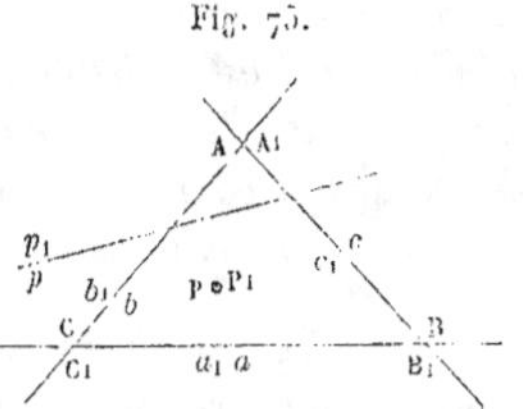

du triangle, et qui coïncide avec la droite a_1 de Σ_1 ; aux points B_1 et C_1 de Σ_1, qui sont les intersections des couples de côtés c_1, a_1 et a_1, b_1, et qui coïncident respectivement avec les points B et C de Σ, correspondent pareillement, dans Σ, les côtés opposés, b et c, qui joignent les couples de sommets C, A et A, B, et qui coïncident respectivement avec les côtés b_1 et c_1 de Σ_1.

Au faisceau de rayons AA_1 correspond donc doublement la ponctuelle $a_1 a$, et au rayon bb_1 du faisceau correspond doublement le point $B_1 B$ de la ponctuelle. Le faisceau et la ponctuelle sont par conséquent en involution (188).

A un rayon quelconque du faisceau AA_1 correspond doublement un point de la ponctuelle $a_1 a$, et pareillement, à tout rayon des faisceaux BB_1 et CC_1, correspond doublement un point des ponctuelles respectives $b_1 b$ et $c_1 c$.

Considérons maintenant, dans le plan, un rayon quelconque p_1 ou p. Ce rayon coupe les côtés du triangle en trois points auxquels correspondent doublement trois rayons des faisceaux AA_1, BB_1 et CC_1. Au rayon $p_1 p$ doit donc correspondre doublement le point PP_1, où concourent ces trois rayons; en d'autres termes, les systèmes réciproques sont en involution.

III. — Système plan polaire.

315. On peut considérer deux systèmes plans en involution comme un système unique, dans lequel chaque point est coordonné ([1]) à une droite et chaque ponctuelle à un faisceau de rayons en involution avec elle. On donne à ce système le nom de *système plan polaire*.

Lorsque, dans un système plan polaire, un point appartient au rayon qui lui est coordonné, ou lorsqu'un rayon passe par le point qui lui est coordonné, la même condition est remplie par une infinité d'autres points, ou d'autres rayons : le lieu des points est une courbe du second ordre, et le lieu des rayons coordonnés un faisceau du second ordre enveloppant la courbe.

Soit A (*fig.* 76) un point du système polaire, situé sur la droite a qui lui est coordonnée. Tout autre point B de la droite a doit se trouver en dehors de la droite b qui lui est coordonnée, car la droite b passe par A (**225**), et ne peut coïncider avec a. La ponc-

---

([1]) Pour éviter toute confusion entre les relations qui résultent des propriétés involutoires et celles qui se fondent sur les propriétés polaires, dont il sera question au paragraphe suivant, nous avons réservé à ces dernières le terme précédemment employé (183), traduisant ici par le mot *coordonné* le *zugeordnet* des Allemands.

tuelle b étant d'ailleurs en involution avec le faisceau B de rayons, et, par conséquent, avec une section du faisceau B, cette ponctuelle contient, outre le point A, un second point C, situé sur la droite qui lui est coordonnée (185). Le système plan polaire ne peut donc contenir un point dans les conditions de A, sans en contenir une infinité d'autres.

Si tous ces points se trouvaient sur une même droite, un rayon quelconque, contenant l'un d'eux A, n'en pourrait pas contenir un second C. Si ces mêmes points étaient distribués sur deux droites, à un point quelconque A de l'une serait coordonné un rayon a passant par A et coupant l'autre droite en un nouveau point du lieu. Mais il n'existe qu'un seul point tel que A sur chacun des rayons coordonnés a. Le lieu des points A est donc une courbe du second ordre (313). Les rayons coor-

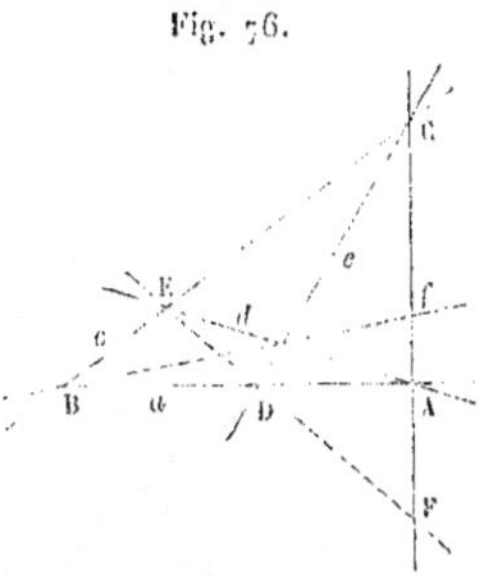

donnés à ces points sont, d'ailleurs, tangents à la courbe, puisque chacun de ces rayons ne contient qu'un seul des points dont la courbe est formée.

On donne à cette courbe le nom de *directrice du système plan polaire*, et l'on nomme respectivement *points de la directrice* et *tangentes à la directrice* les points et les droites du système polaire qui satisfont à la relation que nous venons d'établir.

IV. — Triangle polaire.

316. Les propriétés relatives à la polarité des courbes du second ordre pourraient être déduites de la proposition précédente.

La même proposition conduit d'ailleurs à reconnaître la possibilité de systèmes polaires sans directrices. Nous étendrons à ces systèmes les dénominations que nous avons adoptées à l'occasion des recherches sur la polarité des courbes du second ordre, et nous dirons que deux points d'un système polaire sont *réciproques* ou *conjugués,* lorsque chacun d'eux est situé sur la polaire de l'autre ; que deux rayons sont réciproques ou conjugués, lorsque chacun d'eux passe par le pôle de l'autre. Nous nommerons, enfin, *triangle polaire* tout triangle du système dont les sommets sont les pôles des côtés opposés, c'est-à-dire tout triangle dans lequel les sommets et les pôles sont conjugués deux à deux.

317. *Un système plan polaire contient une infinité de triangles polaires.*

Pour construire un triangle polaire, on prend sur une droite quelconque a (*fig.* 77), qui ne passe pas par son pôle A, un point quelconque B, non situé sur sa polaire b, et l'on détermine l'intersection C des droites a et b. Le point C étant le pôle de AB, le triangle ABC est un triangle polaire.

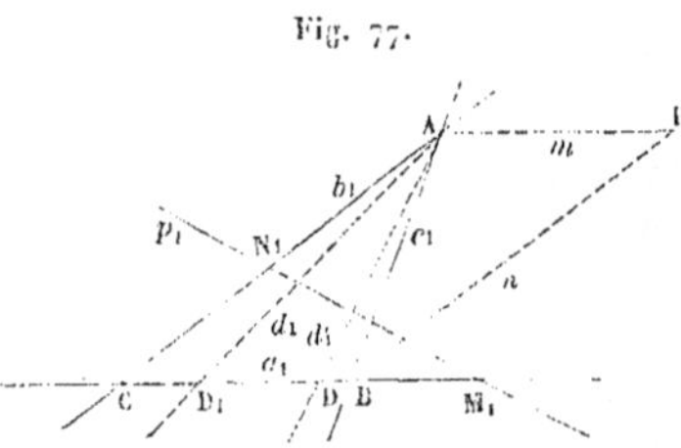

318. *On détermine un système plan polaire en prenant, dans un plan, un triangle quelconque ABC comme triangle polaire, et en coordonnant à un point quelconque* P (*fig.* 77), *qui n'est situé sur aucun des côtés du triangle, une droite* p, *qui ne passe par aucun des sommets.*

Les deux systèmes superposés qui doivent composer le système plan polaire sont ainsi rapportés réciproquement entre eux, de telle sorte qu'aux quatre points A, B, C, P de l'un correspondent respectivement les droites BC, CA, AB, p de l'autre. Ces deux systèmes sont donc en involution (**314**), ce qui est précisément la condition requise (**315**).

319. *Quand un système polaire a une directrice, chacun des triangles polaires ABC a l'un de ses sommets à l'intérieur de cette courbe, et les deux autres à l'extérieur.*

Si le sommet A est à l'intérieur de la directrice, tous les points de sa polaire BC sont à l'extérieur; si A est, au contraire, à l'extérieur de la courbe, celle-ci est coupée par la polaire BC, et deux points conjugués de cette polaire, tels que B et C, sont dès lors harmoniquement séparés par la courbe, en sorte que l'un de ces points est à l'intérieur de la courbe et l'autre à l'extérieur.

Pour décider si un système polaire donné possède ou ne possède pas une directrice, il suffit de rechercher si deux des côtés d'un triangle polaire quelconque contiennent ou ne contiennent pas des points doubles; c'est-à-dire si les ponctuelles qui reposent sur ces côtés sont en involution concordante ou opposée (185). La détermination de la directrice du système polaire donne donc lieu à un problème du second degré, qu'on résout facilement en appliquant la construction relative à la recherche des points doubles dans une ponctuelle en involution.

V. — Systéme polaire dans la gerbe. Trièdre polaire.

320. Si l'on projette un système plan polaire Σ d'un point S quelconque, situé hors de Σ, on obtient un *système polaire dans la gerbe*. A tout rayon de la gerbe S est coordonné un plan de celle-ci, et *vice versa*. Si le système plan a une directrice, cette courbe est projetée au moyen d'une surface conique du second ordre qui prend le nom de *directrice* du système polaire dans la gerbe.

Deux rayons de la gerbe sont conjugués, dans ce système, lorsque chacun d'eux est situé dans le plan qui correspond à l'autre. Deux plans sont conjugués lorsque chacun d'eux contient le rayon qui correspond à l'autre.

Un trièdre appartenant à un système polaire dans la gerbe est dit *trièdre polaire* lorsque chacune de ses arêtes correspond à la face opposée.

VI. — Relations entre les formes simples qui se correspondent dans les formes fondamentales de la seconde espèce en involution.

321. *Deux formes fondamentales simples quelconques, qui se correspondent dans deux formes fondamentales de la seconde espèce en involution, sont elles-mêmes en involution.*

Nous nous bornerons à étudier le cas du système plan polaire, auquel tous les autres cas peuvent être facilement ramenés.

17.

Soient Σ et Σ_1 les systèmes plans qui constituent un système polaire, et soit A (*fig.* 77) un point quelconque de Σ, non situé sur sa polaire a_1. Si D est un point quelconque de a_1, d_1 sa polaire passant par A, le point D_1, intersection de a_1 et de d_1, sera le pôle de la droite AD, que nous désignerons par d'_1. Tous les points D forment sur a_1 une ponctuelle u, projective au faisceau de rayons S_1 composé de toutes les droites d_1 (**228**); la ponctuelle u sera donc aussi projective à la ponctuelle u_1 résultant de l'intersection de S_1 avec a_1, c'est-à-dire formée de tous les points D_1.

Le point D, considéré comme élément, soit de u, soit de u_1, ayant pour correspondant le point D_1, u et u_1 sont en involution, et il en est de même, par conséquent, de la ponctuelle u et du faisceau S_1.

Les couples de points D, D_1 de la droite a_1 et les couples de droites d_1, d'_1 du faisceau A étant respectivement conjugués, et, d'autre part, les systèmes polaires dans les gerbes donnant lieu à des relations analogues, nous pouvons énoncer la double proposition suivante :

Dans tout système polaire plan, les couples de points conjugués situés sur une même droite forment une ponctuelle en involution, et les couples de droites conjuguées passant par un même point forment un faisceau de rayons en involution.

Dans tout système polaire de la gerbe, les couples de plans conjugués passant par une même droite forment un faisceau de plans en involution, et les couples de rayons conjugués situés dans un même plan forment un faisceau de rayons en involution.

VII. — Recherches analogues pour les espaces réciproques.

322. Soient Σ et Σ_1 deux espaces réciproques, α un plan quelconque de Σ, ne passant pas par le point A_1 qui lui correspond dans Σ_1. Au système plan α de Σ correspond alors une gerbe A_1 de Σ_1, réciproque à α. Cette gerbe est coupée, par le plan α, suivant un second système plan α_1 qui est aussi réciproque au premier système contenu dans α. Tout point de α, situé sur la droite qui lui correspond dans α_1, est aussi sur le plan qui lui correspond dans la gerbe A_1. On sait (313) que des points de cette sorte existent généralement dans α, et forment une courbe du second ordre qui peut, dans certains cas, se trouver réduite à deux droites, à une droite ou à un seul point.

Soit, d'autre part, β un plan de Σ passant par le point B_1 qui lui correspond dans Σ_1. Considérons ce même plan comme appartenant à Σ_1 et désignons-le par γ_1; il a pour correspondant dans Σ un point C qui doit se trouver sur β, puisque γ_1 passe par B_1. Au faisceau de rayons C, situé sur le plan β de Σ, correspond, sur le plan γ_1 de Σ_1, un faisceau de rayons qui est projectif à C et qui a pour centre le point B_1. Les faisceaux de rayons C et B_1 engendrent donc une courbe du second ordre, qui peut, en certains cas, se réduire à deux droites. Les points de cette courbe sont respectivement situés sur les plans de l'espace réciproque qui leur correspondent. Soit, en effet, P le point où un rayon quelconque p du faisceau C est coupé par le rayon correspondant p_1 du plan γ_1; à ce point P du rayon p correspond, dans le système Σ_1, un plan π_1 qui contient le rayon p_1 et qui passe dès lors par le point P.

On a ainsi démontré que le lieu géométrique des points considérés et un plan quelconque, α ou β, contenant une partie de ces points, ont en commun une courbe du second ordre, ou deux droites, ou une droite, ou un seul point; c'est là une propriété caractéristique de la surface du second ordre. Conséquemment :

Tous les points de l'espace situés sur les plans qui leur correspondent dans deux espaces réciproques appartiennent à une surface du second ordre.

On vérifierait d'une manière analogue que :

Tous les plans passant par les points qui leur correspondent dans deux espaces réciproques forment une gerbe de plans du second ordre.

La gerbe de plans du second ordre correspond, dans chacun des espaces réciproques, à la surface du second ordre considérée dans la première partie de la proposition.

Il est d'ailleurs possible qu'*aucun* point de l'espace ne soit situé sur les plans qui lui correspondent.

VIII. — Espaces réciproques en involution.

323. *Deux espaces réciproques,* Σ *et* Σ_1, *sont en involution lorsqu'aux sommets* A, B, C, D *d'un tétraèdre de* Σ *correspondent les faces opposées* α_1, β_1, γ_1, δ_1 *du même tétraèdre dans* Σ_1.

Au point d'intersection des plans β_1, γ_1, δ_1, c'est-à-dire au point A de Σ_1, correspond doublement dans Σ le plan ABC ou α_1 ; et pareillement, à chaque autre sommet du tétraèdre correspond la face opposée à ce sommet. Il s'ensuit que le système plan α_1, en involution avec une section de la gerbe A qui lui est réciproque, est aussi en involution avec cette gerbe elle-même. A tout point ou rayon de α_1 (et pareillement de β_1, γ_1 ou δ_1) correspond donc doublement un plan ou un rayon de A (et respectivement de B, C ou D). Par conséquent, à tout plan coupé suivant quatre droites par α_1, β_1, γ_1, δ_1 doit correspondre doublement le point qui est projeté de A, B, C, D par les quatre rayons correspondants.

IX. — Espace polaire. Tétraèdre polaire.

324. Nous pouvons considérer les espaces en involution Σ et Σ_1 comme un système unique, dans lequel un plan est coordonné à chaque point et une droite à chaque droite. Ce système se nomme un *espace polaire*. Chaque point est le *pôle* du plan qui lui est coordonné ; chaque droite (ou chaque plan) prend le nom de *droite* (ou *plan*) *polaire* du rayon (ou du point) qui lui est coordonné.

Quand l'espace polaire contient des points situés sur leurs plans polaires, ces points se trouvent sur une surface dite *surface directrice* du système polaire. Tout plan passant par son propre pôle touche la surface directrice en ce pôle même.

Les dénominations dont nous avons fait usage à propos de la polarité des surfaces du second ordre sont applicables aux systèmes polaires dans l'espace. On désigne en outre sous le nom de *tétraèdre polaire,* dans l'espace polaire, tout tétraèdre dont les sommets sont les pôles des faces opposées.

Deux points d'un espace polaire sont dits *conjugués* si l'un d'eux, et par conséquent chacun d'eux, est sur le plan polaire de l'autre. Deux plans sont pareillements dits *conjugués* lorsque chacun d'eux passe par le pôle de l'autre.

Un point et une droite sont dits *éléments conjugués* de l'espace polaire si la droite est sur le plan polaire du point, et par conséquent le point sur la polaire de la droite. Un plan et une droite sont *conjugués* si la droite passe par le pôle du plan, et conséquemment le plan par la polaire de la droite.

Deux droites d'un espace polaire sont *conjuguées* si l'une d'elles, et par conséquent chacune d'elles, coupe la polaire de l'autre.

325. *L'espace polaire contient une infinité de systèmes plans polaires, de gerbes polaires et de tétraèdres polaires.*

Une gerbe A, dont le centre est en dehors du système plan coordonné α, étant réciproque à ce système et en involution avec lui, le plan α est le lieu d'un système polaire dans lequel tout point est coordonné à sa droite conjuguée. Le point A est pareillement le centre d'une gerbe polaire. Tout triangle polaire du système plan polaire est projeté du point A au moyen d'un trièdre polaire de la gerbe polaire, et forme avec ce trièdre un tétraèdre polaire de l'espace polaire.

Tout système plan polaire α, qui appartient à l'espace polaire, a un *centre* et des *diamètres,* dans le cas même où il n'a pas de directrice. Le centre est conjugué à la droite à l'infini du système polaire α, et tout diamètre est conjugué à un point à l'infini de α. Deux diamètres conjugués sont rectangulaires et se nomment *axes* du système polaire α. Pareillement, les trois rayons conjugués de la gerbe polaire A, qui sont perpendiculaires entre eux deux à deux, sont appelés *axes principaux* de la gerbe A, dans le cas même où cette gerbe n'a pas de cône directeur.

326. *Un espace polaire est déterminé quand on a pris arbitrairement un tétraèdre ABCD comme tétraèdre polaire, et un point quelconque E, qui ne doit être sur aucune des faces de ce tétraèdre, comme coordonné à un plan ε, qui ne doit passer par aucun des sommets.*

Nous pouvons, en effet, rapporter réciproquement entre eux deux espaces, de telle sorte qu'aux cinq points A, B, C, D, E correspondent respectivement les plans BCD, CDA, DAB, ABC et ε (293). Les deux espaces sont alors en involution et forment un système polaire.

X. — Systèmes focaux.

327. *Quand tout point* P *d'un espace* Σ *est sur le plan* π_1 *qui lui correspond dans l'espace réciproque* Σ_1, *les espaces* Σ *et* Σ_1 *sont en involution.*

Remarquons d'abord qu'aucune droite g du premier espace ne peut être coupée par la droite g_1 qui lui correspond dans le second, car, s'il en était autrement, la ponctuelle g n'aurait que deux de ses points sur les plans correspondants du faisceau g_1, savoir : le point d'intersection gg_1 et le point correspondant au plan gg_1 de Σ_1.

Cela posé, si à un point quelconque P de Σ correspond un plan π_1 de Σ_1 passant par P, tout rayon g de P situé dans ce plan doit coïncider avec le rayon correspondant g_1 de π_1; car les deux rayons doivent, tout ensemble, être situés dans le plan π_1 et ne pas se couper. Il s'ensuit que le plan π_1, considéré comme plan de jonction des rayons g et g_1 dans Σ, doit correspondre au point P, considéré comme point d'intersection des mêmes rayons dans Σ_1.

Puisque à tout point P correspond doublement un plan π_1, les espaces réciproques sont en involution et peuvent être considérés comme un système unique. Nous donnerons le nom de *système focal* (¹) à ce système, dans lequel correspondent respectivement : à tout point un plan polaire, à toute droite une droite polaire, à tout plan un point comme pôle.

Dans le système focal, tout plan passe par son pôle; tout système plan et la gerbe qui lui est coordonnée ont un faisceau de rayons uni; toute droite et sa polaire coïncident quand elles sont

____

(¹) Cette dénomination de système focal, équivalente au *Nullsystem* de Möbius, est déduite des travaux de MM. Chasles et Mannheim sur l'étude géométrique du mouvement des systèmes invariables : le *foyer du plan* (*Nullpunkt der Ebene*) est le point où concourent tous les axes de moment nul contenus dans le plan, et le *plan focal* (*Nullebene*) est le lieu géométrique de ces axes.

situées dans un même plan ; enfin, toute ponctuelle est perspective au faisceau de plans qui lui est coordonné si elle n'a aucun point commun avec l'axe de ce faisceau.

328. Si le point P se meut dans un plan donné α, son plan polaire π_1 passe constamment par un point fixe A, qui est le pôle de α, et, *vice versa*, le lieu des pôles de tous les plans qui passent par un point A est un plan α, polaire de A.

Si le pôle P parcourt une droite, le plan polaire π_1 tourne autour d'une autre droite. Deux droites liées par cette condition sont dites *conjuguées* ou *réciproques*. Chacune d'elles est en même temps le lieu des pôles des plans passant par l'autre et l'axe du faisceau des plans polaires des points de l'autre.

À un faisceau de plans parallèles correspond une ponctuelle de pôles dont le lieu est une droite de direction déterminée ; en d'autres termes, une droite située à distance infinie a pour conjuguée une droite dont le point à l'infini est le pôle du plan à l'infini. Toutes les droites parallèles qui passent par ce point à l'infini correspondent de la sorte à tous les axes à l'infini des faisceaux de plans parallèles.

Nous remarquerons incidemment, en vue des applications ultérieures, que l'une des droites considérées est perpendiculaire au faisceau de plans parallèles correspondant. Quelques auteurs la nomment *axe central* du système.

On peut, dès lors, donner la forme suivante au résultat précédemment énoncé :

Toute droite parallèle à l'axe central d'un système focal a sa conjuguée à l'infini; tout plan parallèle à l'axe central a son pôle à l'infini.

329. Toute droite coordonnée à elle-même prend le nom de *rayon directeur* du système focal. Tous les rayons du système focal qui répondent à cette condition, et qui sont situés dans un même plan quelconque π_1, forment un faisceau de rayons dont le centre est le pôle de ce plan.

Soient a et a_1 deux droites coordonnées quelconques; la ponctuelle a est perspective au faisceau de plans a_1 qui lui est coordonné, et, pareillement, la ponctuelle a_1 est perspective au faisceau de plans a. Il s'ensuit que :

Tout rayon coupant deux droites coordonnées a et a_1 d'un système focal est un rayon directeur de ce système, et, vice versa, tout rayon du système focal coupant une droite a est dans un même plan avec la polaire a_1 de cette droite.

Conséquemment :

Dans tout système focal, deux couples de droites coordonnées sont des rayons appartenant au même système de génératrices d'une surface doublement rectiligne, dont le second système est composé des rayons directeurs du système focal.

CHAPITRE XX.

COURBES GAUCHES ET FAISCEAUX DE PLANS DU TROISIÈME ORDRE.

Möbius, *Der barycentrische Calcul*, Leipzig, 1827. I Abschn, VII. Cap. — Chasles, *Aperçu historique*, etc., Bruxelles, 1837. Note XXXIII. — Staudt, *Beiträge zur Geometrie der Lage*, III Heft., Nürnberg, 1860, §§ 33, 34, 40.— Pfaff, *Neuere Geometrie*, I Theil., Erlangen, 1867. § 6. — Reye, *Die Geometrie der Lage*, Hannover, 1868, p. 68-88. — Staudigl, *Lehrbuch der neueren Geometrie*, Wien, 1870, p. 353-365 ([1]).

I. — Divers modes de génération des coniques gauches.

330. *Quand deux gerbes collinéaires,* S *et* S_1, *ne sont ni concentriques ni perspectives, et n'ont ni rayon ni plan uni, le lieu des points d'intersection des couples de rayons correspondants est une courbe qui ne peut être coupée par un plan quelconque en plus de trois points, et qu'on nomme, pour ce motif, courbe gauche du troisième ordre ou courbe à double courbure du troisième ordre.*

Un plan quelconque α, ne passant par aucun des deux centres S, S_1, coupera les gerbes suivant deux systèmes plans collinéaires qui ne seront ni identiques ni perspectifs. En effet, si les deux sys-

---

([1]) Pour une étude plus approfondie de la question, on pourra consulter aussi : Cayley (*Journal de Mathématiques*, t. X); Chasles (*Comptes rendus*, etc., 1857); Cremona (*Journal für die reine und angewandte Mathematik*, t. LVIII et LX); (*Nouvelles Annales de Mathématiques*, 2e série, t. I); Quetelet (*Correspondance mathématique de Bruxelles*, t. V); Schröter (*Journal für die reine*, etc., t. LVI); Seydewitz (*Archiv für Mathematik und Physik*, t. X).

Nous nous bornons d'ailleurs à citer une partie des principaux travaux publiés sur la question jusqu'en 1868. Voir, pour la bibliographie complète des publications postérieures à cette époque, le *Jahrbuch über die Fortschritte der Mathematik*; Berlin, année 1868 et suiv.

tèmes plans étaient identiques, les gerbes proposées seraient concentriques, ce qui est contraire à l'hypothèse ; et, si les deux systèmes plans étaient perspectifs, ils auraient comme forme unie (**246**) un faisceau de rayons suivant lequel devraient se couper deux faisceaux de plans correspondants perspectifs de S et de S_1 ; en d'autres termes, les deux gerbes auraient un plan uni, ce qui est encore contre l'hypothèse. Les deux systèmes plans situés sur α ont dès lors (**242**) un point uni au moins, trois au plus ; et, puisque deux rayons correspondants de S et de S_1 se coupent en chacun de ces points, la propriété énoncée se trouve vérifiée pour tout plan ne passant pas par S ou par S_1.

Si le plan α contient l'un des centres, S par exemple, le faisceau T de rayons situé sur α et appartenant à S aura pour correspondant un faisceau T_1 de S_1. Dans les faisceaux T et T_1, deux couples de rayons correspondants tout au plus se couperont, car, si trois couples se coupaient, T et T_1 seraient perspectifs, et les gerbes génératrices auraient un plan uni.

Le plan α contient donc trois points au plus, un point au moins (S) de la courbe, et cette courbe passe par les centres des gerbes génératrices.

331. *Une courbe gauche ne peut pas être d'un ordre inférieur au troisième.*

Car on peut toujours trouver, dans une courbe non plane, trois points où la courbe est coupée par un plan.

332. *Une droite ne peut jamais couper une courbe gauche du troisième ordre en plus de deux points.*

Car, si une droite avait trois points communs avec la courbe, un plan passant par la droite et par un quatrième point quelconque de la courbe contiendrait plus de trois points de celle-ci.

333. *Trois faisceaux projectifs de plans engendrent généralement une courbe gauche du troisième ordre.*

Soient a, a_1, a_2 trois faisceaux projectifs de plans dont les axes n'ont aucun point commun. Un plan quelconque α les coupe suivant trois faisceaux projectifs de rayons S, S_1, S_2, qui ont respectivement pour centres les points d'intersection du plan α avec les axes a, a_1, a_2. Les faisceaux de rayons S et S_1 engendrent une conique k qui passe par leurs centres (64); les faisceaux S et S_2 engendrent pareillement une conique k_1 qui passe par les points S et S_2. Les deux coniques ont le point S commun et peuvent se couper encore en un point au moins, en trois points au plus; ces points d'intersection appartiennent à la forme engendrée par les faisceaux de plans, car en chacun d'eux se coupent trois plans correspondants des mêmes faisceaux. La forme engendrée est donc une courbe gauche du troisième ordre.

Nous venons de considérer le cas général où les rayons de S_1 et de S_2 passant par S ont pour correspondants, dans le faisceau S, deux rayons distincts, respectivement tangents aux coniques k et k_1. Le point S n'appartient pas, dans ce cas, à la courbe gauche, car il n'est commun ni à trois rayons correspondants des faisceaux S, S_1, S_2, ni, par suite, à trois plans correspondants des faisceaux a, a_1, a_2. Mais il peut arriver que les deux rayons tangents en S aux courbes k et k_1 se confondent en une seule tangente commune à ces deux coniques. Le point S appartient alors à la courbe gauche, car il est commun à trois plans correspondants des faisceaux de plans proposés, et les deux coniques qui se touchent en S peuvent avoir tout au plus deux autres points communs. Donc, dans ce cas encore, un plan α contient tout au plus trois points de la forme engendrée par les trois faisceaux projectifs de plans.

Trois sécantes quelconques de la courbe gauche peuvent être prises comme axes des trois faisceaux de plans générateurs; ces faisceaux devront être rapportés projectivement de telle sorte que trois de leurs éléments correspondants quelconques se coupent en un point de la courbe.

334. On peut encore obtenir les courbes gauches du troisième ordre au moyen des surfaces coniques et rectilignes du second ordre.

Si deux surfaces rectilignes, ou une surface rectiligne et une surface conique, ou encore deux surfaces coniques non concentriques, toutes du second ordre, se coupent suivant un rayon a, *elles ont aussi en commun une courbe gauche du troisième ordre.*

Les intersections des deux surfaces par un plan α sont, en effet, dans chacun de ces trois cas, des courbes du second ordre, c'est-à-dire des courbes qui peuvent avoir au plus quatre points communs (160). L'un de ces quatre points est sur le rayon a; les trois autres appartiennent donc à une courbe gauche du troisième ordre.

On peut encore arriver à cette conclusion en considérant les courbes gauches comme engendrées par trois faisceaux projectifs de plans (333). Nous rappellerons, en effet, que deux de ces faisceaux se coupent suivant une surface conique (63), ou suivant une surface doublement rectiligne (145), selon que leurs axes sont ou ne sont pas dans un même plan.

La condition du rayon commun a (^{1}) peut d'ailleurs être mise en évidence de la manière suivante :

Soient A, B, C, D, E, F six points quelconques d'une courbe gauche k du troisième ordre. Les trois sécantes AB, CD, EF peuvent être considérées comme axes des trois faisceaux générateurs a, a_1, a_2. Deux quelconques de ces faisceaux engendrent alors une surface doublement rectiligne, et deux quelconques des trois surfaces ainsi engendrées ont en commun, outre la courbe k, l'une des trois sécantes AB, CD ou EF.

Si l'on admet que les faisceaux générateurs a, a_1, a_2 aient respectivement pour axes les sécantes AB, AC et CD, les faisceaux a et a_2 engendreront une surface doublement rectiligne, pendant que a et a_1 engendreront une surface conique du second ordre, et les deux surfaces contiendront la droite AB.

Enfin, si l'on prend comme axes les sécantes AB, AC et BC, deux quelconques des trois faisceaux de plans engendreront une surface conique du second ordre, et deux quelconques de ces surfaces se couperont suivant la courbe k et suivant l'une des trois droites AB, AC ou BC.

(^{1}) Cette condition est nécessaire, car l'intersection de deux surfaces du second ordre est en général une courbe du quatrième ordre. Mais nous ne considérons ni ce cas général, ni ceux où la courbe gauche du troisième ordre peut se résoudre en une conique, ou en trois droites, ou même se réduire à une ou à deux droites.

335. Dans le dernier cas considéré, deux quelconques des trois faisceaux de plans ont pour axes deux sécantes qui se coupent en un point de la courbe ; les deux faisceaux engendrent une surface conique du second ordre qui a ce point pour sommet et qui doit contenir la courbe. Donc :

Toute courbe gauche du troisième ordre est projetée de chacun de ses points par une surface conique du second ordre.

Et par suite :

Toute courbe gauche du troisième ordre est projetée de chacun de ses points, sur un plan quelconque, suivant une courbe du second ordre.

C'est à raison de cette propriété qu'on appelle aussi les courbes gauches du troisième ordre *coniques cubiques* ou *coniques gauches*.

II. — Plan osculateur en un point d'une conique gauche.

336. *Construire le plan osculateur en un point* A *d'une conique gauche* k.

On mène la tangente t au point A ; on fait passer par ce point et par la courbe k une surface conique K, qui contient évidemment la tangente t, et l'on construit le plan ω, qui touche la surface conique K suivant cette tangente ; ω est le plan osculateur cherché. Si l'on mène un plan par t et par un point P de la conique gauche, et si l'on fait mouvoir le point P sur la courbe, le plan qui passe par ce point tournera autour de t et deviendra osculateur à k au point A lorsque le point P coïncidera avec le point A ; à ce moment, en effet, le plan tournant et la courbe auront trois points communs infiniment voisins.

Pour obtenir la tangente t, il suffit de faire passer par k deux surfaces coniques du second ordre quelconques et de déterminer la droite d'intersection des deux plans qui touchent ces deux surfaces suivant les génératrices rectilignes passant par A. Ces plans se coupent, en effet, suivant la tangente t, qui doit se trouver sur chacun d'eux.

III. — Construction de la conique gauche.

337. *Construire une conique gauche, étant donnés trois de ses points* P, Q, R *et trois sécantes* a, a_1, a_2, *qui ne passent pas par les points donnés et qui ne rencontrent pas les droites de jonction de ces points.*

Rapportons projectivement entre eux les faisceaux de plans a, a_1, a_2, de telle sorte que trois plans homologues se coupent en chacun des points P, Q, R. La courbe cherchée est alors engendrée par ces trois faisceaux de plans.

Lorsque les sécantes a, a_1, a_2 forment un triangle, la conique gauche passe aussi par les trois sommets ; elle passe donc par six points donnés quelconques.

338. *Une conique gauche est déterminée par six de ses points, dont quatre quelconques ne sont pas dans un même plan.*

Soient S, S_1, A, B, C, D les points proposés. Les deux surfaces coniques du second ordre qui projettent la courbe des points S et S_1 sont déterminées par les rayons qui joignent chacun des points S et S_1 aux cinq autres.

Ces surfaces contiennent l'une et l'autre la courbe qui passe par les six points donnés, et le rayon SS_1 leur est d'ailleurs commun ; elles engendrent donc (**334**) la conique gauche, qui est ainsi déterminée. On pourra facilement la construire suivant le procédé qui vient d'être indiqué (**337**), c'est-à-dire en joignant trois des six points deux à deux par des sécantes.

Deux coniques gauches ne peuvent donc avoir que cinq points communs au plus, sans coïncider.

Une conique gauche est déterminée par cinq points et par la tangente en un de ces points, ou par quatre points et par les tangentes en deux de ces points, ou encore par trois points et par les tangentes en ces points.

Soient, en effet, A, B, C trois points de la courbe, et a, b, c les tangentes respectives en ces points. La surface conique du second ordre qui projette la courbe du point A doit passer par les trois rayons a, AB, AC et toucher respectivement les plans Ab, Ac suivant les deux derniers rayons. Cette surface est ainsi pleinement déterminée, et il en est de même de la surface conique du second ordre qui projette la courbe de l'un des points B et C.

339. *Deux points quelconques d'une conique gauche peuvent être considérés comme centres de deux gerbes collinéaires qui engendrent la courbe.*

Soient, en effet, S, S_1, A, B, C, D six points quelconques de la courbe. Considérons S et S_1 comme centres de deux gerbes rapportées collinéairement entre elles, de telle sorte qu'à quatre rayons de S, passant par les points A, B, C, D, correspondent quatre rayons de S_1, passant par les mêmes points (171). Les gerbes S et S_1, ainsi déterminées, engendrent une conique gauche qui passe par les points S, S_1, A, B, C, D (330) et qui n'est autre, par conséquent, que la proposée.

IV. — Systèmes de sécantes du troisième ordre.

340. Toute sécante d'une conique gauche est la droite d'intersection de deux plans correspondants des gerbes S et S_1 qui engendrent la courbe.

L'ensemble des droites ainsi déterminées constitue ce qu'on appelle un *système de sécantes du troisième ordre*, et la courbe prend le nom de *directrice du système de sécantes*.

Un rayon quelconque du système est désigné spécialement sous le nom de *sécante propre*, de *tangente* ou de *sécante impropre*, selon qu'il coupe la courbe en deux points, ou qu'il la touche en un point, ou qu'il n'a aucun point commun avec elle.

341. Toute sécante de la courbe étant projetée par deux plans correspondants des gerbes S et S_1, il s'ensuit que deux sécantes a et b déterminent deux couples de plans correspondants, et, par suite, les axes de deux faisceaux projectifs de plans qui se correspondent dans les gerbes collinéaires. Ces faisceaux de plans engendrent, soit l'un des systèmes de génératrices d'une surface

18

doublement rectiligne, soit une surface conique du second ordre, et la forme engendrée dans l'un ou l'autre cas se compose exclusivement de sécantes de la conique gauche, au nombre desquelles sont les deux sécantes a et b. Il suit de là que :

Par une conique gauche k et par deux sécantes a et b quelconques, on peut toujours faire passer une surface du second ordre.

Si les sécantes a et b se coupent en un point P de la courbe k, la surface du second ordre est une surface conique par laquelle la courbe k est projetée du point P.

Si a et b ne sont pas dans le même plan, la surface est doublement rectiligne et celui des systèmes de génératrices auquel a et b appartiennent se compose de sécantes de k; l'autre système ne contient aucune sécante, mais chacun de ses rayons a un point commun avec k.

Tout rayon du premier système est dans un plan avec chacun des rayons du second (144); ce plan et la conique gauche ont généralement, et tout au plus, trois points communs, dont deux seulement peuvent se trouver sur la sécante ou rayon du premier système. Le rayon du second système doit donc contenir le troisième point d'intersection. Mais ce rayon ne peut pas être une sécante, car il est coupé, en dehors de la courbe, par une infinité de sécantes ou de rayons du premier système, et il ne peut y avoir, en dehors de la conique gauche, aucun point par lequel passe plus d'une sécante.

Les rayons du second système sont projetés, des sécantes a et b, par deux faisceaux projectifs de plans. En d'autres termes :

La conique gauche est projetée de deux quelconques de ses sécantes par deux faisceaux projectifs de plans, chaque point de la courbe étant projeté par deux plans correspondants des faisceaux.

Cette conclusion s'étend au cas où les sécantes a et b se coupent sur la courbe et sont par conséquent situées, avec celle-ci, sur une même surface conique du second ordre.

342. *Mener d'un point quelconque* K *de l'espace une sécante à la conique gauche.*

On joint le point K à un point quelconque P de la courbe par une droite g, et l'on fait passer par cette droite deux plans qui ont chacun deux points quelconques, autres que P, communs avec la courbe.

Les droites a et b qui joignent ces couples de points sont situées, avec la conique gauche, sur une surface doublement rectiligne. Cette surface contient aussi la droite g, qui a trois points, ga, gb et P, communs avec elle (**148**). Le système de droites génératrices de la surface auquel appartiennent les droites a et b contient donc un rayon qui coupe au point K la droite g de l'autre système et qui est la sécante demandée.

La construction fournirait le résultat cherché dans le cas même où la sécante serait impropre.

343. Il résulte incidemment de ce qui précède qu'*on peut faire passer une surface doublement rectiligne, et une seule, par une conique gauche k et par une droite g qui coupe la courbe en un point* P, *mais qui n'est pas sécante. Les sécantes à la courbe forment un système de droites génératrices de la surface; la droite g appartient à l'autre système.*

344. Les sécantes propres et impropres d'une conique gauche sont donc complétement déterminées par cette courbe, et deux gerbes collinéaires quelconques, engendrant la courbe, doivent engendrer aussi le système de sécantes. Ainsi se trouve démontré le théorème suivant :

Un système de sécantes du troisième ordre est projeté de deux points quelconques de sa directrice par deux gerbes collinéaires; un troisième point quelconque de la directrice est projeté par deux rayons correspondants des gerbes, et chaque rayon du système est projeté par deux plans correspondants.

V. — Faisceaux de plans du troisième ordre.

345. Deux systèmes plans collinéaires, Σ et Σ_1, qui ne sont ni perspectifs ni situés dans un même plan, et qui n'ont, comme élé-

18.

ment uni, ni leur droite d'intersection, ni l'un quelconque des points de cette droite, engendrent, tout ensemble, un système de rayons essentiellement différent de celui que nous avons considéré jusqu'ici, et un *faisceau de plans du troisième ordre*. Tout rayon du système joint deux points homologues, et tout plan du faisceau du troisième ordre joint deux droites homologues de Σ et de Σ_1. Tout rayon du système est appelé *axe* du faisceau de plans du troisième ordre.

Un plan quelconque ne contient, en général, qu'un axe du faisceau du troisième ordre. Lorsque le plan appartient au faisceau, et dans ce cas seulement, il contient une infinité d'axes qui forment un faisceau de rayons du second ordre et qui résultent des intersections du plan considéré avec les autres plans du faisceau de troisième ordre.

Tout plan du faisceau du troisième ordre contient un axe par lequel ne passe aucun autre plan du faisceau. Cet axe se nomme *rayon de contact* du plan, et celui de ses points par lequel ne passe aucun autre axe est appelé *point de contact* du plan.

Par un point quelconque de l'espace doivent passer au plus trois plans et trois axes, au moins un plan et un axe du faisceau.

Le faisceau de plans du troisième ordre est rencontré par deux quelconques de ses axes, suivant deux ponctuelles projectives; les deux points de rencontre sur chaque plan sont des points homologues de ces ponctuelles.

346. *Par six plans, dont quatre quelconques ne passent pas par un même point, on ne peut faire passer qu'un seul faisceau de plans du troisième ordre.*

347. *Trois ponctuelles projectives, dont les lieux a, a_1, a_2 ne sont pas dans un même plan, engendrent généralement un faisceau de plans du troisième ordre dont a, a_1 et a_2 sont trois axes.* On obtient évidemment le même résultat au moyen d'une ponctuelle et d'un système de génératrices d'une surface doublement rectiligne projective à cette ponctuelle.

VI. — Classification des coniques gauches.

348. Tous les points à l'infini d'une conique gauche, comme en général tous les points à l'infini de l'espace, étant situés dans un plan, les coniques gauches ne peuvent présenter que quatre cas distincts, eu égard à la position et au nombre de leurs points à l'infini.

Nous nommons *asymptote* et *plan asymptote* à la courbe, respectivement, la tangente et le plan osculateur en un des points à l'infini de la courbe. Nous remarquons d'ailleurs que la conique gauche est projetée de chacun de ses points à l'infini par une surface cylindrique du second ordre.

Cela posé, voici comment on distingue les quatre cas énoncés :

La conique gauche est coupée par le plan à l'infini en trois points, ou bien elle n'a avec ce plan qu'un seul point d'intersection, ou bien elle est coupée en un point et touchée en un autre, ou enfin le plan à l'infini est osculateur à la courbe.

Ces quatre cas se rapportent respectivement aux quatre courbes suivantes :

(*a*). L'*hyperbole gauche*. Elle a trois points à l'infini. Ses asymptotes et ses plans asymptotes sont à distance finie. Trois cylindres hyperboliques, dont les plans asymptotes sont parallèles entre eux deux à deux, se coupent suivant cette courbe.

(*b*). L'*ellipse gauche*. Elle a un point à l'infini, une asymptote et un plan asymptote à distance finie. On ne peut faire passer par cette courbe qu'un seul cylindre, qui est précisément un cylindre elliptique.

(*c*). L'*hyperbole parabolique*. Elle a deux points à l'infini, une asymptote à l'infini, une asymptote et deux plans asymptotes à distance finie. On peut faire passer par cette courbe deux cylindres : l'un parabolique, l'autre hyperbolique.

(*d*). La *parabole gauche*. Elle a un seul point, une asymptote et un plan asymptote à l'infini. On ne peut faire passer par cette courbe qu'un seul cylindre, qui est parabolique.

VII. — Éléments harmoniques dans les formes élémentaires du troisième ordre.

349. Quatre points d'une conique gauche k sont dits *harmoniques* lorsqu'ils sont projetés (**341**) d'une sécante quelconque de la courbe par quatre plans harmoniques, et aussi, par conséquent, lorsqu'ils sont projetés d'un point quelconque S de la courbe par quatre rayons harmoniques de la surface conique du second ordre Sk.

Quatre plans d'un faisceau K du troisième ordre sont dits *harmoniques* lorsqu'ils sont rencontrés par un axe quelconque du faisceau en quatre points harmoniques, et aussi, par conséquent, lorsqu'ils sont coupés par un plan quelconque σ du faisceau suivant quatre rayons harmoniques du faisceau σK du second ordre.

350. Nous comprendrons la conique gauche et le faisceau de plans du troisième ordre sous la dénomination commune de *formes élémentaires du troisième ordre*. Les théorèmes et définitions établis à propos des formes élémentaires du premier et du second ordre (**157-159**) sont aussi applicables à ces formes nouvelles.

VIII. — Projectivité dans les coniques gauches.

351. *Une conique gauche k est projetée de toute sécante a par un faisceau de plans perspectif à k et de chacun de ses points S par une surface conique Sk, du second ordre, qui est aussi perspective à la courbe.*

Deux faisceaux de plans a et a_1 perspectifs à la conique gauche engendrent, quand leurs axes se coupent, une surface conique, et, quand ils ne se coupent pas, l'un des systèmes de génératrices d'une surface doublement rectiligne perspective à la courbe.

Quelques-uns des précédents théorèmes peuvent être réunis dans la double proposition qui suit :

Tous les faisceaux de plans, toutes les surfaces coniques du second ordre et tous les systèmes de génératrices

Toutes les ponctuelles, tous les faisceaux de rayons du second ordre et tous les systèmes de génératrices

perspectifs à une conique gauche | *perspectifs à un faisceau de plans du*
sont projectifs entre eux. | *troisième ordre sont projectifs entre*
| *eux.*

352. *Rapporter projectivement entre elles deux coniques gau-*
ches k *et* k_1 *de telle sorte qu'aux points* A, B, C *de* k *correspon-*
dent respectivement les points A_1, B_1, C_1 *de* k_1.

On rapporte projectivement entre eux deux faisceaux de
plans, l'un u perspectif à la courbe k, l'autre v_1 perspectif à la
courbe k_1, de telle sorte qu'aux plans uA, uB, uC du premier
correspondent respectivement les plans $v_1 A_1$, $v_1 B_1$, $v_1 C_1$ du
second.

Deux points des courbes se correspondent quand ils sont projetés par deux plans correspondants des faisceaux u et v_1.

Les coniques gauches projectives sont des formes correspon-
dantes de deux espaces collinéaires.

Soient, en effet, D, E, F trois nouveaux points de la courbe k,
auxquels correspondent, dans k_1, les points D_1, E_1, F_1. Nous pouvons rapporter collinéairement entre eux deux espaces, Σ et Σ_1,
de telle sorte qu'aux cinq points A, B, C, D, E de Σ correspondent respectivement les cinq points A_1, B_1, C_1, D_1, E_1 de Σ_1. Le
faisceau de plans AB(CDEF) a dès lors pour correspondant le
faisceau de plans $A_1 B_1 (C_1 D_1 E_1 F_1)$ qui lui est perspectif, et le
plan ABF de Σ a pour correspondant le plan $A_1 B_1 F_1$ de Σ_1.

On démontre de la même manière que tout autre plan de Σ,
joignant le point F à deux quelconques des points A, B, C, D, E, a
pour correspondant le plan de Σ_1 qui projette de F_1 les deux
points correspondants du groupe A_1, B_1, C_1, D_1, E_1.

Le point F de Σ, comme point d'intersection de trois plans
ainsi définis, correspond au point F_1 de Σ_1, considéré comme
point d'intersection des trois plans qui correspondent aux trois
premiers. Conséquemment, la courbe k, sur laquelle se trouvent
les six points A, B, C, D, E, F, doit avoir pour correspondante la
courbe k_1, à laquelle appartiennent les points homologues A_1, B_1,
C_1, D_1, E_1, F_1; on ne peut, en effet, faire passer qu'une seule
conique gauche par six points de l'espace (**338**).

IX. — Coniques gauches involutoires.

353. Une conique gauche involutoire est projetée de chacun de ses points par une surface conique du second ordre (**334**), qui est elle-même en involution, et tous les couples de rayons conjugués de cette surface sont dans un même plan avec une droite g (**180**) qui n'appartient pas à la surface, mais qui passe par son centre. Deux points conjugués quelconques de la conique gauche sont donc pareillement dans un même plan avec g, et *les sécantes de la courbe qui joignent les couples de points conjugués appartiennent à un système de génératrices* (**341**) *dont la droite g est une directrice.* Quand la courbe involutoire a deux points doubles, les tangentes en ces points appartiennent au même système de génératrices et séparent les sécantes propres des sécantes impropres.

Il résulte de là que :

Si, par une conique gauche, on fait passer une surface doublement rectiligne, tout rayon de l'un des systèmes de génératrices de cette surface est une sécante de la courbe, et tout rayon de l'autre système coupe la courbe en un seul point.

Les points de la courbe sont accouplés involutoirement au moyen des rayons du premier système, et il peut arriver, ou que tous ces rayons soient des sécantes propres, ou bien que deux de ces rayons touchent la courbe et séparent les sécantes propres des impropres.

X. — Détermination des coniques gauches par points et sécantes.

354. *Une conique gauche est généralement déterminée quand on donne quatre sécantes et deux points* S *et* S_1 *de la courbe.*

Les gerbes S et S_1 engendreront la conique gauche si on les rapporte collinéairement entre elles de telle façon que deux de .eurs plans correspondants se coupent suivant chacune des quatre sécantes données. Pour que la relation de collinéation ne puisse s'établir que d'une seule manière, il faut attribuer aux points S et S_1 des positions telles qu'aucun rayon partant de ces points ne soit coupé par trois quelconques des quatre sécantes données. La droite SS_1 ne peut pas d'ailleurs être l'une de ces sécantes, car autrement les gerbes S et S_1 auraient un plan uni.

Quand trois des sécantes données forment un triangle, la conique gauche passe par les sommets (337).

La courbe est donc déterminée et peut être construite quand on donne cinq de ses points et une sécante.

Nous établirons entre les quatre sécantes a, b, a_1, b_1 un ordre déterminé de succession, afin que, ces droites étant projetées des points S, S_1 et d'un troisième point quelconque S_2 de la conique gauche, au moyen de trois angles tétraèdres (24), chacun des couples de sécantes a, a_1 et b, b_1 soit précisément projeté par un couple de faces opposées.

Menons, dans chacun des trois angles tétraèdres projetants, le plan des deux rayons suivant lesquels les faces opposées se coupent deux à deux ; nous obtenons ainsi, dans les gerbes collinéaires S, S_1, S_2, respectivement, les plans σ, σ_1, σ_2, qui sont homologues et qui se coupent, par conséquent, suivant une même sécante s.

Lorsque le point S_2 se déplacera sur la conique gauche, le plan σ_2 tournera autour de la sécante s.

Ces considérations servent de base à une construction très-simple de la conique gauche :

Étant donnés deux points S, S_1 et deux couples de sécantes a, a_1 et b, b_1 de la conique gauche, on fait passer par S deux rayons qui soient coupés, le premier par a et a_1, le second par b et b_1 ; on joint ces deux rayons par un plan σ. On détermine pareillement le plan σ_1 des deux rayons qui passent par S_1 et qui coupent respectivement les couples de sécantes a, a_1 et b, b_1 ; on détermine enfin l'intersection s des plans σ et σ_1. Tout plan σ_2 passant par s coupe alors les deux couples de sécantes a, a_1 et b, b_1 en deux couples de points A, A_1 et B, B_1, dont les droites de jonction AA_1, BB_1 se rencontrent en un point S_2 de la conique gauche.

On reconnaîtra l'exactitude de cette construction en observant que les deux surfaces doublement rectilignes qui unissent s à a, a_1 et à b, b_1, se coupent suivant la sécante s et suivant la conique gauche cherchée.

XI. — Hexagone et tétraèdre inscrits dans la conique gauche.
Congruence.

355. De ce qui a été établi au n° **335** et du théorème de Pascal (68) on déduit que :

Tout hexagone inscrit dans une conique gauche est projeté d'un point quelconque S de la courbe au moyen d'un hexaèdre dont les trois couples de faces opposées se coupent suivant des droites situées dans un même plan σ, qui passe par le centre de projection.

Lorsque le point S se meut sur la conique gauche, le plan σ tourne autour d'une sécante fixe s, qui est déterminée par deux couples de côtés opposés a, a_1 et b, b_1 de l'hexagone ; cette sécante est d'ailleurs commune aux deux surfaces doublement rectilignes qui rattachent la conique gauche aux deux couples de sécantes a, a_1 et b, b_1.

356. Soit SABC un tétraèdre inscrit dans la conique gauche et soient S_1, A_1, B_1, C_1 les points où les tangentes aux quatre sommets S, A, B, C sont coupées par les faces respectivement opposées du tétraèdre. Les points S_1, A_1, B_1, C_1 forment un second tétraèdre qui est en même temps inscrit et circonscrit au premier. Le plan $A_1 B_1 C_1$, par exemple, contient le point S. Lorsque ce point se meut sur la courbe, le plan $A_1 B_1 C_1$ tourne autour d'une sécante fixe s, et les points A, B, C ne changent pas de position. Le triangle ABC est donc projeté de S par un trièdre inscrit dans la surface conique du second ordre Sk, et les tangentes aux points A, B, C sont projetées par les plans tangents suivant les trois arêtes SA, SB, SC. Les trois rayons SA_1, SB_1, SC_1, suivant lesquels les faces du trièdre sont coupées par les plans tangents des arêtes opposées, doivent, par conséquent, se trouver sur un même plan $A_1 B_1 C_1$. Si l'on remplace le point S par un autre point S′ de la courbe, on obtient, au lieu du plan $A_1 B_1 C_1$, un autre plan $A'_1 B'_1 C'_1$. Ces deux plans se coupent suivant une sécante s, puisqu'ils se correspondent dans les gerbes collinéaires qui projettent des points S et S′ la conique gauche et son système de sécantes.

357. On déduit de cette propriété une importante application relative aux plans osculateurs d'une conique gauche.

Désignons, en effet, par a, b, c les tangentes AA_1, BB_1, CC_1 aux points A, B, C et par P le point où la sécante s rencontre le plan ABC. D'après ce qu'on vient de démontrer, la droite d'intersection des plans SBC et Sa et la sécante s doivent se trouver dans un même plan. Quand le point S, se déplaçant sur la courbe, vient à coïncider avec le point A, le plan Sa devient osculateur au point A, le plan SBC coïncide en même temps avec ABC, et la droite d'intersection de ces deux plans, qui doit toujours couper la sécante s, se confond avec la droite AP.

On démontre de la même manière que les plans osculateurs des points B et C doivent passer par le point P. Donc :

Les plans osculateurs en trois points quelconques A, B, C *d'une conique gauche se coupent en un quatrième point* P *du plan* ABC.

Il résulte immédiatement de là que :

Par un point quelconque P *de l'espace, il ne passe jamais plus de trois plans osculateurs d'une conique gauche, et par une droite quelconque, jamais plus de deux.*

En effet, si les plans osculateurs de quatre points A, B, C, D de la courbe passaient par le point P, les points C et D devraient se trouver sur le plan ABP, ce qui est impossible, puisque le plan peut avoir tout au plus trois points communs avec la conique gauche (^{1}).

358. Une seconde conséquence du théorème démontré plus haut (356) est exprimée par la double proposition suivante :

Les deux tétraèdres formés, l'un par quatre points d'une conique	*Les deux tétraèdres formés, l'un par quatre plans d'un faisceau de*

(^{1}) On énonce ordinairement cette proposition sous une autre forme, en exprimant que la courbe du troisième ordre est en même temps de la troisième classe. Rappelons, à ce propos, que la classe d'une courbe gauche est exprimée par le plus grand nombre de plans osculateurs qu'on peut mener à cette courbe par un point.

gauche, l'autre par les quatre plans osculateurs en ces points, sont en même temps inscrits et circonscrits l'un à l'autre.	*plans du troisième ordre, l'autre par les quatre points de contact de ces plans, sont en même temps inscrits et circonscrits l'un à l'autre.*

Cette propriété permet de construire le plan osculateur en un point quelconque d'une conique gauche quand on connaît les plans osculateurs en trois points.

XII. — Relation entre la conique gauche et le faisceau de plans du troisième ordre.

359. On voit, d'après ce qui précède, que la position de quatre points d'une conique gauche par rapport à leurs quatre plans osculateurs est identique à la position de quatre points de contact d'un faisceau de plans du troisième ordre par rapport à leurs quatre plans.

Cette observation conduit aux propositions suivantes :

Tous les plans osculateurs d'une conique gauche forment un faisceau de plans du troisième ordre.	*Tous les points de contact d'un faisceau de plans du troisième ordre forment une conique gauche.*

Soient α, β, γ les plans respectivement osculateurs aux points A, B, C de la courbe k, et soit P le point d'intersection de ces plans, situé sur ABC (357).

Quand le point C parcourt la courbe, le plan ABC décrit un faisceau de plans AB, perspectif à k ; ce plan, dans chacune de ses positions, coupe la droite $\alpha\beta$ au point P, par lequel passe aussi le plan osculateur γ du point C. Le faisceau de plans AB décrit par ABC est donc perspectif à la ponctuelle $\alpha\beta$ décrite par le point $\alpha\beta\gamma$ ou P pendant le mouvement du plan osculateur γ. Si maintenant on remplace les points A et B par deux autres points fixes quelconques A_1 et B_1 de la courbe, et si l'on considère que les deux faisceaux de plans AB et $A_1 B_1$, perspectifs à la courbe, sont projectifs entre eux, on est amené à conclure que :

Toutes les ponctuelles sur les lieux desquelles se coupent deux plans osculateurs d'une conique gauche sont rapportées projectivement entre elles par les plans osculateurs de la courbe.

Trois de ces ponctuelles projectives, non situées dans un même plan, engendrent tous les plans osculateurs; en d'autres termes, *chacun des plans osculateurs est déterminé par trois points correspondants des ponctuelles.*

Nous savons, d'autre part, que les trois ponctuelles engendrent un faisceau de plans du troisième ordre (**347**); nous avons, par conséquent, démontré que :

Les plans osculateurs d'une conique gauche engendrent un faisceau de plans du troisième ordre.

XIII. — Analogie entre les coniques planes et gauches.

360. Ces dernières propositions et quelques-unes de celles qui les précèdent mettent en évidence une certaine analogie entre les coniques que nous appellerons *planes* et les coniques *gauches.*

L'analogie paraît encore plus complète si l'on considère que *toute conique gauche détermine un système focal,* de même que toute conique plane peut être prise comme directrice d'un système plan polaire.

Une conique gauche k et le faisceau de ses plans osculateurs peuvent être considérés comme deux formes coordonnées d'un système focal dans lequel tout plan osculateur de la courbe est coordonné à son point de contact et toute tangente à elle-même.

Soient, en effet, A, B, C, D, E, F six points quelconques de la conique gauche k et $\alpha, \beta, \gamma, \delta, \varepsilon, \varphi$ leurs six plans osculateurs respectifs. Nous pouvons rapporter réciproquement entre eux deux espaces, Σ et Σ_1, de telle sorte qu'aux cinq points A, B, C, D, E de Σ correspondent les cinq plans $\alpha, \beta, \gamma, \delta, \varepsilon$ de Σ_1. La ponctuelle $\alpha\beta$ de Σ_1 correspond alors au faisceau de plans AB de Σ et est une section de ce faisceau, car les trois points $\alpha\beta\gamma$, $\alpha\beta\delta$, $\alpha\beta\varepsilon$ de $\alpha\beta$ sont respectivement situés sur les plans ABC, ABD, ABE du faisceau AB qui leur correspondent. Par le même motif, tout autre point de Σ_1 commun à deux des plans $\alpha, \beta, \gamma, \delta, \varepsilon$ est sur le plan de Σ qui lui correspond.

Cela posé, on sait que, quand deux espaces Σ et Σ_1 sont réciproques, ou bien ils forment un système focal, et tout point de Σ_1

est contenu dans le plan de Σ qui lui correspond, ou bien les points de Σ_1 qui satisfont à cette condition sont situés sur une surface du second ordre.

Cette dernière solution ne peut pas être celle du cas qui nous occupe, car la surface du second ordre devrait avoir quatre droites communes avec chacun des cinq plans α, β, γ, δ, ε (par exemple, les droites $\alpha\beta$, $\alpha\gamma$, $\alpha\delta$, $\alpha\varepsilon$ communes avec α), ce qui est impossible. Conséquemment, les espaces réciproques Σ et Σ_1 forment un système focal, et à un point quelconque F de la conique gauche k est coordonné un plan φ_1 passant par ce point. Le point F se trouvant sur le plan ABF, φ_1 doit passer par le pôle de ce plan, c'est-à-dire par le point d'intersection de la droite $\alpha\beta$ et du plan ABF ; le plan osculateur φ du point F passe aussi par ce point. Les plans φ_1 et φ ont donc un même point commun avec la droite $\alpha\beta$; ils ont pareillement un même point commun avec chacune des droites $\alpha\gamma$, $\alpha\delta$, $\alpha\varepsilon$, $\beta\gamma$, etc. Donc les plans φ_1 et φ coïncident.

La conique gauche k est appelée *directrice* du système focal qu'elle détermine.

Cette proposition fournirait d'ailleurs une nouvelle démonstration de la précédente. En effet, dans deux espaces réciproques, toute conique gauche correspond à un faisceau de plans du troisième ordre. Si donc, dans un système focal, la conique gauche est coordonnée au faisceau de ses plans osculateurs, ce faisceau est du troisième ordre.

XIV. — Propositions relatives aux formes élémentaires
du troisième ordre.

361. A deux gerbes collinéaires, S et S_1, qui engendrent la conique gauche k et toutes ses sécantes, sont coordonnés, dans le système focal, deux systèmes plans collinéaires, Σ et Σ_1, qui engendrent le faisceau de plans du troisième ordre osculateur à k et tous les axes de ce faisceau.

A toute sécante de la courbe est coordonné un axe du faisceau de plans. Toute tangente appartient au système de sécantes de la courbe, et par conséquent aussi au système d'axes du faisceau de plans du troisième ordre. Il résulte incidemment de là que :

Le système des tangentes à une conique gauche est projeté de tout point de la courbe par un faisceau de plans du second ordre et coupé par tout plan osculateur suivant une courbe du second ordre.

362. Une conique gauche et son faisceau de plans osculateurs sont rapportés projectivement entre eux comme formes coordonnées du système focal. Toute troisième forme projective à l'une des deux premières est donc aussi projective à l'autre.

363. *Une conique gauche est déterminée par trois de ses points et par les tangentes et les plans osculateurs en deux de ces points.*	*Un faisceau de plans du troisième ordre est déterminé par trois de ses plans et par les rayons et les points de contact de deux de ces plans.*

En effet (à gauche), la courbe est projetée des deux derniers points par deux surfaces coniques du second ordre qui se coupent sur la conique gauche.

Ces deux propositions, modifiées quant à une seule donnée, s'énoncent le plus souvent de la manière suivante :

Une conique gauche est déterminée par deux de ses points, par leurs tangentes et plans osculateurs, et par un troisième plan osculateur.	*Un faisceau de plans du troisième ordre est déterminé par deux de ses plans, par leurs rayons et points de contact, et par un troisième point de contact.*

364. On peut réunir sous une forme analogue, et dans un énoncé commun, quelques-unes des propositions précédemment exposées :

Une conique gauche est généralement déterminée quand on donne de cette courbe :

1° *Six plans osculateurs ;*

2° *Cinq plans osculateurs et la tangente dans un de ces plans ;*

3° *Quatre plans osculateurs et les tangentes dans deux de ces plans ;*

4° *Trois plans osculateurs et leurs tangentes ;*

5° *Deux plans osculateurs et quatre axes ;*

6° *Trois plans osculateurs et trois axes ;*

7° *Cinq plans osculateurs et un axe.*

Et ainsi de suite.

On peut construire facilement, dans chaque cas, la conique gauche ou le faisceau de plans du troisième ordre osculateur à cette courbe.

Soient donnés, par exemple, comme dans le cinquième cas de l'énoncé, les deux plans osculateurs σ, σ_1 et les quatre axes a, b, c, d. Les systèmes plans σ et σ_1 sont rapportés collinéairement entre eux, et chacun des axes a, b, c, d contient deux de leurs points homologues. Les deux systèmes collinéaires engendrent alors le faisceau de plans du troisième ordre et le système d'axes corrélatif.

On pourra facilement, en se fondant sur ce qui a été exposé, établir les cas particuliers pour lesquels la construction devient impossible, et les cas de dégénérescence analogues à ceux que nous avons rencontrés dans l'étude des formes du second ordre.

FIN DE LA GÉOMÉTRIE DE POSITION.

3989   Paris. — Imprimerie GAUTHIER-VILLARS, quai des Augustins, 55.